普通高等院校应用理科类系列特色教材

复变函数与积分变换

主 编 许建琼 胡青龙

西南交通大学出版社
·成 都·

图书在版编目（CIP）数据

复变函数与积分变换 / 许建琼，胡青龙主编．
成都 ： 西南交通大学出版社，2024．8．-- ISBN 978-7
-5643-9900-9

Ⅰ．O17

中国国家版本馆 CIP 数据核字第 2024KV7193 号

Fubian Hanshu yu Jifen Bianhuan
复变函数与积分变换

主　编 / 许建琼　胡青龙

策划编辑 / 陈　斌　胡　军
责任编辑 / 孟秀芝
封面设计 / 墨创文化

西南交通大学出版社出版发行
（四川省成都市金牛区二环路北一段 111 号西南交通大学创新大厦 21 楼　610031）
营销部电话：028-87600564　　028-87600533
网址：http://www.xnjdcbs.com
印刷：四川森林印务有限责任公司

成品尺寸　185 mm × 260 mm
印张　13.25　　字数　321 千
版次　2024 年 8 月第 1 版　　印次　2024 年 8 月第 1 次

书号　ISBN 978-7-5643-9900-9
定价　45.00 元

课件咨询电话：028-81435775
图书如有印装质量问题　本社负责退换

前　言

复变函数与积分变换是运用复变函数的理论知识解决微分方程和积分方程等实际问题的一种方法，在电气工程、通信与控制、信号分析与图像处理、机械系统、流体力学、地质勘探与地震预报等工程技术领域有着广泛应用.

复变函数与积分变换是理工科专业的一门重要基础课. 本教材本着“以应用为目的，以后继课程够用为度”的原则，在保证科学性的基础上，对复数与复变函数、解析函数、复变函数的积分、级数、留数定理及其应用、共形映射、傅里叶变换和拉普拉斯变换等内容做了较为系统的介绍. 在编写过程中,基本概念的引入尽可能联系实际，突出其物理意义；基本结论的推导过程深入浅出、循序渐进；基本方法的阐述具有启发性，使学生能够举一反三，融会贯通；例题和习题丰富，有利于学生掌握所学内容，提高分析问题和解决问题的能力.

本教材配备了丰富的习题，便于教与学. 另外，教材中有*号的部分，可以根据学时选讲. 本书可作为普通本科院校（少学时）、独立学院、电视大学、自考本科等的复变函数与积分变换课程的教材.

本教材由西昌学院许建琼、胡青龙主编，其中胡青龙主持，参加编写及相关工作的还有西昌学院李慧君、汪精英、朱新霞、刘果、尹绍军、辛邦颖、潘学莲、黄胜利. 本教材的编写分工如下：胡青龙教授负责全书的总体筹划和审核，胡青龙教授编写了第 5 章的第 3 节、第 6 章的第 1 节；许建琼编写了第 1 章、第 2 章、第 6 至 9 章；李慧君编写了第 3 章的第 2、3 节；汪精英编写了第 4 章的第 2、3 节；朱新霞编写了第 3 章的第 1 节、第 4 章的第 1 节，并审核了第 8 与 9 章的内容；刘果编写了第 5 章的第 1、2 节；尹绍军编写了第 10 章；辛邦颖在本书的编写之前提供了大量的文献资料，并审核了第 1 至 4 章的内容；黄胜利在本书的编写中提供了大量的文献资料，并审核了第 5 至 7 章的内容；潘学莲检查、核对了本书的图表和文字;汪少祖在编写过程中也给予了大力的帮助. 本教材由西昌学院资助出版。

由于编者的学识水平及教学经验有限，疏漏之处仍然不可避免，敬请各位读者提出宝贵的批评意见和建议.

《复变函数与积分变换》编写组

2024 年 1 月

目 录

第1章　复　数

复变函数就是自变量、因变量均取复数的函数，它是本课程的主要研究对象. 在中学阶段我们已经学习过复数的概念以及一些简单的运算性质，本章将在此基础上作简要的回顾和补充，并引入复平面的概念，介绍复平面上平面点集的相关概念，为进一步研究复变函数的理论和方法奠定必要的基础.

1.1　复数及其代数运算

1.1.1　复数的概念

在初等代数的学习中，我们已经知道在实数范围内，方程

$$x^2+1=0$$

是无解的，因为任何一个实数的平方是大于等于 0 的，即没有一个实数的平方等于-1. 由于解方程的需要，人们引进一个新数 i，称它为虚数单位，并规定

$$\mathrm{i}^2=-1$$

从而 i 是方程 $x^2+1=0$ 的一个根.

对于任意两个实数 x,y，称具有 $z=x+\mathrm{i}\,y$ 或 $z=x+y\mathrm{i}$ 形式的数为复数，其中 x,y 分别称为 z 的实部和虚部，记作

$$x=\mathrm{Re}(z),\quad y=\mathrm{Im}(z)$$

当 $x=0$，$y\neq 0$ 时，称 $z=y\mathrm{i}$ 为纯虚数；当 $x\neq 0$，$y=0$ 时，$z=x+0\cdot\mathrm{i}$，此时的 z 即实数 x. 例如复数 $4+0\cdot\mathrm{i}$ 即实数 4.

两个复数相等，当且仅当它们的实部和虚部分别对应相等；一个复数 z 等于复数 0，当且仅当它的实部和虚部分别等于 0.

复数与实数不同，一般来说，任意两个复数不能比较大小.

1.1.2　复数的代数运算

已知两个复数 $z_1=x_1+\mathrm{i}\,y_1$，$z_2=x_2+\mathrm{i}\,y_2$，则它们的加法、减法和乘法运算规定如下：

$$z_1\pm z_2=(x_1+\mathrm{i}\,y_1)\pm(x_2+\mathrm{i}\,y_2)=(x_1\pm x_2)+\mathrm{i}(y_1\pm y_2)\qquad(1.1.1)$$

$$z_1\cdot z_2=(x_1+\mathrm{i}\,y_1)\cdot(x_2+\mathrm{i}\,y_2)=(x_1x_2-y_1y_2)+\mathrm{i}(x_2y_1+x_1y_2)\qquad(1.1.2)$$

则分别称以上两式右端的复数为复数 z_1 与 z_2 的和、差与积.

显然，当z_1与z_2为实数（即当$y_1 = y_2 = 0$）时，以上两式的运算法则与实数的运算法则一致.

当复数z满足

$$z_2 \cdot z = z_1 \ (z_2 \neq 0)$$

时，称复数z为z_1除以z_2的商，记作$z = \frac{z_1}{z_2}$. 依据此定义，可推出

$$z = \frac{z_1}{z_2} = \frac{x_1 x_2 + y_1 y_2}{x_2^{\ 2} + y_2^{\ 2}} + \mathrm{i}\frac{x_2 y_1 - x_1 y_2}{x_2^{\ 2} + y_2^{\ 2}} \qquad (1.1.3)$$

与实数的情形一样，复数的运算也满足交换律、结合律和分配律.

交换律：$z_1 + z_2 = z_2 + z_1$，$z_1 \cdot z_2 = z_2 \cdot z_1$；

结合律：$z_1 + (z_2 + z_3) = (z_1 + z_2) + z_3$，$z_1 \cdot (z_2 \cdot z_3) = (z_1 \cdot z_2) \cdot z_3$；

分配律：$z_1 \cdot (z_2 + z_3) = z_1 \cdot z_2 + z_1 \cdot z_3$.

把实部相同而虚部互为相反数的两个复数称为共轭复数，与z共轭的复数记作$\overline{z}$. 如果$z = x + \mathrm{i}\,y$，则$\overline{z} = x - \mathrm{i}\,y$. 共轭复数具有如下性质：

（1）$\overline{z_1 \pm z_2} = \overline{z_1} \pm \overline{z_2}$，$\overline{z_1 \cdot z_2} = \overline{z_1} \cdot \overline{z_2}$，$\overline{\left(\frac{z_1}{z_2}\right)} = \frac{\overline{z_1}}{\overline{z_2}} (z_2 \neq 0)$；

（2）$\overline{\overline{z}} = z$；

（3）$z \cdot \overline{z} = (\mathrm{Re}(z))^2 + (\mathrm{Im}(z))^2$；

（4）$z + \overline{z} = 2\,\mathrm{Re}(z)$，$z - \overline{z} = 2\mathrm{i}\,\mathrm{Im}(z)$.

在计算$\frac{z_1}{z_2}$时，可以利用共轭复数的性质（3），让分子与分母同乘以$\overline{z_2}$，即可得所求的商为式（1.1.3）.

例 1　设$z_1 = 1 + 2\mathrm{i}$，$z_2 = 3 + 4\mathrm{i}$，求$\frac{z_1}{z_2}$，$\overline{\left(\frac{z_1}{z_2}\right)}$.

解　$$\frac{z_1}{z_2} = \frac{1+2\mathrm{i}}{3+4\mathrm{i}} = \frac{(1+2\mathrm{i})(3-4\mathrm{i})}{(3+4\mathrm{i})(3-4\mathrm{i})}$$

$$= \frac{(3+8)+(-4+6)\mathrm{i}}{25} = \frac{11}{25} + \frac{2}{25}\mathrm{i}$$

所以　$$\overline{\left(\frac{z_1}{z_2}\right)} = \frac{11}{25} - \frac{2}{25}\mathrm{i}.$$

例 2　设$z = \frac{1}{\mathrm{i}} + \frac{1}{1+\mathrm{i}}$，求$\mathrm{Re}(z)$，$\mathrm{Im}(z)$，$z \cdot \overline{z}$.

解　$$z = \frac{1}{\mathrm{i}} + \frac{1}{1+\mathrm{i}} = \frac{-\mathrm{i}}{\mathrm{i}\cdot(-\mathrm{i})} + \frac{1-\mathrm{i}}{(1+\mathrm{i})(1-\mathrm{i})}$$

$$= -\mathrm{i} + \frac{1-\mathrm{i}}{2} = \frac{1}{2} - \frac{3}{2}\mathrm{i}$$

所以 $\mathrm{Re}(z)=\dfrac{1}{2}$， $\mathrm{Im}(z)=-\dfrac{3}{2}$

$$z\cdot\overline{z}=\left(\frac{1}{2}\right)^2+\left(-\frac{3}{2}\right)^2=\frac{5}{2}.$$

1.2 复数的几何表示

1.2.1 复平面

给定一个复数 $z=x+\mathrm{i}y$，就有一对有序实数 (x,y) 与之对应，反之，给定一个有序实数对 (x,y)，则复数 $z=x+\mathrm{i}y$ 也能被唯一确定. 所以，对于给定的平面直角坐标系所在的平面，复数的全体与该平面上点的全体成一一对应关系，从而复数 $z=x+\mathrm{i}y$ 可以用该平面上坐标为 (x,y) 的点 P 来表示，这是复数的一个常用表示方法. 此时，x 轴上的点对应的是实数，称 x 轴为**实轴**，y 轴上的点（除坐标原点外）对应的是纯虚数，称 y 轴为**虚轴**，两轴所在的平面称为**复平面**或 **z 平面**. 这样，复数与复平面上的点成一一对应关系，所以把“点 z”和“复数 z”看作同义词，从而能借助几何的知识和方法来研究复变函数的问题，这也为复变函数的实际应用奠定了基础.

在复平面上，复数 z 还与从原点指向点 $z=x+\mathrm{i}y$ 的平面向量 $\overrightarrow{OP}$ 一一对应. 因此，复数 z 也能用向量 $\overrightarrow{OP}$ 来表示（见图 1.1）. 向量的长度称为复数 z 的**模**或**绝对值**，记作

$$|z|=\sqrt{x^2+y^2} \tag{1.2.1}$$

显然，下列各式成立：

$$|x|\leqslant|z|,\quad |y|\leqslant|z|,\quad |z|\leqslant|x|+|y|$$

$$z\cdot\overline{z}=|z|^2=|z^2|$$

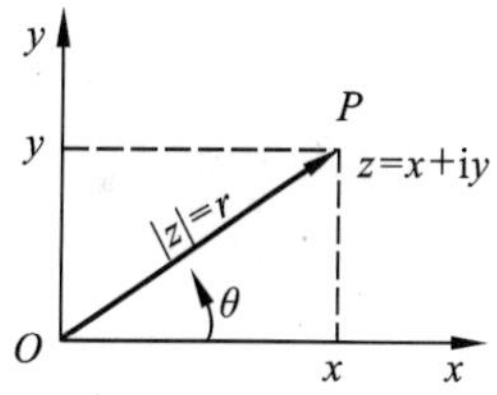

图 1.1

在 $z\neq 0$ 时，以正实轴为始边，以表示 z 的向量 $\overrightarrow{OP}$ 为终边的角的弧度数 θ 称为 z 的**辐角**，记作

$$\mathrm{Arg}\,z=\theta$$

这时，有

$$\tan(\mathrm{Arg}\,z)=\tan\theta=\frac{y}{x} \tag{1.2.2}$$

我们知道，任何一个不为 0 的复数 z 都有无穷多个辐角. 如果 θ_1 是它的辐角中的一个，那么

$$\mathrm{Arg}\,z=\theta_1+2k\pi\ （k\text{ 为任意整数}） \tag{1.2.3}$$

就是它的全部辐角. 在 $z(\neq 0)$ 的所有辐角中，把满足 $-\pi<\theta_0\leqslant\pi$ 的辐角 θ_0 称为复数 $z(\neq 0)$ 的**辐角主值**，记作 $\arg z=\theta_0$.

当 $z=0$ 时，$|z|=0$，向量 $\overrightarrow{OP}$ 的方向具有任意性，从而 z 的辐角不确定.

辐角主值 $\arg z(z\neq 0)$ 可以由反正切 $\mathrm{Arctan}\dfrac{y}{x}$ 的主值 $\arctan\dfrac{y}{x}$ 按下列关系式来确定：

$$\arg z=\begin{cases}\arctan\dfrac{y}{x}, & x>0, y\geqslant 或\leqslant 0;\\ \pm\dfrac{\pi}{2}, & x=0, y> 或 <0;\\ \arctan\dfrac{y}{x}\pm\pi, & x<0, y> 或 <0;\\ \pi, & x<0,\ y=0.\end{cases} \tag{1.2.4}$$

其中 $-\dfrac{\pi}{2}<\arctan\dfrac{y}{x}<\dfrac{\pi}{2}$.

根据复数的运算性质可知，两个复数 z_1 和 z_2 的加减运算和对应向量的加减运算一致（见图 1.2）.

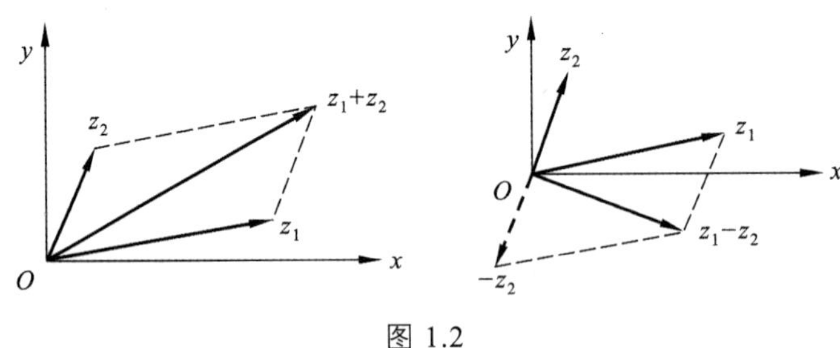

图 1.2

如图 1.2 所示，$|z_1-z_2|$表示 z_1与 z_2之间的距离，则根据三角形三边之间的关系，以下的三角不等式成立：

$$||z_1|-|z_2||\leqslant|z_1-z_2|\leqslant|z_1|+|z_2| \tag{1.2.5}$$

$$||z_1|-|z_2||\leqslant|z_1+z_2|\leqslant|z_1|+|z_2| \tag{1.2.6}$$

利用直角坐标与极坐标的关系（见图 1.1，其中 r 是点 z 到原点的距离，θ 是原点到点 z 的向量与 x 轴正方向的夹角）：

$$x=r\cos\theta,\quad y=r\sin\theta$$

复数 z 还可以表示成下面的形式：

$$z=r(\cos\theta+\mathrm{i}\sin\theta) \tag{1.2.7}$$

此形式称为复数 z 的三角形式.

再利用欧拉（Euler）公式：$\mathrm{e}^{\mathrm{i}\theta}=\cos\theta+\mathrm{i}\sin\theta$，复数 z 还可以表示为

$$z=r\mathrm{e}^{\mathrm{i}\theta} \tag{1.2.8}$$

这种形式称为复数 z 的指数形式.

复数的各种表示形式可以相互转化，以适应解决不同实际问题的需要.

例 1　写出复数 $z=-\sqrt{3}-3\mathrm{i}$ 的三角形式.

解　因为

$$|-\sqrt{3}-3\mathrm{i}|=\sqrt{12}=2\sqrt{3},\quad \arg(-\sqrt{3}-3\mathrm{i})=-\pi+\arctan\frac{-3}{-\sqrt{3}}=-\frac{2\pi}{3}.$$

所以，z 的三角形式可写为

$$z=-\sqrt{3}-3\mathrm{i}=2\sqrt{3}\left(\cos\left(-\frac{2\pi}{3}\right)+\mathrm{i}\sin\left(-\frac{2\pi}{3}\right)\right).$$

例 2 写出复数 $z=\sin\frac{\pi}{7}+\mathrm{i}\cos\frac{\pi}{7}$ 的指数形式.

解 因为

$$z=\cos\left(\frac{\pi}{2}-\frac{\pi}{7}\right)+\mathrm{i}\sin\left(\frac{\pi}{2}-\frac{\pi}{7}\right)=\cos\frac{5\pi}{14}+\mathrm{i}\sin\frac{5\pi}{14}.$$

所以，z 的指数形式可写为

$$z=\mathrm{e}^{\mathrm{i}\frac{5\pi}{14}}$$

例 3 设 z_1,z_2 为两个任意复数，证明：

$$|z_1+z_2|\leqslant|z_1|+|z_2|.$$

证明 因为

$$\begin{aligned}|z_1+z_2|^2&=(z_1+z_2)(\overline{z_1}+\overline{z_2})\\&=z_1\overline{z_1}+z_1\overline{z_2}+z_2\overline{z_1}+z_2\overline{z_2}\\&=|z_1|^2+|z_2|^2+2\operatorname{Re}(z_1\overline{z_2})\\&\leqslant|z_1|^2+|z_2|^2+2|z_1z_2|\\&=|z_1|^2+|z_2|^2+2|z_1||z_2|\\&=(|z_1|+|z_2|)^2\end{aligned}$$

两边开方，就得到所要证明的三角不等式.

很多平面图形能用复数形式的方程（或不等式）来表示，反之，给定的复数满足的方程（或不等式）也可以表示平面上的图形. 以下的例题即可说明这一点.

例 4 将经过两点 $z_1=x_1+\mathrm{i}y_1$ 与 $z_2=x_2+\mathrm{i}y_2$ 的直线用复数形式的方程表示出来.

解 我们知道，经过两点 $z_1=x_1+\mathrm{i}y_1$ 与 $z_2=x_2+\mathrm{i}y_2$ 的直线可以用参数方程表示为

$$\begin{cases}x=x_1+t(x_2-x_1)\\y=y_1+t(y_2-y_1)\end{cases}\quad(-\infty<t<+\infty)$$

因此，它的复数形式的参数方程为

$$z=z_1+t(z_2-z_1)\quad(-\infty<t<+\infty)$$

由此易知，z_1 到 z_2 的直线段的参数方程可以写成

$$z=z_1+t(z_2-z_1)\quad(0\leqslant t\leqslant1)$$

取 $t=\frac{1}{2}$，得线段 $\overline{z_1z_2}$ 的中点为

$$z=\frac{z_1+z_2}{2}.$$

例 5　求下列方程所表示的曲线.

（1）$|z+\mathrm{i}|=2$；

（2）$|z-2\mathrm{i}|=|z+2|$；

（3）$\mathrm{Im}(\overline{z}+\mathrm{i})=4$.

解　（1）因为在几何上$|z_1-z_2|$表示点z_1与z_2之间的距离，所以我们不难看出，方程$|z+\mathrm{i}|=2$表示复平面上到点$-\mathrm{i}$距离等于2的所有点构成的集合，即以$-\mathrm{i}$为圆心、2为半径的圆（见图1.3）.

设$z=x+\mathrm{i}y$，则方程$|z+\mathrm{i}|=2$可变形为$|x+\mathrm{i}y+\mathrm{i}|=2$，即

$$\sqrt{x^2+(y+1)^2}=2$$

或者

$$x^2+(y+1)^2=4.$$

（2）同理，该方程表示到点2i和−2距离相等的所有点构成的点集，即连接2i和−2的线段的垂直平分线（见图1.4），它也可以表示为$y=-x$.

（3）设$z=x+\mathrm{i}y$，则$\overline{z}+\mathrm{i}=x+\mathrm{i}(1-y)$，$\mathrm{Im}(\overline{z}+\mathrm{i})=4$，即$1-y=4$，从而$y=-3$. 它表示的是平行于实轴（$x$轴）的一条直线（见图1.5）.

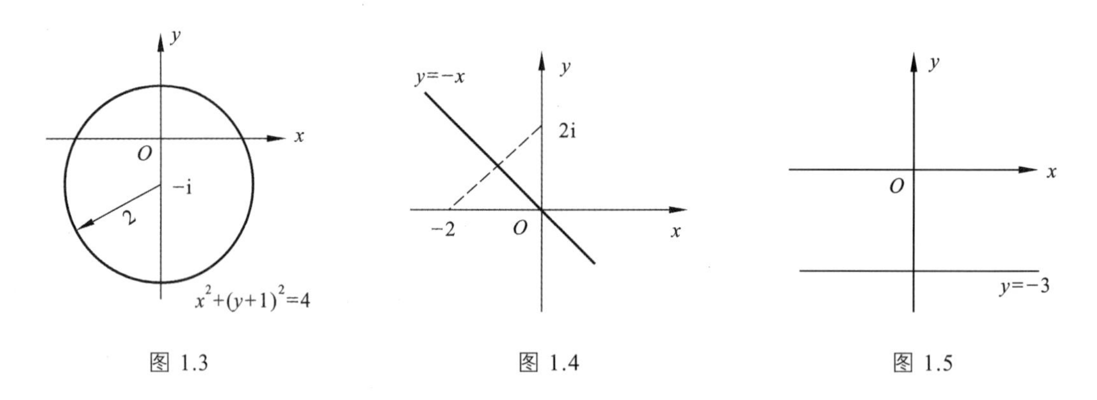

图 1.3　　图 1.4　　图 1.5

1.2.2　复球面

除了用平面内的点或向量来表示复数外，还可以用球面上的点来表示复数.

取一个与复平面相切于原点$z=0$的球面，球面上的一点S与原点重合（见图1.6）. 通过S作垂直于复平面的直线与球面相交于另一点N，我们称N为北极，S为南极. 对于复平面内任何一点z，如果用一直线段把点z与点N连接起来，那么该直线段一定与球面相交于异于N的一点Z. 反过来，对于球面上任何一个异于N的点Z，用一直线段把Z与N连接起来，这条直线段的延长线就与复平面相交于一点z. 这说明：球面上的点，除去北极点N外，与复平面内的点之间存在着一一对应的关系. 前面已经讲过，复数可以看作是

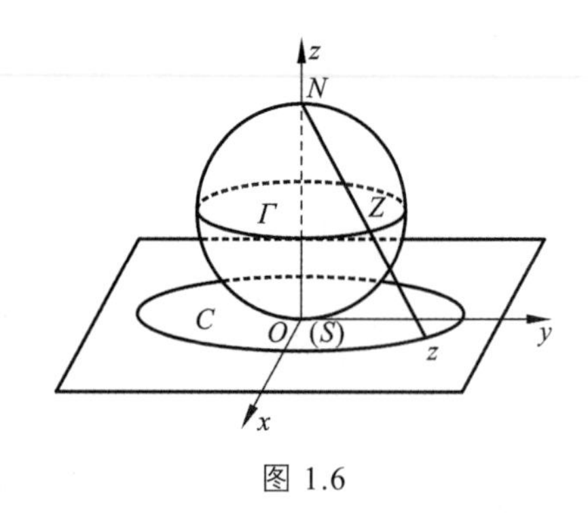

图 1.6

复平面内的点，因此，球面上的点，除去北极点 N 外，与复数一一对应. 所以，可以用球面上的点来表示复数（见图 1.6）.

但是，对于球面上的北极点 N，还没有复平面内的一个点与它对应. 从图 1.6 中容易看到，当点 z 无限地远离原点时，或者说，当复数 z 的模 $|z|$ 无限地变大时，点 Z 就无限地接近于 N. 为了使复平面与球面上的点无一例外地都能一一对应起来，规定：复平面上有一个唯一的"无穷远点"，它与球面上的北极点 N 相对应. 相应地，又规定：复数中有一个唯一的"无穷大"与复平面上的无穷远点相对应，并把它记作 ∞. 因而，球面上的北极点 N 就是复数无穷大 ∞ 的几何表示. 这样，球面上的每一个点都有唯一的一个复数与它对应，这样的球面称为**复球面**. 把包括无穷远点在内的复平面称为**扩充复平面**. 不包括无穷远点在内的复平面称为**有限平面**，或者称为**复平面**. 对于复数 ∞ 来说，实部、虚部与辐角的概念均无意义，但它的模则规定为正无穷大，即 $|\infty| = +\infty$. 对于其他每一个复数 z，则有 $|z|<+\infty$.

复球面能把扩充复平面的无穷远点明显地表示出来，这就是它比复平面优越的地方. 对于 ∞ 的四则运算，有如下规定：

加法：$a+\infty=\infty+a=\infty$（$a\neq\infty$）；

减法：$a-\infty=\infty-a=\infty$（$a\neq\infty$）；

乘法：$a\cdot\infty=\infty\cdot a=\infty$（$a\neq 0$）；

除法：$\dfrac{a}{\infty}=0$，$\dfrac{\infty}{a}=\infty$（$a\neq\infty$），$\dfrac{a}{0}=\infty$（$a\neq 0$，但可为 ∞）.

至于其他运算：$\infty\pm\infty, 0\cdot\infty$，$\dfrac{\infty}{\infty}$，我们不规定其意义. 就像在实变数中一样，$\dfrac{0}{0}$ 仍然不确定.

这里引入的扩充复平面与无穷远点，在很多实际问题的讨论中，能够提供极大的方便. 但在本书中，如无特殊声明，所谓"平面"一般仍指有限复平面，所谓"点"仍指有限复平面上的点.

1.3 复数的乘幂与方根

1.3.1 复数的乘积与商

设有两个复数 $z_1=r_1(\cos\theta_1+\mathrm{i}\sin\theta_1)$，$z_2=r_2(\cos\theta_2+\mathrm{i}\sin\theta_2)$，那么

$$\begin{aligned} z_1z_2 &= r_1(\cos\theta_1+\mathrm{i}\sin\theta_1)\cdot r_2(\cos\theta_2+\mathrm{i}\sin\theta_2) \\ &= r_1r_2[(\cos\theta_1\cos\theta_2-\sin\theta_1\sin\theta_2)+\mathrm{i}(\sin\theta_1\cos\theta_2+\cos\theta_1\sin\theta_2)] \\ &= r_1r_2(\cos(\theta_1+\theta_2)+\mathrm{i}\sin(\theta_1+\theta_2)) \end{aligned}$$

于是

$$|z_1z_2|=|z_1||z_2| \tag{1.3.1}$$

$$\operatorname{Arg}(z_1z_2)=\operatorname{Arg}(z_1)+\operatorname{Arg}(z_2) \tag{1.3.2}$$

定理 1.1 两个复数乘积的模等于它们模的乘积，两个复数乘积的辐角等于它们的辐角之和.

当利用向量来表示复数时，可以说乘积 z_1z_2 表示的向量是将表示 z_1 的向量旋转一个角度 $\text{Arg}\,(z_2)$，并伸长（或缩短）到 $|z_2|$ 倍得到的，如图 1.7 所示. 特别地，当 $|z_2|=1$ 时，乘积 z_1z_2 表示的向量是将表示 z_1 的向量只是做了旋转 $\text{Arg}\,(z_2)$ 大小的角度而得到的向量. 例如，$-\text{i}z$ 表示的向量是将表示 z 的向量按顺时针旋转 90°而得到的向量.

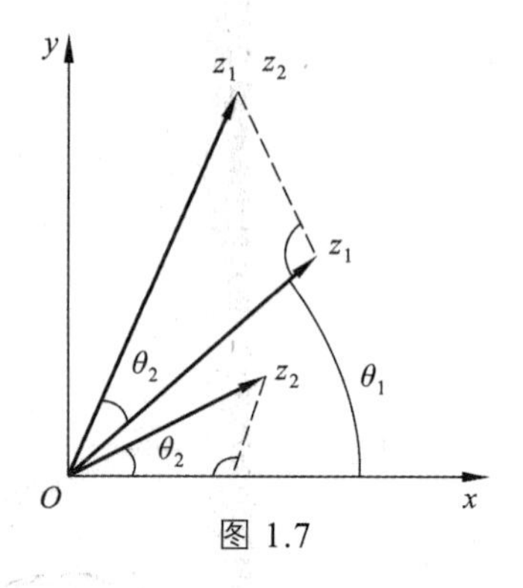

图 1.7

我们要正确理解等式（1.3.2）. 由于辐角的多值性，该等式两端都是由无穷多个数构成的两个数集，等式（1.3.2）表示两端可能取的值的全体是相同的. 也就是说，对于左端的任一值，右端必有一值和它相等，反过来也一样. 例如，设 $z_1=\text{i}$，$z_2=-1$，则 $z_1z_2=-\text{i}$，且

$$\text{Arg}\,(z_1)=\frac{\pi}{2}+2n\pi \quad (n=0,\pm1,\pm2,\pm3,\cdots),$$

$$\text{Arg}\,(z_2)=\pi+2m\pi \quad (m=0,\pm1,\pm2,\pm3,\cdots),$$

$$\text{Arg}\,(z_1z_2)=-\frac{\pi}{2}+2k\pi \quad (k=0,\pm1,\pm2,\pm3,\cdots),$$

代入等式（1.3.2）得

$$\frac{3\pi}{2}+2(n+m)\pi=-\frac{\pi}{2}+2k\pi$$

若上式成立，必须且只需 $k-1=m+n$. 只要 m，n 各取一个确定的值，总可以选取一个 k 的值，使得 $k-1=m+n$ 成立，反之也成立. 若取 $m=n=0$，则有 $k=1$；若取 $k=0$，则可以取 $m=-2$，$n=1$.

对于后面的式（1.3.5）的第二个等式，也应当这样来理解.

如果用指数形式将复数表示为

$$z_1=r_1\text{e}^{\text{i}\theta_1},\quad z_2=r_2\text{e}^{\text{i}\theta_2}$$

那么定理 1.1 可以简明地表示为

$$z_1z_2=r_1r_2\text{e}^{\text{i}(\theta_1+\theta_2)} \tag{1.3.3}$$

由此逐步可证，如果

$$z_k=r_k\text{e}^{\text{i}\theta_k}=r_k(\cos\theta_k+\text{i}\sin\theta_k) \quad (k=1,2,3,\cdots,n)$$

那么

$$z_1z_2\cdots z_n=r_1r_2\cdots r_n(\cos(\theta_1+\theta_2+\cdots+\theta_n)+\text{i}\sin(\theta_1+\theta_2+\cdots+\theta_n))$$
$$=r_1r_2\cdots r_n\text{e}^{\text{i}(\theta_1+\theta_2+\cdots+\theta_n)} \tag{1.3.4}$$

按商（除法运算）的定义，当 $z_1\neq0$ 时，有

$$z_2=\frac{z_2}{z_1}\cdot z_1$$

由式（1.3.1）和式（1.3.2），有

$$|z_2|=\left|\frac{z_2}{z_1}\right|\cdot|z_1| \text{ 与 } \mathrm{Arg}\,(z_2)=\mathrm{Arg}\left(\frac{z_2}{z_1}\right)+\mathrm{Arg}\,(z_1)$$

于是

$$\left|\frac{z_2}{z_1}\right|=\frac{|z_2|}{|z_1|} \text{ 与 } \mathrm{Arg}\left(\frac{z_2}{z_1}\right)=\mathrm{Arg}\,(z_2)-\mathrm{Arg}\,(z_1) \tag{1.3.5}$$

由此可得定理 1.2.

定理 1.2 两个复数商的模等于它们的模之商，两个复数商的辐角等于被除数与除数的辐角之差.

如果用指数形式表示复数：

$$z_1=r_1\mathrm{e}^{\mathrm{i}\theta_1}，\quad z_2=r_2\mathrm{e}^{\mathrm{i}\theta_2}$$

那么定理 1.2 也可以简明地表示为

$$\frac{z_2}{z_1}=\frac{r_2}{r_1}\mathrm{e}^{\mathrm{i}(\theta_2-\theta_1)} \tag{1.3.6}$$

例 1 已知正三角形的两个顶点 $z_1=1$， $z_2=2+\mathrm{i}$，求它的另一个顶点.

解 如图 1.8 所示，将表示 z_2-z_1 的向量绕 z_1 旋转 $\frac{\pi}{3}$（或 $-\frac{\pi}{3}$），就得到另一个向量，它的终点即为所求的顶点 z_3（或 z_3'）. 由于复数 $\mathrm{e}^{\mathrm{i}\frac{\pi}{3}}$ 的模为 1，转角为 $\frac{\pi}{3}$，根据复数乘法的性质，有

$$\begin{aligned}z_3-z_1&=\mathrm{e}^{\mathrm{i}\frac{\pi}{3}}(z_2-z_1)=\left(\frac{1}{2}+\mathrm{i}\frac{\sqrt{3}}{2}\right)(1+\mathrm{i})\\&=\left(\frac{1}{2}-\frac{\sqrt{3}}{2}\right)+\mathrm{i}\left(\frac{1}{2}+\frac{\sqrt{3}}{2}\right)\end{aligned}$$

所以

$$z_3=\frac{3-\sqrt{3}}{2}+\mathrm{i}\frac{1+\sqrt{3}}{2}$$

同理可得

$$z_3'=\frac{3+\sqrt{3}}{2}+\mathrm{i}\frac{1-\sqrt{3}}{2}$$

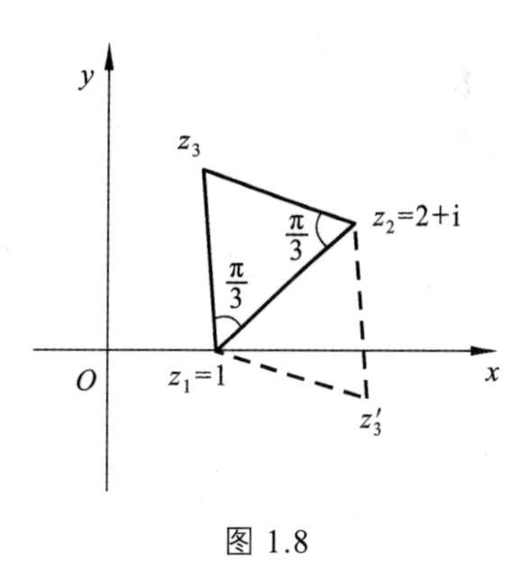

图 1.8

1.3.2 复数的幂与根

n 个相同复数 z 的乘积称为 z 的 n 次幂，记作 z^n，即

$$z^n=\underbrace{z\cdot z\cdot\cdots\cdot z}_{n\text{个}}$$

如果对式（1.3.4），令从 z_1 到 z_n 的所有复数都等于 z，那么对于任何正整数 n，有

$$z^n = r^n(\cos n\theta + \mathrm{i}\sin n\theta).\tag{1.3.7}$$

如果我们定义 $z^{-n} = \dfrac{1}{z^n}$，那么当 n 为负整数时式也（1.3.7）是成立的. 读者可自行证明.

特别地，当 z 的模 $r=1$，即 $z=\cos\theta+\mathrm{i}\sin\theta$ 时，由式（1.3.7）有

$$(\cos\theta+\mathrm{i}\sin\theta)^n = \cos n\theta + \mathrm{i}\sin n\theta\tag{1.3.8}$$

这就是棣莫弗（**De Moivre**）公式.

式（1.3.7）与式（1.3.8）均有着广泛的应用. 下面利用它们来求方程 $w^n = z$（z 为一个已知的复数）的根 w.

当 z 的值不等于零时，就有 n 个不同的 w 值与它对应. 每一个这样的 w 值称为 z 的 n 次根，记作 $\sqrt[n]{z}$，即

$$w = \sqrt[n]{z}.$$

设 $z = r(\cos\theta+\mathrm{i}\sin\theta)$，$w=\rho(\cos\varphi+\mathrm{i}\sin\varphi)$，则由关系式 $w^n = z$ 和棣莫弗公式可得

$$\rho^n(\cos n\varphi + \mathrm{i}\sin n\varphi) = r(\cos\theta+\mathrm{i}\sin\theta)$$

即

$$\rho^n = r,\quad n\varphi = \theta + 2k\pi\ \ (k=0,\pm1,\pm2,\cdots)$$

从而有

$$\rho = \sqrt[n]{r},\quad \varphi = \frac{\theta+2k\pi}{n}\ \ (k=0,\pm1,\pm2,\cdots)$$

其中，$\sqrt[n]{r}$ 为 r 的 n 次算术方根，故 z 的 n 次根可由以下公式计算：

$$w = \sqrt[n]{z} = \sqrt[n]{r}\left(\cos\frac{\theta+2k\pi}{n} + \mathrm{i}\sin\frac{\theta+2k\pi}{n}\right)\ \ (k=0,\pm1,\pm2,\cdots)\tag{1.3.9}$$

但是，仅仅当 $k=0,1,2,\cdots,n-1$ 时，可得 n 个不同的根：

$$w_0 = \sqrt[n]{r}\left(\cos\frac{\theta+2\cdot0\cdot\pi}{n} + \mathrm{i}\sin\frac{\theta+2\cdot0\cdot\pi}{n}\right) = \sqrt[n]{r}\left(\cos\frac{\theta}{n} + \mathrm{i}\sin\frac{\theta}{n}\right)$$

$$w_1 = \sqrt[n]{r}\left(\cos\frac{\theta+2\pi}{n} + \mathrm{i}\sin\frac{\theta+2\pi}{n}\right)$$

$$w_2 = \sqrt[n]{r}\left(\cos\frac{\theta+4\pi}{n} + \mathrm{i}\sin\frac{\theta+4\pi}{n}\right)$$

$$\vdots$$

$$w_{n-1} = \sqrt[n]{r}\left(\cos\frac{\theta+2(n-1)\pi}{n} + \mathrm{i}\sin\frac{\theta+2(n-1)\pi}{n}\right)$$

而当 $k=n$ 时，

$$\begin{aligned}w_n &= \sqrt[n]{r}\left(\cos\frac{\theta+2n\pi}{n} + \mathrm{i}\sin\frac{\theta+2n\pi}{n}\right) = \sqrt[n]{r}\left(\cos\left(\frac{\theta}{n}+2\pi\right) + \mathrm{i}\sin\left(\frac{\theta}{n}+2\pi\right)\right)\\ &= \sqrt[n]{r}\left(\cos\frac{\theta}{n} + \mathrm{i}\sin\frac{\theta}{n}\right) = w_0\end{aligned}$$

从几何意义上讲，$\sqrt[n]{z}$ 的 n 个不同的值就是分布在以坐标原点为圆心、$\sqrt[n]{r}$ 为半径的圆的内接正 n 边形的 n 个顶点.

例 2 求 $\sqrt[4]{1+\mathrm{i}}$.

解 因为 $1+\mathrm{i}=\sqrt{2}\left(\cos\dfrac{\pi}{4}+\mathrm{i}\sin\dfrac{\pi}{4}\right)$，所以

$$\sqrt[4]{1+\mathrm{i}}=\sqrt[8]{2}\left(\cos\frac{\frac{\pi}{4}+2k\pi}{4}+\mathrm{i}\sin\frac{\frac{\pi}{4}+2k\pi}{4}\right)\quad(k=0,1,2,3)$$

$$w_0=\sqrt[8]{2}\left(\cos\frac{\pi}{16}+\mathrm{i}\sin\frac{\pi}{16}\right),$$

$$w_1=\sqrt[8]{2}\left(\cos\frac{9\pi}{16}+\mathrm{i}\sin\frac{9\pi}{16}\right),$$

$$w_2=\sqrt[8]{2}\left(\cos\frac{17\pi}{16}+\mathrm{i}\sin\frac{17\pi}{16}\right),$$

$$w_3=\sqrt[8]{2}\left(\cos\frac{25\pi}{16}+\mathrm{i}\sin\frac{25\pi}{16}\right).$$

这四个根是内接于圆心在坐标原点、半径为 $\sqrt[8]{2}$ 的圆的内接四边形的四个顶点（见图 1.9），并且

$$w_1=\mathrm{i}w_0,\ w_2=\mathrm{i}^2w_0=-w_0,\ w_3=\mathrm{i}^3w_0=-\mathrm{i}w_0.$$

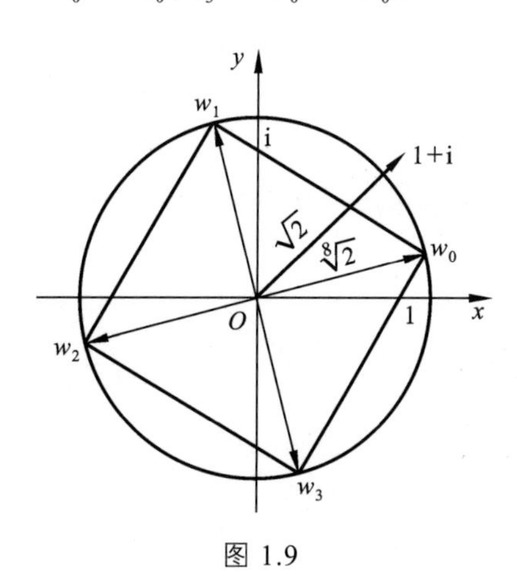

图 1.9

1.4 平面点集的一般概念

现在，我们来研究复变数的问题. 同实变数一样，每一个复变数都有自己的变化范围. 接下来，我们就详细介绍复变数取值范围所涉及的一些平面点集的相关概念.

1.4.1　开集与闭集

1.2 节已经介绍过，对于一个复数与它所对应的平面上的点我们将不加区分，因此，点可以用复数来表示，而复数也可以看作点. 对于一些特殊的平面点集，我们将采用复数所满足的等式或不等式来表示.

平面上以定点 z_0 为中心、任意的正数 δ 为半径的开圆表示为

$$|z-z_0|<\delta$$

称为 z_0 的 δ **邻域**，而称由不等式 $0<|z-z_0|<\delta$ 所确定的点集为 z_0 的 δ **去心邻域.**

设 G 为一平面点集. 则

（1）z_0 为 G 中任意一点. 如果存在 z_0 的一个 δ 邻域，该邻域内的所有点都属于 G，那么称 z_0 为 G 的**内点**. 如果 G 内的每个点都是它的内点，那么称 G 为**开集**.

（2）平面上不属于 G 的点的全体称为 G 的**余集**，记作 G^C，开集的余集称为**闭集**.

（3）z_0 是一点，若在 z_0 的任一 δ 邻域内既有 G 的点又有 G^C 的点，则称 z_0 是 G 的一个**边界点**. G 的边界点的全体称为 G 的**边界**，记作 ∂G.

（4）$z_0\in G$，若在 z_0 的某一 δ 邻域内除 z_0 外不含 G 的其他任何一个点，则称 z_0 是 G 的一个**孤立点**. G 的孤立点一定是 G 的边界点.

（5）如果存在一个以坐标原点 $z_0=0$ 为圆心、有限的正实数 M 为半径的圆盘包含 G，则称 G 为**有界集**，否则称 G 为**无界集**.

例 1　$G=\{z||z|<R\}$ 是一开集. 因为对于任意的 $z_0\in G$，存在 z_0 的一个邻域 $|z-z_0|<\delta$，其内的所有点都在 G 中（只需要 $\delta<R-|z_0|$ 即可）.

例 2　$G=\{z||z|\geqslant R\}$ 是一闭集. 因为它的余集 $G^C=\{z||z|<R\}$ 是开集.

例 3　$G=\{z||z|<R\}$，圆周 $|z|=R$ 上的每一点均为 G 的边界点，且 G 没有别的边界点. 因此 $|z|=R$ 是 G 的边界 ∂G.

1.4.2　区域

正如实变量的一元函数理论是建立在直线点集的理论基础上的，复变函数的严密理论是建立在平面点集的理论基础上的. 同实变量一样，每一个复变量都有自己的变化范围. 在今后的讨论中，变化范围主要指区域.

平面点集 D 称为一个**区域**，如果它满足下列两个条件：

（1）D 是一个开集；

（2）D 是**连通的**. 就是说，D 中任何两点都可以用完全属于 D 的一条折线连接起来（见图 1.10）.

换言之，区域就是连通的开集.

区域 D 与它的边界一起构成**闭区域**或**闭域**，记作 $\overline{D}$.

注　区域是开集，闭区域是闭集，除了全平面既是区域又是闭区域这一特例外，区域与闭区域是两种不同的点集，闭区域并非区域. 以后无特殊说明，我们所说的区域一般指开区域.

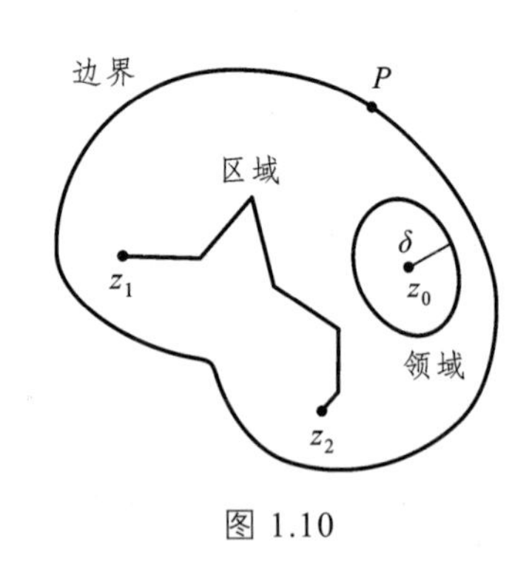

图 1.10

例 4 试说出下列各式所表示的点集是怎样的图形，并指出哪些是区域：

（1）$\mathrm{Re}(z+\overline{z})>0$；（2）$|z+2-\mathrm{i}|>1$；（3）$0<\arg z<\dfrac{\pi}{3}$.

解 （1）设 $z=x+\mathrm{i}y$，则由 $\mathrm{Re}(z+\overline{z})>0$ 可得 $2x>0$，即 $x>0$（见图 1.11）. 这是一个区域.

（2）设 $z=x+\mathrm{i}y$，则 $z+2-\mathrm{i}=z-(-2+\mathrm{i})$，由 $|z+2-\mathrm{i}|>1$ 可得 $|z-(-2+\mathrm{i})|\geqslant 1$，它表示以 $-2+\mathrm{i}$ 为圆心、1 为半径的圆周连同其外部区域（见图 1.12）. 它是一个闭区域.

（3）这是介于两射线 $\arg z=0$ 与 $\arg z=\dfrac{\pi}{3}$ 之间的一个角形区域（见图 1.13）. 它是一个区域.

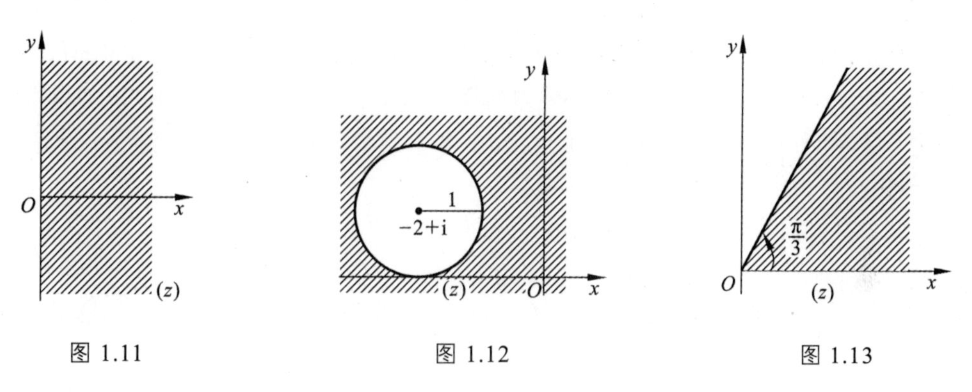

图 1.11　　图 1.12　　图 1.13

1.4.3 平面曲线

在高等数学的学习中我们已经知道，平面曲线可以用参数方程

$$x=x(t),\quad y=y(t)\ (a\leqslant t\leqslant b)$$

的形式来表示. 现在，我们也可以用实变量的复值函数来表示，即

$$z=z(t)=x(t)+\mathrm{i}\,y(t)\ (a\leqslant t\leqslant b)$$

例如，以坐标原点为圆心、a 为半径的圆周，其参数方程可表示为

$$x=a\cos t,\quad y=a\sin t\ (0\leqslant t\leqslant 2\pi)$$

我们也可以用实变量的复值函数来表示，即

$$z=z(t)=a(\cos t+\mathrm{i}\sin t)\ (0\leqslant t\leqslant 2\pi)$$

又如，连接平面上两点 (x_1,y_1) 与 (x_2,y_2) 的直线段，其参数方程可表示为

$$x=x_1+t(x_2-x_1),\quad y=y_1+t(y_2-y_1)\ (0\leqslant t\leqslant 1)$$

我们也可以用实变量的复值函数来表示，记 $z_1=x_1+\mathrm{i}y_1$，$z_2=x_2+\mathrm{i}\,y_2$，则有

$$z=z_1+t(z_2-z_1)\ (0\leqslant t\leqslant 1)$$

特别地，当 $t\in(-\infty,+\infty)$ 时，上述方程可以表示连接 z_1 与 z_2 两点的直线的参数方程.

除了上述参数方程表示形式外，通常我们也可以用动点 z 满足的关系式来表示一些平面点集，如圆、曲线等. 把以坐标原点为圆心、a 为半径的圆周，表示为 $|z|=a$；过点1且平行于虚轴的直线，表示为 $\mathrm{Re}\,z=1$ 等.

如果在区间 $[a,b]$ 上 $x'(t)$ 与 $y'(t)$ 都是连续的，且对于区间 $[a,b]$ 上任意取得的 t，都有

$$(x'(t))^2+(y'(t))^2\neq 0$$

那么，这条曲线称为光滑的，由几段光滑曲线依次相连接而成的曲线称为分段光滑曲线.

设曲线 C：$z=z(t)$ $(a\leqslant t\leqslant b)$ 为一条连续曲线，$z(a)$ 与 $z(b)$ 分别称为它的起点和终点，对于满足 $a\leqslant t_1\leqslant b$，$a\leqslant t_2\leqslant b$ 的 t_1 与 t_2，当 $t_1\neq t_2$，而 $z(t_1)=z(t_2)$ 时，点 $z(t_1)$ 称为曲线 C 的重点，没有重点的连续曲线称为简单曲线或约当（**Jordan**）曲线. 如果简单曲线的起点和终点重合，即 $z(a)=z(b)$，那么曲线 C 称为简单闭曲线（见图 1.14（b））. 由此可知，简单曲线自身不会相交. 图 1.14（a）、图 1.14（d）都不是简单曲线.

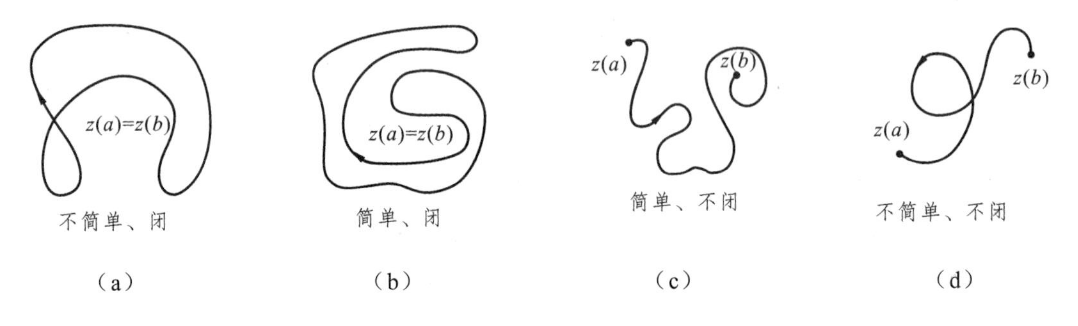

图 1.14

定理 1.3（若尔当曲线定理） 任一简单闭曲线将平面分成两个区域，它们都以该曲线为边界. 其中一个为有界区域，称为该简单闭曲线的内部；另一个为无界区域，称为该简单闭曲线的外部.

根据简单闭曲线的这个性质，我们可以区别区域的连通状况.

设 D 是一区域. 如果对 D 内的任一简单闭曲线，曲线的内部总属于 D，则称 D 是单连通区域，不是单连通区域的区域称为多（复）连通区域.

一条简单闭曲线的内部是单连通区域（见图 1.15（a））. 单连通区域 D 具有这样的特征：属于 D 的任何一条简单闭曲线，在 D 内可以经过连续的变形而缩成一点，而多连通区域就不具有这个特征（见图 1.15（b））.

图 1.15

习题 1

1. 求下列复数 z 的实部与虚部、共轭复数、模与辐角：

（1）$\dfrac{1}{2+3\mathrm{i}}$；　　（2）$\dfrac{1}{\mathrm{i}}-\dfrac{3\mathrm{i}}{1-\mathrm{i}}$；

（3）$(3+4\mathrm{i})(2-5\mathrm{i})$；　　（4）$4\mathrm{i}^{16}-\mathrm{i}^{21}+\mathrm{i}$.

2. 当 a,b 等于什么实数时，等式成立 $\dfrac{a+1+\mathrm{i}(b-3)}{5+3\mathrm{i}}=1+\mathrm{i}$？

3. 证明下列关于共轭复数的运算性质：

（1）$\overline{z_1\cdot z_2}=\overline{z_1}\cdot\overline{z_2}$；　　（2）$\overline{z_1\pm z_2}=\overline{z_1}\pm\overline{z_2}$；

（3）$\overline{\left(\dfrac{z_1}{z_2}\right)}=\dfrac{\overline{z}_1}{\overline{z}_2}(z_2\neq 0)$；　　（4）$|z|^2=z\overline{z}$；

（5）$\overline{\overline{z}}=z$；　　（6）$z+\overline{z}=2\,\mathrm{Re}(z)$，$z-\overline{z}=2\mathrm{i}\,\mathrm{Im}(z)$.

4. 对任何 z，$z^2=|z|^2$ 是否成立？如果是，请给出证明. 如果不是，对哪些 z 才成立？

5. 将下列复数写成三角形式和指数形式：

（1）i；　　（2）-1；

（3）$-3+2\mathrm{i}$；　　（4）$\sin\alpha+\mathrm{i}\cos\alpha$.

6. 利用复数的三角形式计算下列各式：

（1）$(1+\mathrm{i})(1-\mathrm{i})$；　　（2）$\sqrt[4]{-2+2\mathrm{i}}$；

（3）$\left(\dfrac{1-\sqrt{3}\mathrm{i}}{2}\right)^3$；　　（4）$\dfrac{-2+3\mathrm{i}}{3+2\mathrm{i}}$.

7. 解方程 $z^3+1=0$.

8. 指出下列不等式所确定的区域与闭区域，并指明它是有界的还是无界的，是单连通区域还是复连通区域.

（1）$2<|z|<3$；　　（2）$\mathrm{Im}(z)>0$；

（3）$\left|\dfrac{z-1}{z+1}\right|>1$；　　（4）$\dfrac{\pi}{4}<\arg(z)<\dfrac{\pi}{3}$，且 $1<|z|<3$；

（5）$|z-1|+|z+1|\leqslant 4$；　　（6）$4<|z-1|$；

（7）$|z-1|-|z+3|>1$；　　（8）$|z-1|<|z+3|$.

9. 指出满足下列各式的点 z 的轨迹是什么曲线？

（1）$|z+\mathrm{i}|=1$；

（2）$|z-a|+|z+a|=b$，其中 a,b 为正实常数；

（3）$|z-a|=\mathrm{Re}(z-b)$，其中 a,b 为实常数；

（4）$z\overline{z}+a\overline{z}+\overline{a}z+b=0$，其中 a 为复常数，b 为实常数；

（5）$a\bar{z}+\bar{a}z+b=0$，其中 a 为复常数，b 为实常数.

10. 用复参数方程表示下列曲线：

（1）连接 $1+2\mathrm{i}$ 与 $-1-4\mathrm{i}$ 的直线段；

（2）以 O 为中心、焦点在实轴上、长半轴为 a、短半轴为 b 的椭圆.

11. 指出下列方程（t 为实参数）给出的是平面上的什么曲线？

（1）$z=(1+2\mathrm{i})t$；

（2）$z=a\cos t+\mathrm{i}b\sin t$（$a,b$ 为实常数）；

（3）$z=t+\dfrac{\mathrm{i}}{t}$.

第2章 复变函数

自变量和因变量都是复数的函数，即复变函数，它是本课程的主要研究对象. 在第 1 章我们进一步学习了复数的相关概念、三种表示形式及其性质和计算，而且知道了复数与复平面上点的一一对应关系. 本章将在此基础上介绍复变函数的定义、复变函数的几何意义，然后介绍复变函数的极限与连续的概念及其相关性质、运算等，为后面学习和研究解析函数的理论知识与方法奠定必要的基础.

2.1 复变函数的定义和几何意义

2.1.1 复变函数的定义

定义 2.1 设 G 是一个复数集合，对于集合 G 中的每一个复数 $z=x+\mathrm{i}y$，如果存在一个确定的法则 f，按照这一法则，存在一个或几个确定的复数 $w=u+\mathrm{i}v$ 与之对应，就说在复数集合 G 上定义了一个复变函数，称复变数 w 是复变数 z 的函数（简称复变函数），记作

$$w=f(z)$$

如果对于 z 的一个值，有唯一一个 w 值与之对应，那么称函数 $f(z)$ 是**单值函数**；如果 z 的一个值，有 w 的两个或两个以上的值与之对应，那么称函数 $f(z)$ 是**多值函数**. z 称为自变量，w 称为因变量. z 构成的集合 G 称为复变函数 $f(z)$ 的**定义域**，对应于 G 中所有 z 得到的一切 w 值所构成的集合 $f(G)$ 称为函数 $f(z)$ 的**值域**. 在以后的讨论中，定义域 G 常常是一个平面区域，是使得函数 $f(z)$ 有意义的所有点构成的集合. 如无特别声明，后面所讨论的函数均为单值函数.

对于给定的一个复数 $z=x+\mathrm{i}y$（相当于给定了两个实数 x 和 y），有复数 $w=u+\mathrm{i}v$（同样地，它对应着一对实数 u 和 v）与 z 对应，所以复变函数 w 和自变量 z 之间的关系为

$$w=f(z)=u(x,y)+\mathrm{i}v(x,y)$$

相当于对应地确定了两个关系式：

$$u=u(x,y),v=v(x,y)$$

它们分别是关于自变量 x 和 y 的两个二元实变函数.

例 1 已知 $w=z^2$ 是定义在整个复平面上的函数，设 $z=x+\mathrm{i}y$，$w=u+\mathrm{i}v$，于是

$$u+\mathrm{i}v=(x+\mathrm{i}y)^2=(x^2-y^2)+\mathrm{i}2xy$$

因而，给定一个复变函数 $w=z^2$，对应地就确定了两个实变量的二元函数：

$$u=x^2-y^2,\quad v=2xy.$$

2.1.2 复变函数的几何意义

在高等数学中，我们常常用几何图形来表示一元实变函数，并通过几何图形的直观性更好地理解和研究函数的性质. 对于复变函数，由于它反映了两对变量 u,v 和 x,y 之间的对应关系，因而，无法用同一个平面内的几何图形表示出来，所以我们把它看成两个复平面上的点集之间的一种对应关系.

如果用 z 平面上的点表示自变量 z 的值，而用另一个复平面 w 上的点表示因变量 w 的值，那么函数 $w=f(z)$ 在几何上就可以看作是把 z 平面上的一个点集 G（定义域集合）变到 w 平面上的一个点集 G^*（函数值集合）的一个映射（或变换）. 这个映射通常简称为由函数 $w=f(z)$ 所构成的映射. 如果 G 中的点 z 被 $w=f(z)$ 映射成 G^* 中的点 w，那么 w 称为 z 的像（映像），而 z 称为 w 的原像.

例 2 函数 $w=\overline{z}$ 所构成的映射，把 z 平面上的点 $z=a+\mathrm{i}b$ 映射成 w 平面上的点 $w=a-\mathrm{i}b$，把点 $z_1=2+3\mathrm{i}$ 映射成点 $w_1=2-3\mathrm{i}$，把点 $z_2=1-2\mathrm{i}$ 映射成点 $w_2=1+2\mathrm{i}$，把三角形 $\triangle ABC$ 映射成三角形 $\triangle A'B'C'$ 等（见图 2.1（a））.

如果把 z 平面和 w 平面重叠在一起，不难看出，函数 $w=\overline{z}$ 是关于实轴的一个对称映射，因此，一般地，通过映射 $w=\overline{z}$，z 平面上的任一图形都被映射成该平面上关于实轴对称的一个全等图形（见图 2.1（b））.

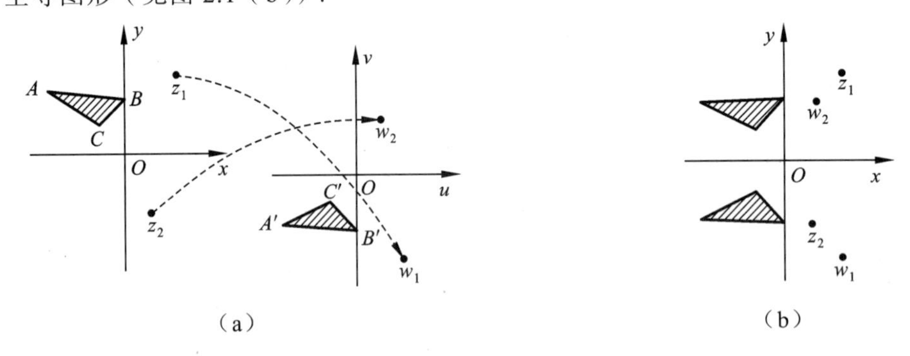

图 2.1

再来研究函数 $w=z^2$ 所构成的映射. 不难算出，通过函数 $w=z^2$，点 $z_1=\mathrm{i}$，$z_2=1+2\mathrm{i}$ 和 $z_3=-1$ 分别映射成点 $w_1=-1$，$w_2=-3+4\mathrm{i}$ 和 $w_3=1$（见图 2.2）.

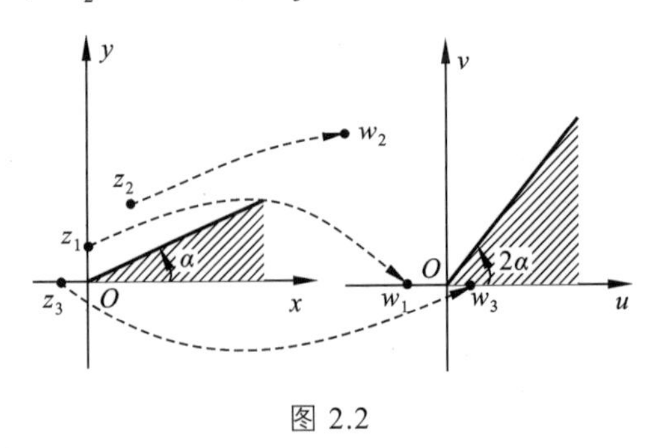

图 2.2

根据 1.3 节关于复数乘积的模与辐角的性质定理可知，通过映射 $w=z^2$，z 的辐角增大 1 倍. 因此，z 平面上与正实轴交角为 α 的角形区域映射成 w 平面上与正实轴交角为 2α 的角形区域，如图 2.2 中阴影部分所示.

由于函数 $w=z^2$ 对应于两个二元实变函数：

$$u=x^2-y^2,\quad v=2xy \tag{2.1.1}$$

它把 z 平面上的两族分别以直线 $y=\pm x$、坐标轴为渐近线的等轴曲线

$$x^2-y^2=c_1,\quad 2xy=c_2$$

映射成 w 平面上的两族平行直线

$$u=c_1,\quad v=c_2.$$

如图 2.3（a）所示，两块阴影部分映射成图 2.3（b）中的同一长方形.

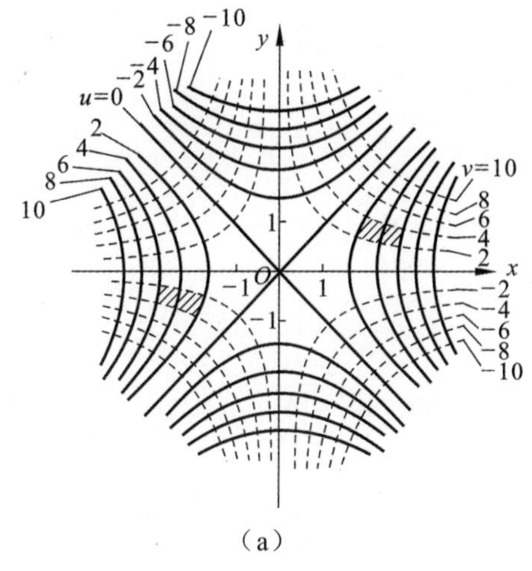

（a）

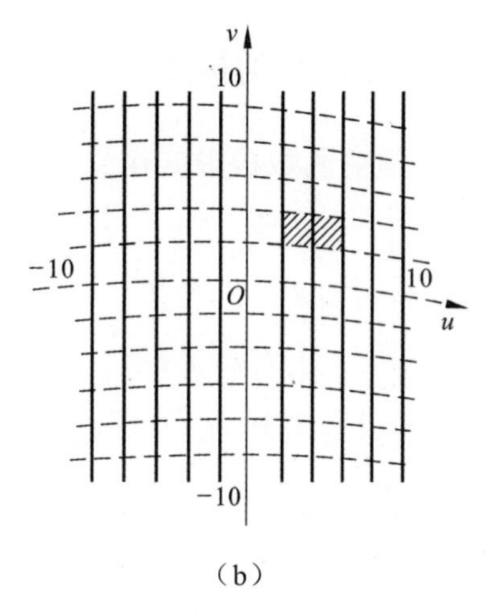

（b）

图 2.3

下面根据式（2.1.1）来确定直线 $x=\lambda$（常数），$y=\mu$（常数）的像. 直线 $x=\lambda$ 的像的参数方程为

$$u=\lambda^2-y^2,\quad v=2\lambda y$$

消去 y，可得

$$v^2=4\lambda^2(\lambda^2-u)$$

它的图形是以原点为焦点、开口向左的抛物线（见图 2.4 中虚线）.

同理，直线 $y=\mu$ 的像的参数方程为

$$v^2=4\mu^2(\mu^2+u)$$

它的图形是以原点为焦点、开口向右的抛物线（见图 2.4 中实线）.

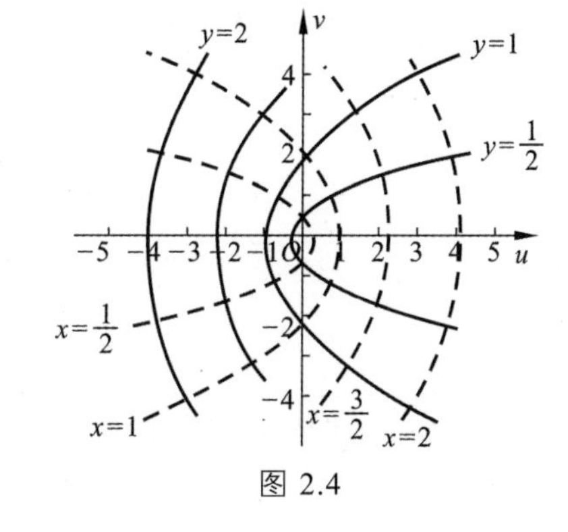

图 2.4

跟实变函数一样，复变函数也有反函数的概念. 假定函数 $w=f(z)$ 的定义域为 z 平面上的集合 G，函数值集合为 w 平面上的集合 G^*，那么 G^* 中的每一个点 w 必将对应着 G 中的一

个（或几个）z 点. 按照函数的定义，在 G^* 上就确定了一个单值（或多值）函数 $z=\phi(w)$，称为函数 $w=f(z)$ 的反函数，也称为映射 $w=f(z)$ 的逆映射.

从反函数的定义可知，对于任意的 $w\in G^*$，有

$$w=f(\varphi(w)),$$

当反函数为单值函数时，也有

$$z=\varphi(f(z)), z\in G.$$

今后，我们不再区分函数与映射（变换）. 如果函数（映射）$w=f(z)$ 与它的反函数（逆映射）$z=\varphi(w)$ 都是单值的，那么称函数（映射）为一一对应的. 此时，集合 G 与集合 G^* 也是一一对应的.

2.2　复变函数的极限

2.2.1　复变函数极限的定义

定义 2.2　设函数 $w=f(z)$ 在 z_0 的去心邻域 $0<|z-z_0|<\rho$ 内有定义. 对于给定的确定数 A，对任意给定的 $\varepsilon>0$，存在一正数 $\delta(\varepsilon)>0\ (0<\delta<\rho)$，使得当 $z\in\{z\,|\,0<|z-z_0|<\delta\}$ 时，有

$$|f(z)-A|<\varepsilon$$

成立. 那么称 A 为函数 $f(z)$ 当 z 趋于 z_0 时的极限，记作 $\lim\limits_{z\to z_0}f(z)=A$，或记作当 $z\to z_0$ 时，$f(z)\to A$（见图 2.5）.

复变函数极限的几何意义是：当变点 z 进入 z_0 的充分小的 δ 去心邻域时，它的像点 $f(z)$ 就落入 A 的预先给定的任意小的 ε 邻域中. 这和一元实变函数极限的几何意义十分类似，只是这里用圆形邻域代替了区间邻域.

应当注意的是，定义中 $z\to z_0$ 是在 z_0 的 δ 去心邻域（圆域）内以任意方式趋于 z_0，也就是说，z 从任何方向，以任意方式趋于 z_0 时，$f(z)$ 都要趋于同一个确定的值 A.

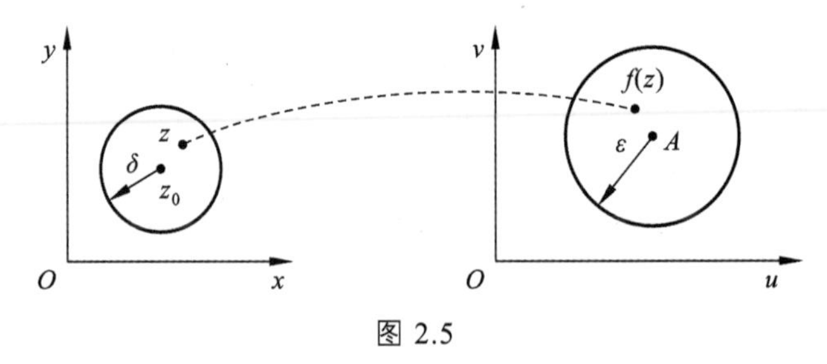

图 2.5

2.2.2　复变函数极限的运算和性质

复变函数极限在形式上有一元实函数类似的定义，所以，也有类似于高等数学中一元实函数极限的运算和性质. 根据复变函数极限的定义，可以计算复变函数的极限，也可以得到复变函数极限运算的相关性质.

例 1　用定义证明 $\lim\limits_{z\to z_0}z=z_0$.

证明 设 $f(z)=z$，则对 $\forall\varepsilon>0$，$\exists\delta=\varepsilon>0$，使得对 $\forall z$：$0<|z-z_0|<\delta$ 时，有

$$\left|f(z)-z_0\right|=|z-z_0|<\varepsilon$$

由此可得，$\lim\limits_{z\to z_0} z=z_0$ 成立.

关于极限的计算，有以下两个性质定理.

定理 2.1 设 $f(z)=u(x,y)+\mathrm{i}\,v(x,y)$，$A=u_0+\mathrm{i}\,v_0$，$z_0=x_0+\mathrm{i}\,y_0$，那么 $\lim\limits_{z\to z_0} f(z)=A$ 的充要条件是

$$\lim_{\substack{x\to x_0\\ y\to y_0}} u(x,y)=u_0,\quad \lim_{\substack{x\to x_0\\ y\to y_0}} v(x,y)=v_0 .$$

证明 因为 $\lim\limits_{z\to z_0} f(z)=A$，那么根据极限的定义，有

对 $\forall\varepsilon>0$，$\exists\delta>0$，使得 $\forall z=x+\mathrm{i}\,y$：$0<|z-z_0|=|(x+\mathrm{i}\,y)-(x_0+\mathrm{i}\,y_0)|<\delta$ 时，有

$$\left|f(z)-A\right|=|(u(x,y)+\mathrm{i}\,v(x,y))-(u_0+\mathrm{i}\,v_0)|=|(u(x,y)-u_0)+\mathrm{i}(v(x,y)-v_0)|<\varepsilon$$

即当 $\forall(x,y)$：$0<\sqrt{(x-x_0)^2+(y-y_0)^2}<\delta$ 时，有

$$|u(x,y)-u_0|<\varepsilon,\quad |v(x,y)-v_0|<\varepsilon$$

也就是说

$$\lim_{\substack{x\to x_0\\ y\to y_0}} u(x,y)=u_0,\quad \lim_{\substack{x\to x_0\\ y\to y_0}} v(x,y)=v_0 .$$

反之，如果上面两式成立，那么当 $0<\sqrt{(x-x_0)^2+(y-y_0)^2}<\delta$ 时，有

$$|u(x,y)-u_0|<\frac{\varepsilon}{2},\quad |v(x,y)-v_0|<\frac{\varepsilon}{2}.$$

从而当 $0<|z-z_0|<\delta$ 时，有

$$\left|f(z)-A\right|=|(u(x,y)+\mathrm{i}v(x,y))-(u_0+\mathrm{i}v_0)|\leqslant|u(x,y)-u_0|+|v(x,y)-v_0|<\varepsilon$$

即 $$\lim_{z\to z_0} f(z)=A .$$

复变函数极限的定义与高等数学中一元实函数极限的定义在形式上相似，因此复变函数极限也有与高等数学中一元实函数极限形式上相似的性质.

定理 2.2 如果 $\lim\limits_{z\to z_0} f(z)=A$，$\lim\limits_{z\to z_0} g(z)=B$，那么

（1）$\lim\limits_{z\to z_0}(f(z)\pm g(z))=A\pm B$；

（2）$\lim\limits_{z\to z_0}(f(z)g(z))=AB$；

（3）$\lim\limits_{z\to z_0}\dfrac{f(z)}{g(z)}=\dfrac{A}{B}(B\neq 0)$；

（4）若 $\lim\limits_{z\to z_0} f(z)=w_0$，且 $\lim\limits_{w\to w_0} g(w)=A$，则 $\lim\limits_{z\to z_0} g(f(z))=A$.

例 2 证明函数 $f(z)=\dfrac{\mathrm{Re}(z)}{|z|}$，当 $z\to 0$ 时极限不存在.

证明 令 $z=x+\mathrm{i}\,y$，则

$$f(z)=\frac{x}{\sqrt{x^2+y^2}}$$

由此可得，$u(x,y)=\dfrac{x}{\sqrt{x^2+y^2}}$，$v(x,y)=0$. 让 z 沿直线 $y=kx$ 趋于 0，则有

$$\lim_{\substack{x\to 0\\ y=kx\to 0}} u(x,y)=\lim_{\substack{x\to 0\\ y=kx\to 0}}\frac{x}{\sqrt{x^2+y^2}}=\lim_{x\to 0}\frac{x}{\sqrt{(1+k^2)x^2}}=\pm\frac{1}{\sqrt{1+k^2}}.$$

显然，它随 k 取值的变化而不同，所以 $\lim\limits_{\substack{x\to 0\\ y=kx\to 0}} u(x,y)$ 不存在. 虽然 $\lim\limits_{\substack{x\to 0\\ y=kx\to 0}} v(x,y)=0$，但根据定理 2.1 知，$\lim\limits_{z\to 0} f(z)$ 不存在.

例 3 计算 $\lim\limits_{z\to \mathrm{i}}\dfrac{z-\mathrm{i}}{z^2+1}$.

解 原式$=\lim\limits_{z\to \mathrm{i}}\dfrac{z-\mathrm{i}}{(z-\mathrm{i})(z+\mathrm{i})}=\lim\limits_{z\to \mathrm{i}}\dfrac{1}{z+\mathrm{i}}=\dfrac{1}{2\mathrm{i}}=-\dfrac{\mathrm{i}}{2}$.

2.3 复变函数的连续

2.3.1 复变函数连续的定义

定义 2.3 设函数 $w=f(z)$ 在 z_0 的邻域 $|z-z_0|<\rho$ 内有定义，从而 $f(z_0)$ 有意义. 对任意给定的 $\varepsilon>0$，存在一正数 $\delta>0$，使得 $\forall z$：$|z-z_0|<\delta\ (0<\delta<\rho)$ 时，有

$$\left|f(z)-f(z_0)\right|<\varepsilon$$

成立. 那么称 $f(z)$ 在 z_0 点连续，记作 $\lim\limits_{z\to z_0} f(z)=f(z_0)$，或记作当 $z\to z_0$ 时，$f(z)\to f(z_0)$.

复变函数连续的几何意义是：当变点 z 进入 z_0 的充分小的 δ 邻域时，它的像点 $f(z)$ 就落入 $f(z_0)$ 的任意小的 ε 邻域中. 值得注意的是，定义中 $z\to z_0$ 是在 z_0 的邻域（圆域）内以任意方式趋于 z_0，也就是说，当 z 从任意方向，以任何方式趋于 z_0 时，$f(z)$ 都要趋于 $f(z_0)$.

例 1 判断 $f(z)=z$ 的连续性.

解 在 z 平面上任取一点 z_0，由 2.2 节例 1 知，$\lim\limits_{z\to z_0} z=z_0$ 成立，即 $\lim\limits_{z\to z_0} f(z)=f(z_0)$ 成立，所以由连续的定义可知，函数 $f(z)=z$ 在 z 平面上任意取的 z_0 点连续，即函数 $f(z)=z$ 在 z 平面上的每一点处都连续，即处处连续.

例 2 求证：函数 $f(z)=\dfrac{\mathrm{Re}(z)}{|z|}$ 在 0 点不连续.

证明 因为 $f(z)=\dfrac{\mathrm{Re}(z)}{|z|}$ 在 0 点处不存在极限，不满足连续定义的条件，所以函数 $f(z)=\dfrac{\mathrm{Re}(z)}{|z|}$ 在 0 点不连续.

由函数连续的定义可知，函数在一点处连续要满足以下三要素：① 在该点有定义，即 $f(z_0)$ 有意义；② 在该点极限值存在，即 $\lim\limits_{z\to z_0} f(z)$ 存在；③ 该点的函数值等于该点的极限值，即 $\lim\limits_{z\to z_0} f(z)=f(z_0)$ 成立.

2.3.2 复变函数连续的运算和性质

函数连续是用极限来定义的，只是其极限值是特殊的 $f(z_0)$. 所以，关于函数连续的计算，也有以下两个定理.

定理 2.3 设 $f(z)=u(x,y)+\mathrm{i}v(x,y)$，$f(z_0)=u(x_0,y_0)+\mathrm{i}v(x_0,y_0)$，$z_0=x_0+\mathrm{i}y_0$，那么 $\lim\limits_{z\to z_0} f(z)=f(z_0)$ 的充要条件是

$$\lim_{\substack{x\to x_0\\ y\to y_0}} u(x,y)=u(x_0,y_0)\text{，}\quad \lim_{\substack{x\to x_0\\ y\to y_0}} v(x,y)=v(x_0,y_0).$$

定理 2.3 说明，复变函数在一点处连续等价于与它对应的实部和虚部的两个实变量的二元函数在对应的点处同时连续.

复变函数连续的定义与高等数学中一元实函数连续的定义在形式上相似，因此复变函数连续也有类似于高等数学中一元实函数连续的运算性质.

定理 2.4 如果 $\lim\limits_{z\to z_0} f(z)=f(z_0)$，$\lim\limits_{z\to z_0} g(z)=g(z_0)$，那么

（1）$\lim\limits_{z\to z_0}(f(z)\pm g(z))=f(z_0)\pm g(z_0)$；

（2）$\lim\limits_{z\to z_0}(f(z)g(z))=f(z_0)g(z_0)$；

（3）$\lim\limits_{z\to z_0}\dfrac{f(z)}{g(z)}=\dfrac{f(z_0)}{g(z_0)}(g(z_0)\neq 0)$；

（4）若 $\lim\limits_{z\to z_0} f(z)=w_0=f(z_0)$，且 $\lim\limits_{w\to w_0} g(w)=g(w_0)$，则 $\lim\limits_{z\to z_0} g(f(z))=g(f(z_0))$.

定理 2.4 说明，两个在同一点连续的函数，它们的和、差、积、商（商的情形要求分母项 $g(z_0)$ 不为 0）在该点也是连续的，并且也存在复合函数的连续性.

例 3 讨论函数 $f(z)=\mathrm{Im}\,z$ 的连续性.

解 设 $z=x+\mathrm{i}y$，$f(z)=u(x,y)+\mathrm{i}v(x,y)$，则 $u(x,y)=y$，$v(x,y)=0$.

在 z 平面上任取一点 $z_0=x_0+\mathrm{i}y_0$，易知 $u(x,y)=y$，$v(x,y)=0$ 在 $z_0=x_0+\mathrm{i}y_0$ 对应的 (x_0,y_0) 处都连续. 所以由定理 2.3 可知，函数 $f(z)=\mathrm{Im}\,z$ 在 z 平面上的每一点处都连续，即处处连续.

由例 1 和定理 2.4 易知，幂函数 z^n（n 为正整数）在 z 平面上处处连续，从而多项式

$$P(z)=a_0z^n+a_1z^{n-1}+\cdots+a_n \text{（}n\text{ 为正整数，}a_k(k=0,1,2,\cdots,n)\text{ 为常数）}$$

在 z 平面上处处连续，而有理分式函数

$$R(z)=\frac{a_0z^n+a_1z^{n-1}+\cdots+a_n}{b_0z^m+b_1z^{m-1}+\cdots+b_m}\text{（其中 }n,m\text{ 为正整数，}a_k(k=0,1,2,\cdots,n),b_j(j=0,1,2,\cdots,m)\text{ 为常数）}$$

在 z 平面上除分母为 0 的点外处处连续.

同实变量的二元函数一样，在有界闭区域 $\overline{D}$ 上连续的复变函数 $f(z)$ 具有以下性质：

（1）有界闭区域 $\overline{D}$ 上连续的函数 $f(z)$ 是有界的，即 $\exists M>0, \forall z\in\overline{D}$，有 $|f(z)|\leqslant M$ 成立；

（2）有界闭区域 $\overline{D}$ 上连续的函数 $f(z)$，其模 $|f(z)|$ 在 $\overline{D}$ 上有最大值、最小值，即 $\exists M,m>0$，$\exists z_1\in\overline{D}, z_2\in\overline{D}, \forall z\in\overline{D}$，有 $|f(z_2)|=m\leqslant|f(z)|\leqslant M=|f(z_1)|$ 成立.

习题 2

1. 函数 $w=\dfrac{1}{z}$ 把下列 z 平面上的曲线映射成 w 平面上的什么图形？

（1）$x^2+y^2=4$；　　（2）$y=x$；

（3）$x=1$；　　（4）$(x-1)^2+y^2=1$.

2. 已知 $w=z^2$，求：

（1）点 $z_1=\mathrm{i}$，$z_2=1-\mathrm{i}$，$z_3=\sqrt{3}+\mathrm{i}$ 在 w 平面上的像；

（2）区域 $0<\arg z<\dfrac{\pi}{3}$ 在 w 平面上的像.

3. 指出下列函数的定义域：

（1）$f(z)=\dfrac{z-\mathrm{i}}{z^2+1}$；　　（2）$f(z)=3z^2-2\mathrm{i}z+5$.

4. 求极限 $\lim\limits_{z\to 1}\dfrac{z\overline{z}+3z-\overline{z}-3}{z^2-1}$.

5. 证明：函数 $f(z)=(2x^2+1)+\mathrm{i}\dfrac{x}{x^2+y^2}$ 在点 $(0,0)$ 无极限.

6. 讨论 $f(z)=\begin{cases}\dfrac{(\mathrm{Re}(z))^2}{|z|}, & z\neq 0\\ 0, & z=0\end{cases}$ 在 $z=0$ 的连续性.

7. 证明：若函数 $f(z)$ 在区域 D 内连续，则 $\overline{f(z)}$ 在区域 D 内也连续.

8. 设函数 $f(z)$ 在 z_0 连续且 $f(z_0)\neq 0$，那么存在 z_0 的一个邻域 $U(z_0,\delta)$，使得对 $\forall z\in U(z_0,\delta)$，有 $f(z)\neq 0$.

9. 试证：$f(z)=\arg z$ 在原点与负实轴上不连续.

第3章 解析函数

解析函数是复变函数研究的主要对象，它在理论和实际问题中有着广泛的应用. 本章在介绍复变函数导数概念和求导法则的基础上，着重介绍解析函数的概念及其判别方法；接着介绍一些常见的初等函数，并说明它们的解析性；最后以平面流速场和静电场的复势为例，说明解析函数在研究平面场问题中的应用.

3.1 解析函数的概念

3.1.1 复变函数的导数

1. 导数的定义

定义 3.1 设函数 $w=f(z)$ 在区域 D 内有定义，z_0 为 D 内的一点，点 $z_0+\Delta z$ 也在区域 D 内. 如果极限

$$\lim_{\Delta z\to 0}\frac{f(z_0+\Delta z)-f(z_0)}{\Delta z}$$

存在，那么就说 $f(z)$ 在点 z_0 可导. 这个极限值称为 $f(z)$ 在 z_0 的导数，记作

$$f'(z_0)=\left.\frac{\mathrm{d}w}{\mathrm{d}z}\right|_{z=z_0}=\lim_{\Delta z\to 0}\frac{f(z_0+\Delta z)-f(z_0)}{\Delta z} \tag{3.1.1}$$

也就是说，对于任意给定的 $\varepsilon>0$，存在一个 $\delta(\varepsilon)>0$，使得当 $0<|\Delta z|<\delta$ 时，有

$$\left|\frac{f(z_0+\Delta z)-f(z_0)}{\Delta z}-f'(z_0)\right|<\varepsilon .$$

应当注意，定义中 $\Delta z\to 0$（即 $z_0+\Delta z\to z_0$）的方式是任意的，定义中极限值存在的要求与 $z_0+\Delta z\to z_0$ 的方式无关. 也就是说，当 $z_0+\Delta z$ 在区域 D 内以任何方式任何路线趋于 z_0 时，比值 $\dfrac{f(z_0+\Delta z)-f(z_0)}{\Delta z}$ 都趋于同一个数，复变函数对于导数的这一限制相比一元实变函数的类似限制要严格得多，从而使复变可导函数具有许多独特的性质和应用.

如果 $f(z)$ 在区域 D 内的每一点都可导，那么就说 $f(z)$ 在 D 内可导，或在 D 内处处可导.

例 1 求 $f(z)=z^2$ 的导数.

解 因为

$$\begin{aligned}\lim_{\Delta z\to 0}\frac{f(z+\Delta z)-f(z)}{\Delta z}&=\lim_{\Delta z\to 0}\frac{(z+\Delta z)^2-z^2}{\Delta z}\\&=\lim_{\Delta z\to 0}(2z+\Delta z)=2z\end{aligned}$$

所以 $$(z^2)'=2z.$$

例 2 求 $f(z)=x+2y\mathrm{i}$ 是否可导？

解
$$\begin{aligned}&\lim_{\Delta z\to 0}\frac{f(z+\Delta z)-f(z)}{\Delta z}\\&=\lim_{\Delta z\to 0}\frac{[(x+\Delta x)+2(y+\Delta y)\mathrm{i}]-(x+2y\mathrm{i})}{\Delta x+\mathrm{i}\Delta y}\\&=\lim_{\Delta z\to 0}\frac{\Delta x+2\Delta y\mathrm{i}}{\Delta x+\mathrm{i}\Delta y}\end{aligned}$$

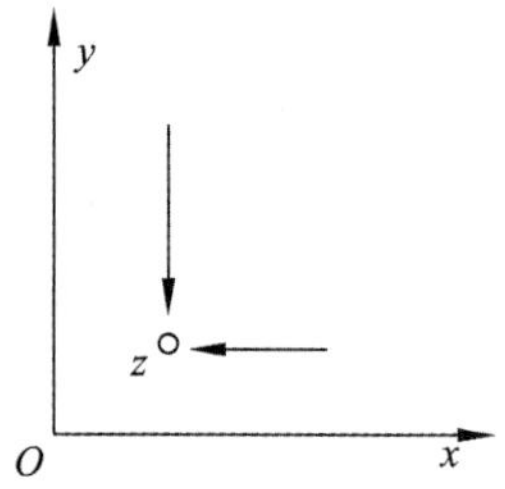

设 $z+\Delta z$ 沿着平行于 x 轴的直线趋向于 z（见图 3.1），此时 $\Delta y=0$，这时极限

图 3.1

$$\lim_{\Delta z\to 0}\frac{\Delta x+2\Delta y\mathrm{i}}{\Delta x+\Delta y\mathrm{i}}=\lim_{\Delta x\to 0}\frac{\Delta x}{\Delta x}=1.$$

设 $z+\Delta z$ 沿着平行于 y 轴的直线趋向于 z（见图 3.1），此时 $\Delta x=0$，极限

$$\lim_{\Delta z\to 0}\frac{\Delta x+2\Delta y\mathrm{i}}{\Delta x+\Delta y\mathrm{i}}=\lim_{\Delta y\to 0}\frac{2\Delta y\mathrm{i}}{\Delta y\mathrm{i}}=2.$$

所以，$\lim\limits_{\Delta z\to 0}\dfrac{f(z+\Delta z)-f(z)}{\Delta z}$ 极限不存在，即 $f(z)=x+2y\mathrm{i}$ 的导数不存在.

2. 可导与连续

从例 2 可以看出，函数 $f(z)=x+2y\mathrm{i}$ 在复平面内处处连续却处处不可导. 反过来，我们容易证明 $f(z)$ 在 z_0 的可导函数必定在 z_0 连续.

事实上，由 $f(z)$ 在 z_0 可导的定义知，对于任给的 $\varepsilon>0$，存在一个 $\delta>0$，使得当 $0<|\Delta z|<\delta$ 时，有

$$\left|\frac{f(z_0+\Delta z)-f(z_0)}{\Delta z}-f'(z_0)\right|<\varepsilon.$$

令 $$\rho(\Delta z)=\frac{f(z_0+\Delta z)-f(z_0)}{\Delta z}-f'(z_0)$$

则 $$\lim_{\Delta z\to 0}\rho(\Delta z)=0$$

由此得

$$f(z_0+\Delta z)-f(z_0)=f'(z_0)\Delta z+\rho(\Delta z)\Delta z \qquad (3.1.2)$$

所以

$$\lim_{\Delta z\to 0}f(z_0+\Delta z)=f(z_0)$$

即 $f(z)$ 在 z_0 连续.

3. 求导法则

由于复变函数中导数的定义与一元实变函数中导数的定义在形式上完全相同，而且复

变函数中的极限运算法则也和一元实变函数中的极限运算法则一样，因而一元实变函数中的求导法则都可以不加更改地推广到复变函数中，而且证法也是相同的. 现将几个常用的求导公式与法则列示：

（1）$(c)'=0$，其中 c 为复常数；

（2）$(z^n)'=nz^{n-1}$，其中 n 为正整数；

（3）$(f(z)\pm g(z))'=f'(z)\pm g'(z)$；

（4）$(f(z)g(z))'=f'(z)g(z)+f(z)g'(z)$；

（5）$\left(\dfrac{f(z)}{g(z)}\right)'=\dfrac{1}{g^2(z)}(f'(z)g(z)-f(z)g'(z))$，$g(z)\neq 0$；

（6）$(f(g(z)))'=f'(w)g'(z)$，其中 $w=g(z)$；

（7）$f'(z)=\dfrac{1}{\varphi'(w)}$，其中 $w=f(z)$ 与 $z=\varphi(w)$ 是两个互为反函数的单值函数，且 $\varphi'(w)\neq 0$.

3.1.2 复变函数微分的概念

和导数的情形一样，复变函数的微分概念在形式上与一元实变函数的微分概念完全一样.

设函数 $w=f(z)$ 在 z_0 可导，则由式（3.1.2）可知

$$\Delta w=f(z_0+\Delta z)-f(z_0)=f'(z_0)\Delta z+\rho(\Delta z)\Delta z .$$

其中 $\lim\limits_{\Delta z\to 0}\rho(\Delta z)=0$. 因此，$|\rho(\Delta z)\Delta z|$ 是 $|\Delta z|$ 的高阶无穷小量，而 $f'(z_0)\Delta z$ 是函数 $w=f(z)$ 的改变量 Δw 的线性部分. 我们称 $f'(z_0)\Delta z$ 为函数 $w=f(z)$ 在点 z_0 的微分，记作

$$\mathrm{d}w=f'(z_0)\Delta z \tag{3.1.3}$$

如果函数 $f(z)$ 在 z_0 的微分存在，则称函数 $f(z)$ 在 z_0 可微.

特别地，当 $f(z)=z$ 时，由式（3.1.3）得 $\mathrm{d}z=\Delta z$. 于是式（3.1.3）变为

$$\mathrm{d}w=f'(z_0)\mathrm{d}z ,$$

即
$$f'(z_0)=\frac{\mathrm{d}w}{\mathrm{d}z}\Big|_{z=z_0} .$$

如果 $f(z)$ 在区域 D 内处处可微，则称 $f(z)$ 在 D 内可微.

3.1.3 解析函数的概念

在复变函数理论中，重要的不是只在个别点或某条线上可导的函数，而是所谓的解析函数.

定义 3.2 如果函数 $f(z)$ 在 z_0 及 z_0 的某个邻域内处处可导，那么称 $f(z)$ 在 z_0 解析. 如果 $f(z)$ 在区域 D 内的每一点解析，那么称 $f(z)$ 在 D 内解析，或称 $f(z)$ 是 D 内的一个解析函数. 在整个复平面上都解析的函数称为**全纯函数**或**正则函数**.

如果函数 $f(z)$ 在 z_0 不解析，那么 z_0 称为 $f(z)$ 的**奇点**.

由定义可知，函数在区域内解析与在区域内可导是等价的. 但是，函数在一点处解析和在一点处可导是两个不等价的概念. 就是说，函数在一点处可导，不一定在该点处解析. 函

数在一点处解析比在该点处可导的要求要高得多.

例 3 讨论函数 $f(z)=z^2$，$g(z)=x+2y\mathrm{i}$ 和 $h(z)=|z|^2$ 的解析性.

解 由解析函数的定义与本节的例 1、例 2 的结论可知，$f(z)=z^2$ 在复平面内任意一点都是可导的，从而其在复平面内是解析的，即处处解析，而 $g(z)=x+2y\mathrm{i}$ 却处处不可导，从而处处不解析. 下面研究 $h(z)=|z|^2$ 的解析性.

由于

$$\frac{h(z_0+\Delta z)-h(z_0)}{\Delta z}=\frac{|z_0+\Delta z|^2-|z_0|^2}{\Delta z}$$

$$=\frac{(z_0+\Delta z)(\overline{z_0}+\overline{\Delta z})-z_0\overline{z_0}}{\Delta z}=\overline{z_0}+\overline{\Delta z}+z_0\frac{\overline{\Delta z}}{\Delta z},$$

容易看出，当 $z_0=0$，且 $\Delta z\to 0$ 时，上式的极限等于零. 当 $z_0\neq 0$ 时，令 $z_0+\Delta z$ 沿直线 $y-y_0=k(x-x_0)$ 趋于 z_0，此时

$$\frac{\overline{\Delta z}}{\Delta z}=\frac{\Delta x-\Delta y\mathrm{i}}{\Delta x+\Delta y\mathrm{i}}=\frac{1-\dfrac{\Delta y\mathrm{i}}{\Delta x}}{1+\dfrac{\Delta y\mathrm{i}}{\Delta x}}=\frac{1-k\mathrm{i}}{1+k\mathrm{i}}$$

由于 k 的任意性，上式不趋于一个确定的值. 所以，当 $\Delta z\to 0$ 时，比值 $\dfrac{h(z_0+\Delta z)-h(z_0)}{\Delta z}$ 的极限不存在.

因此，$h(z)=|z|^2$ 仅在 $z_0=0$ 处可导，而在其他点都不可导. 由定义知，它在复平面内处处不解析.

例 4 讨论函数 $w=\dfrac{1}{z}$ 的解析性.

解 因为函数 $w=\dfrac{1}{z}$ 在复平面内除 $z_0=0$ 点外处处可导，且

$$\frac{\mathrm{d}w}{\mathrm{d}z}=-\frac{1}{z^2},$$

所以在除 $z_0=0$ 外的复平面内函数 $w=\dfrac{1}{z}$ 处处可导，从而在除 $z_0=0$ 外的复平面内函数 $w=\dfrac{1}{z}$ 处处解析，而 $z_0=0$ 是它的奇点.

根据求导法则，不难证得：

定理 3.1 （1）在区域 D 内解析的两个函数 $f(z)$ 与 $g(z)$ 的和、差、积、商（除去分母为零的点）在 D 内解析.

（2）设函数 $h=g(z)$ 在 z 平面上的区域 D 内解析，函数 $w=f(h)$ 在 h 平面上的区域 G 内解析. 如果对 D 内的每一个点 z，函数 $g(z)$ 的对应值 h 都属于 G，那么复合函数 $w=f(g(z))$ 在 D 内解析.

从定理 3.1 可以推知，所有多项式在复平面内是处处解析的，任何一个有理分式函数 $\dfrac{P(z)}{Q(z)}$ 在不含分母为零的点的区域内是解析函数，使分母为零的点是它的奇点.

3.2 函数解析的充要条件

在上一节中，我们已经看到并不是每一个复变函数都是解析函数，判别一个函数是否解析，如果只根据解析函数的定义，这往往是困难的. 因此，需要寻找判定函数解析的简便方法.

首先考察函数在一点可导（或可微）应当满足什么条件. 设函数 $f(z)=u(x,y)+\mathrm{i}v(x,y)$ 定义在区域 D 内，并且在 D 内一点 $z=x+\mathrm{i}y$ 可导. 由式（3.1.2）可知，对于给出的充分小的邻域 $0<|\Delta z|=|\Delta x+\mathrm{i}\Delta y|<\delta$，有

$$f(z+\Delta z)-f(z)=f'(z)\Delta z+\rho(\Delta z)\Delta z\text{（其中 }\lim_{\Delta z\to 0}\rho(\Delta z)=0\text{）}$$

令 $f(z+\Delta z)-f(z)=\Delta u+\mathrm{i}\Delta v$，$f'(z)=a+\mathrm{i}b$，$\rho(\Delta z)=\rho_1+\mathrm{i}\rho_2$. 由上式得

$$\begin{aligned}\Delta u+\mathrm{i}\Delta v&=(a+b\mathrm{i})(\Delta x+\mathrm{i}\Delta y)+(\rho_1+\mathrm{i}\rho_2)(\Delta x+\mathrm{i}\Delta y)\\&=(a\Delta x-b\Delta y+\rho_1\Delta x-\rho_2\Delta y)+\mathrm{i}(b\Delta x+a\Delta y+\rho_2\Delta x+\rho_1\Delta y)\end{aligned}$$

从而

$$\Delta u=a\Delta x-b\Delta y+\rho_1\Delta x-\rho_2\Delta y,$$
$$\Delta v=b\Delta x+a\Delta y+\rho_2\Delta x+\rho_1\Delta y$$

由于 $\lim_{\Delta z\to 0}\rho(\Delta z)=0$，所以 $\lim_{\substack{\Delta x\to 0\\ \Delta y\to 0}}\rho_1=0$，$\lim_{\substack{\Delta x\to 0\\ \Delta y\to 0}}\rho_2=0$. 因此 $u(x,y)$ 和 $v(x,y)$ 在点 (x,y) 可微，且满足方程

$$a=\frac{\partial u}{\partial x}=\frac{\partial v}{\partial y},\quad -b=\frac{\partial u}{\partial y}=-\frac{\partial v}{\partial x}$$

这就是函数 $f(z)=u(x,y)+\mathrm{i}v(x,y)$ 在区域 D 内一点 $z=x+\mathrm{i}y$ 可导的必要条件. 方程

$$\frac{\partial u}{\partial x}=\frac{\partial v}{\partial y},\quad \frac{\partial u}{\partial y}=-\frac{\partial v}{\partial x}\tag{3.2.1}$$

称为柯西-黎曼（**Cauchy-Riemann**）方程，简称 **C-R** 方程.

实际上，这个条件也是充分的. 换句话说，有定理 3.2 成立.

定理 3.2 设函数 $f(z)=u(x,y)+\mathrm{i}v(x,y)$ 在区域 D 内有定义，则 $f(z)$ 在 D 内任意一点 $z=x+\mathrm{i}y$ 可导的充要条件是：$u(x,y)$ 和 $v(x,y)$ 在点 (x,y) 可微，并且在该点满足柯西-黎曼方程

$$\frac{\partial u}{\partial x}=\frac{\partial v}{\partial y},\quad \frac{\partial u}{\partial y}=-\frac{\partial v}{\partial x}$$

证明 必要性已经证明，现在来证明它的充分性.

因为

$$\begin{aligned}f(z+\Delta z)-f(z)&=u(x+\Delta x,y+\Delta y)-u(x,y)+\mathrm{i}(v(x+\Delta x,y+\Delta y)-v(x,y))\\&=\Delta u+\mathrm{i}\Delta v\end{aligned}$$

又因为 $u(x,y)$ 和 $v(x,y)$ 在点 (x,y) 可微，可知

$$\Delta u=\frac{\partial u}{\partial x}\Delta x+\frac{\partial u}{\partial y}\Delta y+\varepsilon_1\Delta x+\varepsilon_2\Delta y,$$

$$\Delta v=\frac{\partial v}{\partial x}\Delta x+\frac{\partial v}{\partial y}\Delta y+\varepsilon_3\Delta x+\varepsilon_4\Delta y$$

这里 $$\lim_{\substack{\Delta x\to 0\\ \Delta y\to 0}}\varepsilon_k=0\ (k=1,2,3,4).$$

从而

$$f(z+\Delta z)-f(z)=\left(\frac{\partial u}{\partial x}+\mathrm{i}\frac{\partial v}{\partial x}\right)\Delta x+\left(\frac{\partial u}{\partial y}+\mathrm{i}\frac{\partial v}{\partial y}\right)\Delta y+(\varepsilon_1+\mathrm{i}\varepsilon_3)\Delta x+(\varepsilon_2+\mathrm{i}\varepsilon_4)\Delta y$$

根据柯西-黎曼方程

$$\frac{\partial u}{\partial y}=-\frac{\partial v}{\partial x}=\mathrm{i}^2\frac{\partial v}{\partial x},\quad \frac{\partial v}{\partial y}=\frac{\partial u}{\partial x}$$

所以

$$f(z+\Delta z)-f(z)=\left(\frac{\partial u}{\partial x}+\mathrm{i}\frac{\partial v}{\partial x}\right)(\Delta x+\mathrm{i}\Delta y)+(\varepsilon_1+\mathrm{i}\varepsilon_3)\Delta x+(\varepsilon_2+\mathrm{i}\varepsilon_4)\Delta y$$

或 $$\frac{f(z+\Delta z)-f(z)}{\Delta z}=\frac{\partial u}{\partial x}+\mathrm{i}\frac{\partial v}{\partial x}+(\varepsilon_1+\mathrm{i}\varepsilon_3)\frac{\Delta x}{\Delta z}+(\varepsilon_2+\mathrm{i}\varepsilon_4)\frac{\Delta y}{\Delta z}$$

因为 $\left|\frac{\Delta x}{\Delta z}\right|\leqslant 1$，$\left|\frac{\Delta y}{\Delta z}\right|\leqslant 1$，所以当 Δz 趋于零时，上式右端的最后两项都趋于零．故

$$f'(z)=\lim_{\Delta z\to 0}\frac{f(z+\Delta z)-f(z)}{\Delta z}=\frac{\partial u}{\partial x}+\mathrm{i}\frac{\partial v}{\partial x}.$$

这就是说，函数 $f(z)=u(x,y)+\mathrm{i}v(x,y)$ 在点 $z=x+\mathrm{i}y$ 处可导．

由定理 3.2 有关证明及柯西-黎曼方程，立即可以得到函数 $f(z)=u(x,y)+\mathrm{i}v(x,y)$ 在点 $z=x+iy$ 处的导数公式：

$$f'(z)=\frac{\partial u}{\partial x}+\mathrm{i}\frac{\partial v}{\partial x}=\frac{1}{\mathrm{i}}\cdot\frac{\partial u}{\partial y}+\frac{\partial v}{\partial y} \tag{3.2.2}$$

根据函数在区域内解析的定义及定理 3.2，可以得到判断函数在区域 D 内解析的一个充要条件．

定理 3.3 函数 $f(z)=u(x,y)+\mathrm{i}v(x,y)$ 在其定义域 D 内解析的充要条件是：$u(x,y)$ 与 $v(x,y)$ 在 D 内可微，并且满足柯西-黎曼方程．

定理 3.2 和 3.3 是本章的主要定理．它们不但提供了判断函数 $f(z)$ 在某点是否可导、在区域内是否解析的常用方法，且给出了一个简洁的求导公式（3.2.2）．是否满足柯西-黎曼方程是定理中的主要条件．如果 $f(z)$ 在区域 D 内不满足柯西-黎曼方程，那么，$f(z)$ 在 D 内不解析；如果在 D 内满足柯西-黎曼方程，并且 u 和 v 具有一阶连续偏导数（因而 u 和 v 在 D 内可微），那么 $f(z)$ 在 D 内解析．对于 $f(z)$ 在一点 $z=x+\mathrm{i}y$ 的可导性，也有类似的结论．

例 1 判定下列函数在何处可导，在何处解析：

（1）$w=\bar{z}$；（2）$f(z)=\mathrm{e}^x(\cos y+\mathrm{i}\sin y)$；（3）$w=z\,\mathrm{Re}(z)$．

解 （1）因为 $u=x$，$v=-y$，则

$$\frac{\partial u}{\partial x}=1,\quad \frac{\partial u}{\partial y}=0$$

$$\frac{\partial v}{\partial x}=0\ ,\quad \frac{\partial v}{\partial y}=-1$$

可知不满足柯西-黎曼方程，所以在复平面内处处不可导，处处不解析.

（2）因为 $u=\mathrm{e}^x\cos y$ ，$v=\mathrm{e}^x\sin y$ ，则

$$\frac{\partial u}{\partial x}=\mathrm{e}^x\cos y\ ,\quad \frac{\partial u}{\partial y}=-\mathrm{e}^x\sin y$$

$$\frac{\partial v}{\partial x}=\mathrm{e}^x\sin y\ ,\quad \frac{\partial v}{\partial y}=\mathrm{e}^x\cos y$$

从而

$$\frac{\partial u}{\partial y}=\frac{\partial v}{\partial y}\ ,\quad \frac{\partial u}{\partial y}=-\frac{\partial v}{\partial x}$$

由于上面四个一阶偏导数都是连续的，所以 $f(z)$ 在复平面内处处可导、处处解析，并且根据式（3.2.2），有

$$f'(z)=\mathrm{e}^x(\cos y+\mathrm{i}\sin y)=f(z)\ .$$

这个函数的特点在于它的导数是其本身，今后学习中会讲到这个函数就是复变函数中的指数函数.

（3）由 $w=z\,\mathrm{Re}(z)=x^2+\mathrm{i}\,xy$ ，得 $u=x^2$ ，$v=xy$ ，则

$$\frac{\partial u}{\partial x}=2x\ ,\quad \frac{\partial u}{\partial y}=0$$

$$\frac{\partial v}{\partial x}=y\ ,\quad \frac{\partial v}{\partial y}=x$$

容易看出，这四个偏导数处处连续，但是仅当 $x=y=0$ 时，它们才满足柯西-黎曼方程，因而函数仅在 $z=0$ 可导，但在复平面内处处不解析.

例 2 设函数 $f(z)=x^2+axy+by^2+\mathrm{i}(cx^2+dxy+y^2)$. 问实常数 a，b，c，d 取什么值时，函数 $f(z)$ 在复平面内处处解析？

解 由于

$$\frac{\partial u}{\partial x}=2x+ay\ ,\quad \frac{\partial u}{\partial y}=ax+2by$$

$$\frac{\partial v}{\partial x}=2cx+dy\ ,\quad \frac{\partial v}{\partial y}=dx+2y\ ,$$

从而要使 $\frac{\partial u}{\partial x}=\frac{\partial v}{\partial y}$ ，$\frac{\partial u}{\partial y}=-\frac{\partial v}{\partial x}$ 对复平面内的任意点 $z=x+\mathrm{i}\,y$ 都成立，只需

$$2x+ay=dx+2y\ ,\quad 2cx+dy=-ax-2by$$

所以，当 $a=2$ ，$b=-1$，$c=-1$，$d=2$ 时，此函数在复平面内处处解析.

例 3　如果 $f'(z)$ 在区域 D 处处为零，那么 $f(z)$ 在区域 D 内为一常数.

证明　因为

$$f'(z)=\frac{\partial u}{\partial x}+\mathrm{i}\frac{\partial v}{\partial x}=\frac{\partial v}{\partial y}-\mathrm{i}\frac{\partial u}{\partial y}\equiv 0$$

则

$$\frac{\partial u}{\partial x}=\frac{\partial u}{\partial y}=\frac{\partial v}{\partial x}=\frac{\partial v}{\partial y}\equiv 0$$

所以 $u=$ 常数，$v=$ 常数，$f(z)$ 在 D 内是常数.

例 3 与下面的例 4 给出了解析函数的两个重要性质，在许多实际问题中很有用处.

例 4　如果 $f(z)=u+\mathrm{i}v$ 为一解析函数，且 $f'(z)\neq 0$，那么曲线族 $u(x,y)=c_1$ 和 $v(x,y)=c_2$ 必互相正交，其中 c_1，c_2 为常数.

证明　由于 $f'(z)=\frac{1}{\mathrm{i}}u_y+v_y$，故 u_y 与 v_y 必不全为零.

如果在曲线的交点处 u_y 与 v_y 都不为零，由隐函数求导法知，曲线族 $u(x,y)=c_1$ 和 $v(x,y)=c_2$ 中任一条曲线的斜率分别为

$$k_1=-\frac{u_x}{u_y},\quad k_2=-\frac{v_x}{v_y}$$

利用柯西-黎曼方程得

$$k_1\cdot k_2=\left(-\frac{u_x}{u_y}\right)\cdot\left(-\frac{v_x}{v_y}\right)=\left(-\frac{v_y}{u_y}\right)\cdot\left(-\frac{-u_y}{v_y}\right)=-1$$

因此，曲线族 $u(x,y)=c_1$ 和 $v(x,y)=c_2$ 互相正交.

如果 u_y 与 v_y 中有一个为零，则另一个必不为零，此时容易知道两族中的曲线在交点处的一条切线是水平的，另一条切线是铅直的，它们仍互相正交.

由例 4 可知，解析函数 $w=z^2=x^2-y^2+2xy\mathrm{i}$，当 $z\neq 0$ 时，$\frac{\mathrm{d}w}{\mathrm{d}z}=2z\neq 0$. 所以曲线族 $x^2-y^2=c_1, 2xy=c_2$ 必互相正交（参见第 2 章图 2.3（a））.

3.3　解析的初等函数

本节将把实变函数中的一些常见常用的初等函数推广到复变数的情形，研究这些初等函数的性质，并说明它们的解析性.

3.3.1　指数函数

在高等数学中，指数函数 e^x 对任何实数 x 都是可导的，且 $(\mathrm{e}^x)'=\mathrm{e}^x$. 现将它推广到复变数的情形. 3.2 节中已介绍，函数

$$f(z)=\mathrm{e}^x(\cos y+\mathrm{i}\sin y)$$

是一个在复平面内处处解析的函数，且有 $f'(z)=f(z)$，显然可见，当 $\mathrm{Im}(z)=y=0$ 时，$f(z)=\mathrm{e}^x$. 从而，我们很自然地想到在复平面内定义一个函数 $f(z)$，使它满足下列三个条件：

（1）$f(z)$在复平面内处处解析；

（2）$f'(z)=f(z)$；

（3）当$\mathrm{Im}(z)=0$时，$f(z)=\mathrm{e}^x$，其中$x=\mathrm{Re}(z)$.

所以，$f(z)=\mathrm{e}^x(\cos y+\mathrm{i}\sin y)$是满足上述三个条件的函数，称之为复变数$z$的指数函数，记作

$$\exp z=\mathrm{e}^x(\cos y+\mathrm{i}\sin y). \tag{3.3.1}$$

这个定义，等价于关系式：

$$\left.\begin{array}{l}|\exp z|=\mathrm{e}^x\\ \mathrm{Arg}(\exp z)=y+2k\pi\end{array}\right\} \tag{3.3.2}$$

其中k为任何整数. 由式（3.3.2）的第一式可知

$$\exp z\neq 0.$$

跟e^x一样，$\exp z$也服从加法定理：

$$\exp z_1\cdot\exp z_2=\exp(z_1+z_2). \tag{3.3.3}$$

事实上，设$z_1=x_1+\mathrm{i}y_1$，$z_2=x_2+\mathrm{i}y_2$，按定义有

$$\begin{aligned}\exp z_1\cdot\exp z_2&=\mathrm{e}^{x_1}(\cos y_1+\mathrm{i}\sin y_1)\cdot\mathrm{e}^{x_2}(\cos y_2+\mathrm{i}\sin y_2)\\&=\mathrm{e}^{x_1+x_2}[(\cos y_1\cos y_2-\sin y_1\sin y_2)+\mathrm{i}(\sin y_1\cos y_2+\cos y_1\sin y_2)]\\&=\mathrm{e}^{x_1+x_2}(\cos(y_1+y_2)+\sin(y_1+y_2))\\&=\exp(z_1+z_2).\end{aligned}$$

鉴于$\exp z$满足条件（3），且加法定理也成立，为了方便，我们往往用e^z代替$\exp z$. 但必须注意，这里的e^z没有幂的意义，仅仅作为代替$\exp z$的符号使用（幂的意义将在后文叙述）. 因此，有

$$\mathrm{e}^z=\mathrm{e}^x(\cos y+\mathrm{i}\sin y). \tag{3.3.4}$$

特别地，当$x=0$时，有

$$\mathrm{e}^{\mathrm{i}y}=\cos y+\mathrm{i}\sin y. \tag{3.3.5}$$

由加法定理，可以推出$\exp z$的周期性. 它的周期是$2k\pi\mathrm{i}$，即

$$\mathrm{e}^{z+2k\pi\mathrm{i}}=\mathrm{e}^z\cdot\mathrm{e}^{2k\pi\mathrm{i}}=\mathrm{e}^z,$$

其中k为任何整数，这个性质是实变指数函数e^x所没有的.

3.3.2 对数函数

和实变函数一样，对数函数定义为指数函数的反函数. 满足方程

$$\mathrm{e}^w=z\quad(z\neq 0)$$

的函数$w=f(z)$称为对数函数. 令$w=u+\mathrm{i}v$，$z=r\mathrm{e}^{\mathrm{i}\theta}$，那么

$$e^{u+iv}=re^{i\theta}$$

所以 $$u=\ln r,\quad v=\theta+2k\pi.$$

故 $$w=\ln|z|+\mathrm{i}\,\mathrm{Arg}\,z.$$

由于 $\mathrm{Arg}\,z$ 为多值函数，则对数函数 $w=f(z)$ 为多值函数，并且每两个值相差 $2\pi\mathrm{i}$ 的整数倍，记作

$$\mathrm{Ln}\,z=\ln|z|+\mathrm{i}\,\mathrm{Arg}\,z. \tag{3.3.6}$$

如果规定式（3.3.6）中的 $\mathrm{Arg}\,z$ 取主值 $\arg z$，那么 $\mathrm{Ln}\,z$ 为一单值函数，记作 $\ln z$，称为 $\mathrm{Ln}\,z$ 的主值. 这样，就有

$$\ln z=\ln|z|+\mathrm{i}\arg z \tag{3.3.7}$$

而其余各个值可由

$$\mathrm{Ln}\,z=\ln z+2k\pi\mathrm{i}\quad(k=\pm1,\pm2,\cdots) \tag{3.3.8}$$

表达. 对于每一个固定的 k，式（3.3.8）为一单值函数，称为 $\mathrm{Ln}\,z$ 的一个单值分支. 特别地，当 $z=x>0$ 时，$\mathrm{Ln}\,z$ 的主值就是实变数的对数函数.

例 1 求 $\mathrm{Ln}\,2$, $\mathrm{Ln}\,(-1)$ 以及与它们相应的主值.

解 因为 $\mathrm{Ln}\,2=\ln 2+2k\pi\mathrm{i}$，则它的主值就是 $\ln 2$，而

$$\mathrm{Ln}\,(-1)=\ln 1+\mathrm{i}\,\mathrm{Arg}\,(-1)=(2k+1)\pi\mathrm{i}\ （k\text{ 为整数}）,$$

所以它的主值是 $\ln(-1)=\pi\mathrm{i}$.

在实变函数中，负数无对数. 此例说明这个事实在复数范围内不再成立，而且正实数的对数也是无穷多值的. 因此，复变数的对数函数是实变数的对数函数的拓展.

利用辐角的相应性质，不难证明，复变数的对数函数保持了实变数的对数函数的基本性质：

$$\mathrm{Ln}\,(z_1z_2)=\mathrm{Ln}\,z_1+\mathrm{Ln}\,z_2,$$

$$\mathrm{Ln}\,\frac{z_1}{z_2}=\mathrm{Ln}\,z_1-\mathrm{Ln}\,z_2.$$

但应注意，与第 1 章中关于复数乘积和商的辐角等式（1.3.2）与（1.3.5）一样，这些等式也应理解为两端可能取的函数值的全体是相同的.

再来讨论对数函数的解析性. 就主值 $\ln z$ 而言，其中 $\ln|z|$ 在除原点外的其他点都是连续的，而 $\arg z$ 在原点与负实轴上都不连续. 若设 $z=x+\mathrm{i}y$，则当 $x<0$ 时，

$$\lim_{y\to0^-}\arg z=-\pi,\quad \lim_{y\to0^+}\arg z=\pi$$

所以，除去原点与负实轴，在复平面内其他点 $\ln z$ 处处连续. 综上所述，$z=e^w$ 在区域 $-\pi<v=\arg z<\pi$ 内的反函数 $w=\ln z$ 是单值的. 由反函数的求导法则（见 3.1 节）可知

$$\frac{\mathrm{d}\ln z}{\mathrm{d}z}=\frac{1}{\dfrac{\mathrm{d}e^w}{\mathrm{d}w}}=\frac{1}{z}$$

所以，$\ln z$ 在除去原点与负实轴的复平面内解析，由式（3.3.8）可知，$\mathrm{Ln}\,z$ 的各个分支在除去原点与负实轴的复平面内也解析，并且有相同的导数值.

今后，我们应用对数函数 $\mathrm{Ln}\,z$ 时，指的都是它在除去原点与负实轴的复平面内的某一单值分支.

3.3.3　乘幂与幂函数

在高等数学中，如果 a 为正数，b 为实数，那么乘幂 a^b 可以表示为 $a^b=\mathrm{e}^{b\ln a}$，现将它推广到复数的情形. 设 a 为不等于零的一个复数，b 为任意一个复数，我们定义乘幂为 $\mathrm{e}^{b\mathrm{Ln}\,a}$，即

$$a^b=\mathrm{e}^{b\,\mathrm{Ln}\,a} \tag{3.3.9}$$

复数 $\mathrm{Ln}\,a=\ln|a|+\mathrm{i}(\arg a+2k\pi)$ 是多值的，因而 a^b 一般来说也是多值的. 当 b 为整数时，由于

$$\begin{aligned}a^b&=\mathrm{e}^{b\,\mathrm{Ln}\,a}=\mathrm{e}^{b[\ln|a|+\mathrm{i}(\arg a+2k\pi)]}\\&=\mathrm{e}^{b(\ln|a|+\mathrm{i}\arg a)+2kb\pi\mathrm{i}}=\mathrm{e}^{b\ln a},\end{aligned}$$

所以 a^b 具有单一的值；当 $b=\dfrac{p}{q}$（p 和 q 为互质的整数，$q>0$）时，由于

$$\begin{aligned}a^b&=\mathrm{e}^{\frac{p}{q}\ln|a|+\mathrm{i}\frac{p}{q}(\arg a+2k\pi)}\\&=\mathrm{e}^{\frac{p}{q}\ln|a|}\left[\cos\frac{p}{q}(\arg a+2k\pi)+\mathrm{i}\sin\frac{p}{q}(\arg a+2k\pi)\right]\end{aligned} \tag{3.3.10}$$

其中，a^b 具有 q 个值，即当 $p=0,1,\cdots,q-1$ 时相应的各个值.

除此之外，一般而言 a^b 具有无穷多的值.

例 2　求 $1^{\sqrt{2}}$ 和 i^{i} 的值.

解　$$\begin{aligned}1^{\sqrt{2}}&=\mathrm{e}^{\sqrt{2}\,\mathrm{Ln}1}=\mathrm{e}^{2k\pi\mathrm{i}\sqrt{2}}\\&=\cos(2k\pi\sqrt{2})+\mathrm{i}\sin(2k\pi\sqrt{2})\quad(k=0,\pm1,\pm2,\cdots)\end{aligned}$$

$$\begin{aligned}\mathrm{i}^{\mathrm{i}}&=\mathrm{e}^{\mathrm{i}\mathrm{Ln}\mathrm{i}}=\mathrm{e}^{\mathrm{i}\left(\frac{\pi}{2}\mathrm{i}+2k\pi\mathrm{i}\right)}\\&=\mathrm{e}^{-\left(\frac{\pi}{2}+2k\pi\right)}\quad(k=0,\pm1,\pm2,\cdots)\end{aligned}$$

由此可见，i^{i} 的值都是正实数，它的主值是 $\mathrm{e}^{-\frac{\pi}{2}}$.

应当指出，式（3.3.9）所定义的乘幂 a^b 的意义，当 b 为正整数 n 及分数 $\dfrac{1}{n}$ 时是与 a 的 n 次幂及 a 的 n 次根的意义完全一致的. 因为

（1）当 b 为正整数 n 时，根据定义有

$$
\begin{aligned}
a^n &= e^{n \operatorname{Ln} a} = e^{\operatorname{Ln} a + \operatorname{Ln} a + \cdots \operatorname{Ln} a} && (\text{指数 } n \text{ 项}) \\
&= e^{\operatorname{Ln} a} \cdot e^{\operatorname{Ln} a} \cdot \cdots \cdot e^{\operatorname{Ln} a} && (\text{因子 } n \text{ 个}) \\
&= a \cdot a \cdot \cdots \cdot a && (\text{因子 } n \text{ 个})
\end{aligned}
$$

（2）当 b 为分数 $\dfrac{1}{n}$ 时，有

$$
\begin{aligned}
a^{\frac{1}{n}} &= e^{\frac{1}{n}\operatorname{Ln}|a|}\left(\cos\frac{\arg a + 2k\pi}{n} + \mathrm{i}\sin\frac{\arg a + 2k\pi}{n}\right) \\
&= |a|^{\frac{1}{n}}\left(\cos\frac{\arg a + 2k\pi}{n} + \mathrm{i}\sin\frac{\arg a + 2k\pi}{n}\right) \\
&= \sqrt[n]{a}
\end{aligned} \tag{3.3.11}
$$

其中 $k = 0,1,2,\cdots,(n-1)$.

所以，如果 $a = z$ 为一复变数，就得到一般的幂函数 $w = z^b$；当 $b = n$ 及 $\dfrac{1}{n}$ 时，就分别得到通常的幂函数 $w = z^n$ 及 $z = w^n$ 的反函数 $w = z^{\frac{1}{n}} = \sqrt[n]{z}$.

z^n 在复平面内是单值解析函数，且它的求导公式为 $(z^n)' = nz^{n-1}$.

幂函数 $z^{\frac{1}{n}} = \sqrt[n]{z}$ 是一个多值函数，具有 n 个分支. 由于对数函数 $\operatorname{Ln} z$ 的各个分支在除去原点和负实轴的复平面内是解析的，不难看出，它的各个分支在除去原点和负实轴的复平面内也是解析的，并且

$$
\left(z^{\frac{1}{n}}\right)' = \left(\sqrt[n]{z}\right)' = \left(e^{\frac{1}{n}\operatorname{Ln} z}\right)' = \frac{1}{n} z^{\frac{1}{n}-1}
$$

幂函数 $w = z^b$（除去当 $b = n$ 与 $\dfrac{1}{n}$ 两种情况外）也是一个多值函数，当 b 为无理数或复数时，是无穷多值的. 同样的道理，它的各个分支在除去原点和负实轴的复平面内也是解析的，并且有 $(z^b)' = bz^{b-1}$.

3.3.4　三角函数和双曲函数

根据式（3.3.5），有

$$
e^{\mathrm{i}y} = \cos y + \mathrm{i}\sin y,
$$

$$
e^{-\mathrm{i}y} = \cos y - \mathrm{i}\sin y
$$

把这两式相加与相减，分别得到

$$
\cos y = \frac{e^{\mathrm{i}y} + e^{-\mathrm{i}y}}{2}, \quad \sin y = \frac{e^{\mathrm{i}y} - e^{-\mathrm{i}y}}{2\mathrm{i}} \tag{3.3.12}
$$

现在将余弦和正弦函数的定义推广到自变数取复数值的情形. 定义余弦、正弦函数：

$$
\cos z = \frac{e^{\mathrm{i}z} + e^{-\mathrm{i}z}}{2}, \quad \sin z = \frac{e^{\mathrm{i}z} - e^{-\mathrm{i}z}}{2\mathrm{i}}
$$

当 z 为实数时，显然这与式（3.3.12）完全一致.

根据这个定义，由于 e^z 是以 $2\pi i$ 为周期的周期函数，不难证明，余弦函数和正弦函数都是以 2π 为周期的周期函数，即

$$\cos(z+2\pi)=\cos z\,,\quad \sin(z+2\pi)=\sin z\,.$$

容易推出，$\cos z$ 是偶函数，而 $\sin z$ 为奇函数，即

$$\cos(-z)=\cos z\,,\quad \sin(-z)=-\sin z$$

此外，由指数函数的求导公式和求导法则，可以求得

$$(\cos z)'=-\sin z\,,\quad (\sin z)'=\cos z$$

所以它们都是复平面内的解析函数，且导数公式与实变数的情形完全相同.

从式（3.3.12），易知

$$e^{iz}=\cos z+i\sin z \tag{3.3.13}$$

普遍正确，即对于复数而言，欧拉公式仍然成立.

根据式（3.3.12）及指数函数的加法定理，可以推知三角学中很多有关余弦和正弦函数的公式仍然是成立的. 例如

$$\left.\begin{aligned}&\cos(z_1+z_2)=\cos z_1\cos z_2-\sin z_1\sin z_2\\&\sin(z_1+z_2)=\sin z_1\cos z_2+\cos z_1\sin z_2\\&\sin^2 z+\cos^2 z=1\end{aligned}\right\} \tag{3.3.14}$$

由此可得

$$\cos(x+iy)=\cos x\cos iy-\sin x\sin iy\,,$$

$$\sin(x+iy)=\sin x\cos iy+\cos x\sin iy$$

但当 z 为纯虚数 iy 时，由式（3.3.12）有

$$\left.\begin{aligned}&\cos iy=\frac{e^{-y}+e^{y}}{2}=\text{ch}\,y\\&\sin iy=\frac{e^{-y}-e^{y}}{2i}=i\,\text{sh}\,y\end{aligned}\right\} \tag{3.3.15}$$

所以

$$\left.\begin{aligned}&\cos(x+iy)=\cos x\,\text{ch}y-i\sin x\,\text{sh}y\\&\sin(x+iy)=\sin x\,\text{ch}y+i\cos x\,\text{sh}y\end{aligned}\right\} \tag{3.3.16}$$

在具体计算 $\cos z$ 与 $\sin z$ 的值时，可使用这两个公式.

还可以从式（3.3.15）看出，当 $y\to\infty$ 时，$|\sin iy|$ 和 $|\cos iy|$ 都趋于 ∞. 因此，实变数中正弦和余弦函数的有界性（即 $|\sin z|\leqslant 1$ 和 $|\cos z|\leqslant 1$）在复数范围内不再成立. 可见，$\sin z$ 和 $\cos z$ 虽然保持了与其相应的实变函数的一些基本性质，但是它们之间也有本质的差异.

其他复变量三角函数的定义如下：

$$\tan z=\frac{\sin z}{\cos z}\,,\quad \cot z=\frac{\cos z}{\sin z}\,,$$

$$\sec z=\frac{1}{\cos z},\quad \csc z=\frac{1}{\sin z}$$

分别称为正切、余切、正割和余割函数. 类似地，可以考虑它们的周期性、奇偶性、可导性和解析性等.

同样地，与高等数学中的双曲函数类似，复变量的双曲函数的定义如下：

$$\operatorname{ch} z=\frac{e^{z}+e^{-z}}{2},\quad \operatorname{sh} z=\frac{e^{z}-e^{-z}}{2},\quad \operatorname{th} z=\frac{e^{z}-e^{-z}}{e^{z}+e^{-z}}.$$

分别称为双曲余弦、双曲正弦和双曲正切函数. 它们都是以 $2\pi\mathrm{i}$ 为周期的周期函数. $\operatorname{ch} z$ 为偶函数，$\operatorname{sh} z$ 和 $\operatorname{th} z$ 为奇函数，而且它们都是复平面内的解析函数，且

$$(\operatorname{ch} z)'=\operatorname{sh} z,\quad (\operatorname{sh} z)'=\operatorname{ch} z. \tag{3.3.17}$$

根据定义，不难证明

$$(\operatorname{ch}\mathrm{i}y)'=\cos y,\quad (\operatorname{sh}\mathrm{i}y)'=\mathrm{i}\sin y \tag{3.3.18}$$

及

$$\left.\begin{aligned}\operatorname{ch}(x+\mathrm{i}y)=\operatorname{ch}x\cos y+\mathrm{i}\operatorname{sh}x\sin y\\ \operatorname{sh}(x+\mathrm{i}y)=\operatorname{sh}x\cos y+\mathrm{i}\operatorname{ch}x\sin y\end{aligned}\right\} \tag{3.3.19}$$

3.3.5　反三角函数与反双曲函数

反三角函数定义为三角函数的反函数. 设

$$z=\cos w,$$

那么称 w 为 z 的反余弦函数，记作

$$w=\operatorname{Arccos} z.$$

由 $z=\cos w=\frac{1}{2}(e^{\mathrm{i}w}+e^{-\mathrm{i}w})$，得 $e^{\mathrm{i}w}$ 的二次方程：

$$e^{2\mathrm{i}w}-2ze^{\mathrm{i}w}+1=0,$$

它的根为

$$e^{\mathrm{i}w}=z+\sqrt{z^2-1},$$

其中 $\sqrt{z^2-1}$ 应理解为双值函数. 两端取对数，得

$$\operatorname{Arccos} z=-\mathrm{i}\operatorname{Ln}(z+\sqrt{z^2-1}).$$

显然，$\operatorname{Arccos} z$ 是一个多值函数，它的多值性正是 $\cos w$ 的奇偶性和周期性的反映.

用同样的方法可以定义反正弦函数和反正切函数：

$$\operatorname{Arcsin} z=-\mathrm{i}\operatorname{Ln}(\mathrm{i}z+\sqrt{1-z^2})$$

$$\operatorname{Arctan} z=-\frac{\mathrm{i}}{2}\operatorname{Ln}\frac{1+\mathrm{i}z}{1-\mathrm{i}z}$$

反双曲函数定义为双曲函数的反函数. 用于推导反三角函数表达式完全类似的方法和

步骤，可得各反双曲函数的表达式：

反双曲正弦：$\mathrm{Arcsh}\, z = \mathrm{Ln}(z+\sqrt{z^2+1})$，

反双曲余弦：$\mathrm{Arcch}\, z = \mathrm{Ln}(z+\sqrt{z^2-1})$，

反双曲正切：$\mathrm{Arcth}\, z = \dfrac{1}{2}\mathrm{Ln}\dfrac{1+z}{1-z}$，

它们都是多值函数.

3.4 平面场的复势

作为解析函数的一个重要应用，本节将介绍利用解析函数的方法来解决平面向量场的有关问题，主要介绍平面向量场的复势函数.

3.4.1 用复变函数表示平面向量场

这里，我们只讨论平面定常向量场. 就是说，向量场中的向量都平行于某一个平面 S，而且在垂直于 S 的任何一条直线上的所有点处的向量都是相等的；场中的向量也都是与时间无关的. 显然，这种向量场在所有平行于 S 的平面内的分布情况是完全相同的，因此它完全可以用一个平行于 S 的平面 S_0 内的场来表示（见图 3.2（a））.

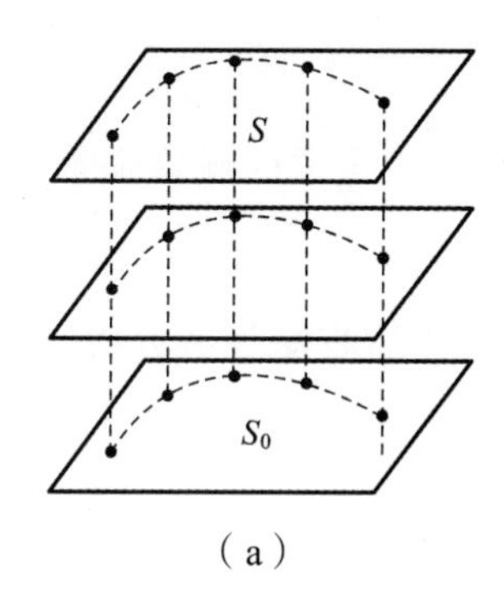

（a）

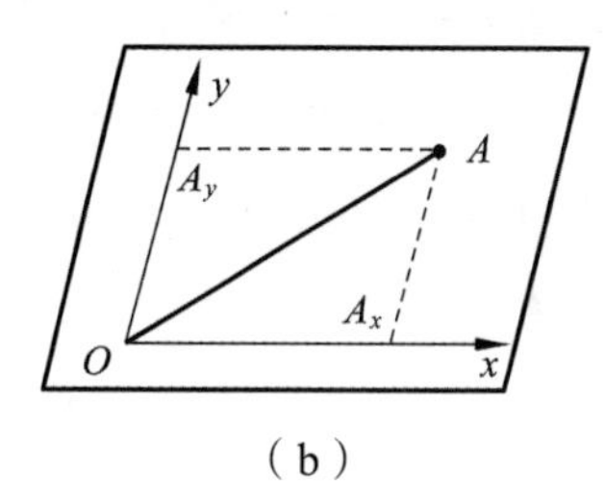

（b）

图 3.2

我们在平面 S_0 内取定一直角坐标系 xOy，于是场中每一个具有分量 A_x 与 A_y 的向量 $\boldsymbol{A}=A_x\mathbf{i}+A_y\mathbf{j}$（见图 3.2（b））可用复数

$$A = A_x + \mathrm{i}\,A_y \tag{3.4.1}$$

来表示. 由于场中的点可用复数 $z=x+\mathrm{i}\,y$ 来表示，所以平面向量场 $\boldsymbol{A}=A_x(x,y)\mathbf{i}+A_y(x,y)\mathbf{j}$ 可以借助复变函数

$$A = A(z) = A_x(x,y)+\mathrm{i}\,A_y(x,y)$$

来表示. 反之，已知某一复变函数 $w=u(x,y)+\mathrm{i}\,v(x,y)$，由此也可作出一个对应的平面向量场

$$\boldsymbol{A}=u(x,y)\mathbf{i}+v(x,y)\mathbf{j}.$$

例如，一个平面定常流速场（如河水的表面）

$$\boldsymbol{v} = v_x(x,y)\mathbf{i} + v_y(x,y)\mathbf{j}$$

可以用复变函数

$$v = v(z) = v_x(x,y) + \mathrm{i}\, v_y(x,y)$$

来表示.

又如，垂直于均匀带电的无限长直导线的所有平面上，电场的分布是相同的，因而可以取其中的一个平面为代表，当作平面电场来研究. 由于电场强度向量为

$$\boldsymbol{E} = E_x(x,y)\mathbf{i} + E_y(x,y)\mathbf{j}$$

所以该平面电场也可以用一个复变函数

$$E = E(z) = E_x(x,y) + \mathrm{i}\, E_y(x,y)$$

来表示.

平面向量场与复变函数的这种密切关系，不仅说明了复变函数具有明确的物理意义，而且说明可以利用复变函数的方法来研究平面向量场的有关问题. 在应用中特别重要的是如何构造一个解析函数来表示无源无旋的平面向量场，这个解析函数就是所谓平面向量场的复势函数.

3.4.2 平面流速场的复势

设向量场 $\boldsymbol{v}$ 是不可压缩的（即流体的密度是一个常数）定常的理想流体的流速场：

$$\boldsymbol{v} = v_x(x,y)\mathbf{i} + v_y(x,y)\mathbf{j}$$

其中，速度分量 $v_x(x,y)$ 与 $v_y(x,y)$ 都有连续的偏导数. 如果它在单连域 B 内是无源场（即管量场），那么

$$\operatorname{div} \boldsymbol{v} = \frac{\partial v_x}{\partial x} + \frac{\partial v_y}{\partial y} = 0$$

即

$$\frac{\partial v_x}{\partial x} = -\frac{\partial v_y}{\partial y} \tag{3.4.2}$$

从而可知 $-v_y\mathrm{d}x + v_x\mathrm{d}y$ 是某一个二元函数的全微分，即

$$\mathrm{d}\varphi(x,y) = -v_y\mathrm{d}x + v_x\mathrm{d}y$$

由此得

$$\frac{\partial \varphi}{\partial x} = -v_y,\quad \frac{\partial \varphi}{\partial y} = v_x \tag{3.4.3}$$

因为沿等值线 $\varphi(x,y) = c_1$，$\mathrm{d}\varphi(x,y) = -v_y\mathrm{d}x + v_x\mathrm{d}y = 0$，所以 $\dfrac{\mathrm{d}y}{\mathrm{d}x} = \dfrac{v_y}{v_x}$，这就是说，场 $\boldsymbol{v}$ 在等值线 $\varphi(x,y) = c_1$ 上每一点处的向量 $\boldsymbol{v}$ 都与等值线相切，因而在流速场中等值线 $\varphi(x,y) = c_1$ 就是流线. 因此，函数 $\varphi(x,y)$ 称为场 $\boldsymbol{v}$ 的流函数.

如果 $\boldsymbol{v}$ 又是 B 内的无旋场（即势量场），那么

$$\mathrm{rot}\,\boldsymbol{v}=0$$

即
$$\frac{\partial v_y}{\partial x}-\frac{\partial v_x}{\partial y}=0 \tag{3.4.4}$$

这说明了表达式 $v_x\mathrm{d}x+v_y\mathrm{d}y$ 是某一个二元函数 $\psi(x,y)$ 的全微分，即

$$\mathrm{d}\psi(x,y)=v_x\mathrm{d}x+v_y\mathrm{d}y$$

由此得

$$\frac{\partial\psi}{\partial x}=v_x,\quad \frac{\partial\psi}{\partial y}=v_y \tag{3.4.5}$$

从而有

$$\mathrm{grad}\,\psi=v.$$

$\psi(x,y)$ 称为场 $\boldsymbol{v}$ 的势函数（或位函数）. 等值线 $\psi(x,y)=c_2$ 称为等势线（或等位线）.

根据上述讨论可知，如果在单连域 B 内，向量场 $\boldsymbol{v}$ 既是无源场又是无旋场时，那么（3.4.3）和（3.4.5）两式同时成立，比较两式，即得

$$\frac{\partial\psi}{\partial x}=\frac{\partial\varphi}{\partial y},\quad \frac{\partial\psi}{\partial y}=-\frac{\partial\varphi}{\partial x}$$

这就是柯西-黎曼方程. 因此，在单连域内，可作一解析函数：

$$w=f(z)=\psi(x,y)+\mathrm{i}\varphi(x,y)$$

这个函数称为平面流速场的复势函数,简称复势. 它就是我们所要构造的表示该平面场的解析函数.

根据式（3.4.1）与式（3.4.5）以及解析函数的导数公式（3.2.2），可得

$$v=v_x+v_y=\frac{\partial\psi}{\partial x}+\mathrm{i}\frac{\partial\psi}{\partial y}=\frac{\partial\psi}{\partial x}-\mathrm{i}\frac{\partial\varphi}{\partial x}=\overline{f'(z)} \tag{3.4.6}$$

式（3.4.6）表明流速场 $\boldsymbol{v}$ 可以用复变函数 $v=\overline{f'(z)}$ 表示.

因此，在一个单连域内给定一个无源无旋平面流速场 $\boldsymbol{v}$，就可以构造一个解析函数——它的复势 $w=f(z)=\psi(x,y)+\mathrm{i}\varphi(x,y)$. 与它对应；反之，如果在某一区域（不管是否单连的）内给定一个解析函数 $w=f(z)$，那么，就有一个以它为复势的平面流速场 $v=\overline{f'(z)}$ 与它相对应，并且由此立即可以写出该场的流函数和势函数，从而得到流线方程与等势线方程，画出流线与等势线的图形，即得描绘该场的流动图像. 根据 3.2 节例 4 可知，在流速不为零的点处，流线 $\varphi(x,y)=c_1$ 和等势线 $\psi(x,y)=c_2$ 构成正交的曲线族.

可见，利用解析函数（复势）可以统一研究场的流函数和势函数，从而克服了在《场论》中对流函数和势函数孤立地进行研究的缺点，而且其计算也比较简便.

例 1 设一平面流速场的复势为 $f(z)=az$（$a>0$ 为常实数），试求该场的速度、流函数和势函数.

解　因为点 $f'(z)=a$，所以场中任一点的速度 $v=\overline{f'(z)}=a>0$，方向指向 x 轴正向.

流函数 $\varphi(x,y)=ay$，所以流线是直线族 $y=c_1$；

势函数 $\psi(x,y)=ax$，所以等势线是直线族 $x=c_2$.

该场的流动图像如图 3.3 所示，它刻画了流体以等速度 a 从左向右流动的情况.

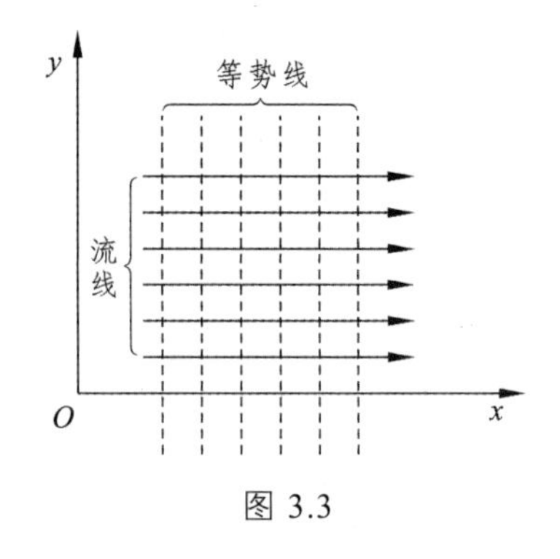

图 3.3

例 2　在《场论》中，流速场中散度 $\mathrm{div}\,\boldsymbol{v}\neq 0$ 的点，统称为源点(有时称使 $\mathrm{div}\,\boldsymbol{v}>0$ 的点为源点，而使 $\mathrm{div}\,\boldsymbol{v}<0$ 的点为洞). 试求由单个源点所形成的定常流速场的复势，并画出流动图像.

解　不妨设流速场 $\boldsymbol{v}$ 内只有一个位于坐标原点的源点，而其他各点无源无旋，在无穷远处保持静止状态. 由该场的对称性容易看出，场内某一点 $z\neq 0$ 处的流速具有形式 $\boldsymbol{v}=g(r)\boldsymbol{r}^0$，其中 $r=|z|$ 是 z 到原点的距离，$\boldsymbol{r}^0$ 是指向点 z 的向径上的单位向量，可以用复数 $\dfrac{z}{|z|}$ 表示，$g(r)$ 是一待定函数.

由于流体的不可压缩性，流体在以任一原点为中心的圆环域 $r_1<|z|<r_2$ 内不可能积蓄，所以流过圆周 $|z|=r_1$ 与 $|z|=r_2$ 的流量应相等，故流过圆周的流量为

$$N=\int_{|z|=r}\boldsymbol{v}\cdot\boldsymbol{r}^0\mathrm{d}s=\int_{|z|=r}g(r)\boldsymbol{r}^0\cdot\boldsymbol{r}^0\mathrm{d}s=2\pi|z|g(|z|).$$

因此，它是一个与 r 无关的常数，称为源点的强度. 由此得

$$g(|z|)=\frac{N}{2\pi|z|}$$

而流速可表示为

$$v=\frac{N}{2\pi|z|}\cdot\frac{z}{|z|}=\frac{N}{2\pi}\cdot\frac{1}{\overline{z}} \tag{3.4.7}$$

显然，它符合“在无穷远处保持静止状态”的要求. 由式(3.4.6)可知，复势函数 $f(z)$ 的导数为

$$f'(z)=\overline{v(z)}=\frac{N}{2\pi}\cdot\frac{1}{z}$$

根据 3.3 节中对数函数的导数公式可知，所求的复势函数为

$$f(z)=\frac{N}{2\pi}\ln z+c \tag{3.4.8}$$

其中 $c=c_1+\mathrm{i}c_2$ 为复常数. 将实部和虚部分开，分别得到势函数和流函数为

$$\psi(x,y)=\frac{N}{2\pi}\ln|z|+c_1,\quad \varphi(x,y)=\frac{N}{2\pi}\arg z+c_2.$$

该场的流动图像如图 3.4 和图 3.5 所示(实线表示流线，虚线表示等势线).

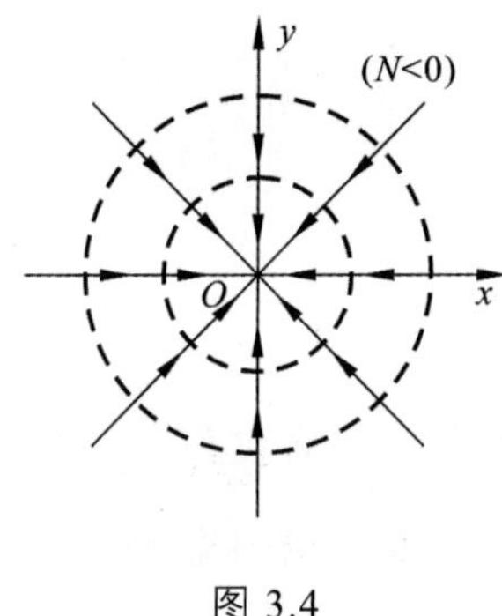

图 3.4

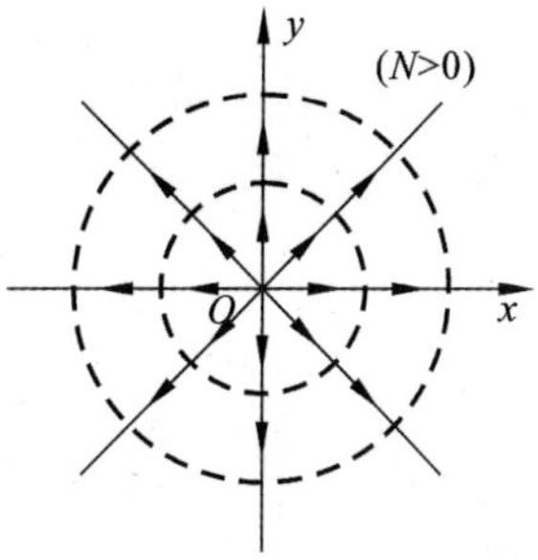

图 3.5

例 3 平面流速场中 $\mathrm{rot}\,\boldsymbol{v}\neq 0$ 的点，称为涡点. 设平面上仅在原点有单个涡点，无穷远处保持静止状态，试求该流速场的复势，并画出流动图像.

解 与例 2 类似，场内某点 z 处的流速具有如下形式：

$$v=h(r)\boldsymbol{\tau}^0$$

其中 $\boldsymbol{\tau}^0$ 为在点 z 处与 $\boldsymbol{r}^0$ 垂直的单位向量，可以用复数 $\dfrac{\mathrm{i}z}{|z|}$ 表示，$h(r)$ 为仅与 $r=|z|$ 有关的待定函数. 而沿圆周 $|z|=r$ 的环量是

$$\begin{aligned}\Gamma&=\int_{|z|=r}\boldsymbol{v}\cdot\boldsymbol{\tau}^0\mathrm{d}s=\int_{|z|=r}h(|z|)\boldsymbol{\tau}^0\cdot\boldsymbol{\tau}^0\mathrm{d}s\\&=2\pi|z|h(|z|)\end{aligned}\qquad(3.4.9)$$

不难证明，Γ 与 r 无关，它是一个常量. 事实上，任意取两个圆周 $C_1:|z|=r_1$ 与 $C_2:|z|=r_2$，围成一圆环域 D. 作连接 C_1 与 C_2 的割痕 PQ，从而做成由圆周 C_1 与 C_2 以及直线段 PQ 与 QP 构成的一封闭曲线 C，如图 3.6 所示. 根据格林公式，沿 C 的环量是

$$\oint_C\boldsymbol{v}\cdot\boldsymbol{\tau}^0\mathrm{d}s=\iint_D\mathrm{rot}\,\boldsymbol{v}\cdot n\mathrm{d}\sigma$$

由于该场仅在原点有单个涡点，所以在 D 内 $\mathrm{rot}\,\boldsymbol{v}=0$，从而有

$$\oint_C\boldsymbol{v}\cdot\boldsymbol{\tau}^0\mathrm{d}s=0$$

也就是

$$\oint_{C_1}\boldsymbol{v}\cdot\boldsymbol{\tau}^0\mathrm{d}s=\oint_{C_2}\boldsymbol{v}\cdot\boldsymbol{\tau}^0\mathrm{d}s$$

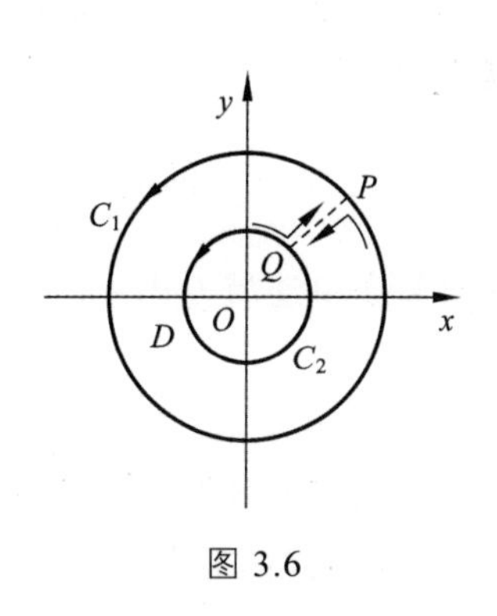

图 3.6

即 Γ 与 r 无关，是一常数. 故由式（3.4.9）得

$$h(|z|)=\frac{\Gamma}{2\pi|z|}.$$

所以流速可表示为

$$v=\frac{\Gamma\mathrm{i}}{2\pi}\cdot\frac{1}{\bar{z}}\quad（-\mathrm{i}\Gamma\text{ 称为涡点的强度}）\qquad(3.4.10)$$

根据例 2 中同样的道理，得知场 $\boldsymbol{v}$ 的复势为

$$f(z)=\frac{\Gamma}{2\pi \mathrm{i}}\ln z+c \quad (c=c_1+\mathrm{i}c_2) \tag{3.4.11}$$

势函数与流函数分别为

$$\psi(x,y)=\frac{\Gamma}{2\pi}\arg z+c_1\text{，}\quad \psi(x,y)=-\frac{\Gamma}{2\pi}\ln|z|+c_2 .$$

比较式（3.4.8）和式（3.4.11），除常数 N 换成常数 Γ 外，二者仅相差一个因子 $\frac{1}{\mathrm{i}}$. 因此，只要将例 2 中流线与等势线位置互换，就得到涡点所形成的场的流动图像（见图 3.7 和图 3.8）.

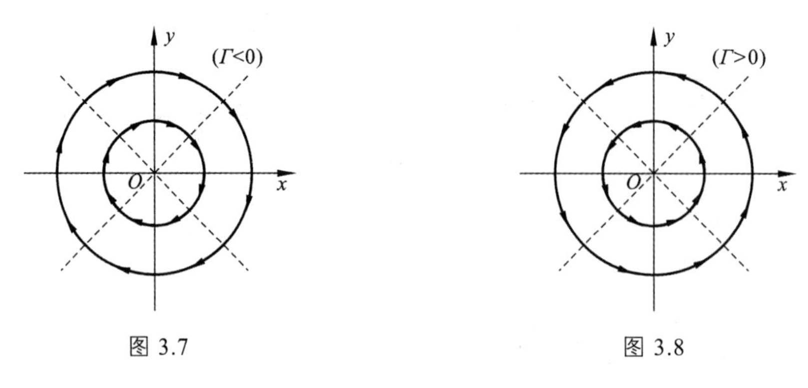

图 3.7　　图 3.8

3.4.3　静电场的复势

设有平面静电场

$$\boldsymbol{E}=E_x\mathbf{i}+E_y\mathbf{j}$$

只要场内没有带电物体，静电场既是无源场又是无旋场. 下面来构造场 $\boldsymbol{E}$ 的复势.

因为场 $\boldsymbol{E}$ 是无源场，所以

$$\mathrm{div}\,\boldsymbol{E}=\frac{\partial E_x}{\partial x}+\frac{\partial E_y}{\partial y}=0$$

从而可知在单连域 B 内 $-E_y\mathrm{d}x+E_x\mathrm{d}y$ 是某二元函数 $u(x,y)$ 的全微分，即

$$\mathrm{d}u(x,y)=-E_y\mathrm{d}x+E_x\mathrm{d}y \tag{3.4.12}$$

与讨论流速场时一样，不难看出，静电场 $\boldsymbol{E}$ 在等值线 $u(x,y)=c_1$ 上任意一点处的向量 $\boldsymbol{E}$ 都与等值线相切. 这就是说，等值线就是向量线，即场中的电力线. 因此，称 $u(x,y)$ 为场 $\boldsymbol{E}$ 的力函数.

又因为场 $\boldsymbol{E}$ 是无旋场，所以

$$\mathrm{rot}_n\,\boldsymbol{E}=\frac{\partial E_y}{\partial x}-\frac{\partial E_x}{\partial y}=0 .$$

从而，在单连域 B 内 $-E_x\mathrm{d}x-E_y\mathrm{d}y$ 也是某二元函数 $v(x,y)$ 的全微分，即

$$\mathrm{d}v(x,y)=-E_x\mathrm{d}x-E_y\mathrm{d}y \tag{3.4.13}$$

由此得

$$\operatorname{grad} v = \frac{\partial v}{\partial x}\mathbf{i} + \frac{\partial v}{\partial y}\mathbf{j} = -E_x\mathbf{i} - E_y\mathbf{j} = -\boldsymbol{E} \tag{3.4.14}$$

所以 $v(x,y)$ 是场 $\boldsymbol{E}$ 的势函数，也可称为场的电势或电位．等值线 $v(x,y)=c_2$ 就是等势线或等位线．

综上所述，不难看出，如果 $\boldsymbol{E}$ 是单连域 B 内的无源无旋场，那么 u 和 v 满足柯西-黎曼方程，从而可得 B 内的一个解析函数

$$w = f(z) = u + \mathrm{i}v$$

称这个函数为静电场的复势（或复电位）．

由式（3.4.14）可知，场 $\boldsymbol{E}$ 可以用复势表示为

$$E = -\frac{\partial v}{\partial x} - \mathrm{i}\frac{\partial u}{\partial x} = -\mathrm{i}\,\overline{f'(z)} \tag{3.4.15}$$

可见，静电场的复势和流速场的复势相差一个因子 $-\mathrm{i}$，这是电工学中的习惯用法．

同流速场一样，利用静电场的复势，可以研究场的等势线和电力线的分布情况，描绘出场的图像．

例 4　求一条具有电荷线密度为 e 的均匀带电的无限长直导线 L 所产生的静电场的复势．

解　设导线点 L 在原点 $z=0$ 处垂直于 z 平面（见图 3.9）．在 L 上距原点为 h 处任取微元段 $\mathrm{d}h$，则其带电量为 $e\mathrm{d}h$．由于导线为无限长，垂直于 z 平面的任何直线上各点处的电场强度是相同的．又由于导线上关于 z 平面对称的两带电微元段所产生的电场强度的垂直分量相互抵消，只剩下与 z 平面平行的分量．因此，它所产生的静电场为平面场．

首先求平面上任一点 z 的电场强度 $\boldsymbol{E} = E_x\mathbf{i} + E_y\mathbf{j}$．根据库仑定律，微元段 $\mathrm{d}h$ 在点 z 处产生的场强大小为 $r = |z| = \sqrt{x^2+y^2}$．因所求的电场强度 $\boldsymbol{E}$ 在 z 平面内，所以它的大小等于所有场强微元 $\mathrm{d}\boldsymbol{E}$ 在 z 平面上的投影之和，即

$$|\boldsymbol{E}| = \int_{-\infty}^{\infty} \frac{e\cos t}{r^2+h^2}\mathrm{d}h$$

其中 t 为 $\mathrm{d}\boldsymbol{E}$ 与 z 平面的交角．

由于 $h = r\tan t$，所以 $\mathrm{d}h = \dfrac{r\mathrm{d}t}{\cos^2 t}$，且

$$\frac{1}{r^2+h^2} = \frac{\cos^2 t}{r^2}$$

所以

$$|\boldsymbol{E}| = \int_{-\frac{\pi}{2}}^{\frac{\pi}{2}} \frac{e\cos t}{r}\mathrm{d}t = \frac{2e}{r}$$

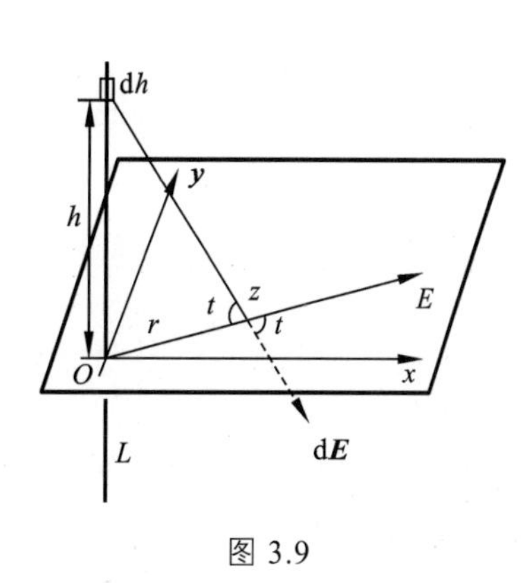

图 3.9

考虑到向量 $\boldsymbol{E}$ 的方向，可得

$$\boldsymbol{E} = \frac{2e}{r}\boldsymbol{r}^0$$

或用复数表示为 $E=\dfrac{2e}{\bar{z}}$，从而由式（3.4.15）有

$$f'(z)=\mathrm{i}\overline{E}=-\frac{2e\mathrm{i}}{z}$$

所以，场的复势为

$$f(z)=2e\mathrm{i}\ln\frac{1}{z}+c \quad (c=c_1+\mathrm{i}c_2) \tag{3.4.16}$$

力函数和势函数分别为

$$u(x,y)=2e\ \arg z+c_1, \quad v(x,y)=2e\ln\frac{1}{|z|}+c_2$$

电场的分布情况与单个源点流速场的分布情况类似. 如果导线竖立在 $z=z_0$，则复势为

$$f(z)=2\ e\mathrm{i}\ln\frac{1}{z-z_0}+c$$

习题 3

1. 利用导数的定义推出：

（1）$(z^n)'=nz^{n-1}$（n 为正整数）；　　（2）$\left(\dfrac{1}{z}\right)'=-\dfrac{1}{z^2}$.

2. 下列函数何处可导？何处解析？

（1）$f(z)=x^2-\mathrm{i}y$；　　（2）$f(z)=2x^3+3y^3\mathrm{i}$；

（3）$f(z)=xy^2+\mathrm{i}x^2y$；　　（4）$f(z)=\sin x\operatorname{ch}y+\mathrm{i}\cos x\operatorname{sh}y$.

3. 指出下列函数 $f(z)$ 的解析性区域，并求出其导数.

（1）$(z-1)^5$；　　（2）$z^3+2\mathrm{i}z$；

（3）$\dfrac{1}{z^2-1}$；　　（4）$\dfrac{az+b}{cz+d}$（c,d 中至少有一个不为 0）.

4. 求下列函数的奇点：

（1）$\dfrac{z+1}{z(z^2+1)}$；　　（2）$\dfrac{z-2}{(z+1)^2(z^2+1)}$.

5. 复变函数的可导性与解析性有什么不同？判断函数的解析性有哪些方法？

6. 判断下列命题的真假，若为真，请予以证明；若为假，请举出反例.

（1）如果 $f(z)$ 在 z_0 连续，那么 $f'(z_0)$ 存在；

（2）如果 $f'(z_0)$ 存在，那么 $f(z)$ 在 z_0 解析；

（3）如果 z_0 是 $f(z)$ 的奇点，那么 $f(z)$ 在 z_0 不可导；

（4）如果 z_0 是 $f(z)$ 和 $g(z)$ 的一个奇点，那么 z_0 也是 $f(z)+g(z)$ 和 $f(z)/g(z)$ 的奇点；

（5）如果 $u(x,y)$ 和 $v(x,y)$ 可导（指偏导数存在），那么 $f(z)=u+\mathrm{i}v$ 亦可导；

（6）设 $f(z)=u+\mathrm{i}v$ 在区域 D 内是解析的. 如果 u 是实常数，那么 $f(z)$ 在整个 D 内是

常数；如果 v 是实常数，那么 $f(z)$ 在 D 内也是常数.

7. 如果 $f(z)=u+\mathrm{i}v$ 是 z 的解析函数，证明：

$$\left(\frac{\partial}{\partial x}|f(z)|\right)^2+\left(\frac{\partial}{\partial y}|f(z)|\right)^2=|f'(z)|^2.$$

8. 设 $my^3+nx^2y+\mathrm{i}(x^3+lxy^2)$ 为解析函数，试确定 l, m, n 的值.

9. 证明柯西-黎曼方程的极坐标形式为

$$\frac{\partial u}{\partial r}=\frac{1}{r}\cdot\frac{\partial v}{\partial\theta},\quad \frac{\partial v}{\partial r}=-\frac{1}{r}\cdot\frac{\partial u}{\partial\theta}.$$

10. 证明：如果函数 $f(z)=u+\mathrm{i}v$ 在区域 D 内解析，并满足下列条件之一，那么 $f(z)$ 是常数.

（1）$f(z)$ 恒取实值；

（2）$\overline{f(z)}$ 在 D 内解析；

（3）$|f(z)|$ 在 D 内是一个常数；

（4）$\arg f(z)$ 在 D 内是一个常数；

（5）$au+bv=c$，其中 a，b 与 c 为不全为零的实常数.

11. 下列关系是否正确？

（1）$\overline{\mathrm{e}^z}=\mathrm{e}^{\bar z}$；（2）$\overline{\cos z}=\cos\bar z$；

（3）$\overline{\sin z}=\sin\bar z$.

12. 找出下列方程的全部解：

（1）$\sin z=0$；（2）$\cos z=0$；

（3）$1+\mathrm{e}^z=0$；（4）$\sin z+\cos z=0$.

13. 证明：

（1）$\cos(z_1+z_2)=\cos z_1\cos z_2-\sin z_1\sin z_2$，

$\sin(z_1+z_2)=\sin z_1\cos z_2+\cos z_1\sin z_2$；

（2）$\sin^2 z+\cos^2 z=1$；

（3）$\sin 2z=2\sin z\cos z$；

（4）$\tan 2z=\dfrac{2\tan z}{1-\tan^2 z}$；

（5）$\sin\left(\dfrac{\pi}{2}-z\right)=\cos z$，$\cos(z+\pi)=-\cos z$；

（6）$|\cos z|^2=\cos^2 x+\mathrm{sh}^2 y$，$|\sin z|^2=\sin^2 x+\mathrm{sh}^2 y$.

14. 说明：

（1）当 $y\to\infty$ 时，$|\sin(x+\mathrm{i}y)|$ 和 $|\cos(x+\mathrm{i}y)|$ 趋于无穷大；

（2）当 t 为复数时，$|\sin t|\leqslant 1$ 和 $|\cos t|\leqslant 1$ 不成立.

15. 求 $\mathrm{Ln}(-\mathrm{i})$，$\mathrm{Ln}(-3+4\mathrm{i})$ 和它们的主值.

16. 证明对数的下列性质：

（1）$\mathrm{Ln}(z_1z_2)=\mathrm{Ln}\,z_1+\mathrm{Ln}\,z_2$；（2）$\mathrm{Ln}\left(\frac{z_1}{z_2}\right)=\mathrm{Ln}\,z_1-\mathrm{Ln}\,z_2$.

17. 说明下列等式是否正确：

（1）$\mathrm{Ln}\,z^2=2\mathrm{Ln}\,z$；（2）$\mathrm{Ln}\sqrt{z}=\frac{1}{2}\mathrm{Ln}\,z$.

18. 求 $\mathrm{e}^{1-\mathrm{i}\frac{\pi}{2}}$，$\exp[(1+\mathrm{i}\pi)/4]$，$3^{\mathrm{i}}$ 和 $(1+\mathrm{i})^{\mathrm{i}}$ 的值.

19. 证明 $(z^a)'=az^{a-1}$，其中 a 为实数.

20. 证明：

（1）$\mathrm{ch}^2z-\mathrm{sh}^2z=1$；

（2）$\mathrm{ch}^2z+\mathrm{sh}^2z=\mathrm{ch}2z$；

（3）$\mathrm{sh}(z_1+z_2)=\mathrm{sh}\,z_1\,\mathrm{ch}\,z_2+\mathrm{ch}\,z_1\,\mathrm{sh}\,z_2$；

（4）$\mathrm{ch}(z_1+z_2)=\mathrm{ch}\,z_1\,\mathrm{ch}\,z_2+\mathrm{sh}\,z_1\,\mathrm{sh}\,z_2$.

21. 解下列方程：

（1）$\mathrm{sh}\,z=0$；

（2）$\mathrm{ch}\,z=0$；

（3）$\mathrm{sh}\,z=\mathrm{i}$.

22. 证明式（3.3.18）与式（3.3.19）.

23. 证明：$\mathrm{sh}\,z$ 的反函数 $\mathrm{Arcsh}\,z=\mathrm{Ln}(z+\sqrt{z^2+1})$.

*24. 已知平面流速场的复势 $f(z)$ 分别为

（1）$(z+\mathrm{i})^2$；（2）z^3；（3）$\frac{1}{z^2+1}$.

求流动的速度以及流线和等势线的方程.

第4章 复变函数的积分

在微积分学中，微分法与积分法是研究函数性质的重要方法. 同样，在复变函数中，积分法与微分法也是研究复变函数性质十分重要的方法和解决实际问题的有力工具.

在本章，我们首先介绍复变函数积分的概念、性质和计算方法；其次介绍关于解析函数积分的柯西-古萨基本定理——复合闭路定理及其推广，并在此基础上建立柯西积分公式；再次利用这一重要公式证明解析函数的导数仍然是解析函数这一重要结论，从而得出高阶导数公式；最后讨论解析函数与调和函数的关系.

柯西-古萨基本定理和柯西积分公式是探讨解析函数性质的理论基础. 在以后的章节中，我们会直接或间接地经常用到它们. 所以，要透彻地理解它们，并熟练地掌握和运用它们.

4.1 复变函数积分的概念及其简单性质

4.1.1 复变函数积分的定义

设 C 为 Z 平面上给定的一条光滑（或分段光滑）曲线. 如果选定 C 的两个可能方向中的一个作为正方向，那么就把带有方向的曲线 C 称为有向曲线. 设曲线 C 的两个端点为 A 与 B，如果把从 A 到 B 的方向作为 C 的正方向，记作 C，那么从 B 到 A 的方向就是 C 的负方向，记作 C^-. 在今后的讨论中，常把两个端点中的一个作为起点，另一个作为终点. 除特殊声明外，正方向总是指从起点到终点的方向. 关于简单闭曲线的正方向是指当曲线上的点 P 顺着此方向沿该曲线前进时，邻近 P 点的曲线的内部始终位于 P 点的左侧，与之相反的方向就是曲线的负方向.

定义 4.1 设函数 $w=f(z)$ 定义在区域 D 内，C 是在区域 D 内以 A 为起点、B 为终点的一条光滑的有向曲线，把曲线 C 任意分成 n 个弧段，设分点为

$$A=z_0,z_1,z_2,\cdots,z_{k-1},z_k,\cdots,z_n=B.$$

在每个弧段 $\widehat{z_{k-1}z_k}$ $(k=1,2,\cdots,n)$ 上任意取一点 ζ_k（见图 4.1），并作和式

$$S_n=\sum_{k=1}^{n}f(\zeta_k)(z_k-z_{k-1})=\sum_{k=1}^{n}f(\zeta_k)\Delta z_k$$

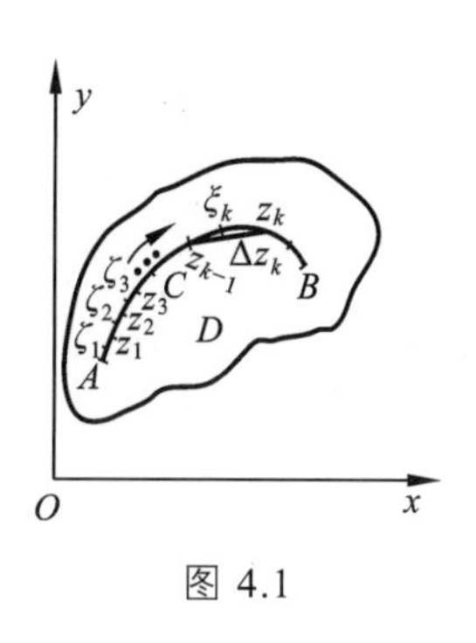

图 4.1

这里 $\Delta z_k=z_k-z_{k-1}$，z_{k-1} 与 z_k 之间的曲线的长度记作 $\Delta s_k=\widehat{z_{k-1}z_k}$，$\lambda=\max\limits_{1\leqslant k\leqslant n}\{\Delta s_k\}$. 当 λ 趋于零时，如果不论对 C 的任意分法及 ζ_k 的任意取法，S_n 有唯一极限，那么称函数

$f(z)$ 沿曲线 C 可积，这个极限值称为函数 $f(z)$ 沿曲线 C 的积分. 记作

$$\int_C f(z)\,\mathrm{d}z = \lim_{\lambda\to 0}\sum_{k=1}^{n} f(\zeta_k)\Delta z_k. \tag{4.1.1}$$

如果 C 为闭曲线，那么沿此闭曲线的积分记作 $\oint\limits_C f(z)\mathrm{d}z$.

容易看出，当 C 是 x 轴上的区间 $a\leqslant x\leqslant b$，且 $f(z)=u(x)$ 时，这个积分定义就是一元实变函数定积分的定义.

4.1.2　复变函数积分存在的条件及其计算

设光滑曲线 C 的参数方程为

$$z = z(t) = x(t) + \mathrm{i}\,y(t)\ (\alpha\leqslant t\leqslant\beta) \tag{4.1.2}$$

它的正方向为参数增加的方向，参数 α，β 分别对应于起点 A、终点 B，并且 $z'(t)\neq 0$，$\alpha<t<\beta$.

如果 $f(z)=u(x,y)+\mathrm{i}\,v(x,y)$ 在 D 内处处连续，那么 $u(x,y)$，$v(x,y)$ 均为 D 内的连续函数. 设 $\zeta_k=\xi_k+\mathrm{i}\eta_k$，由于

$$\begin{aligned}\Delta z_k &= z_k - z_{k-1} = (x_k+\mathrm{i}\,y_k)-(x_{k-1}+\mathrm{i}\,y_{k-1})\\ &= (x_k-x_{k-1})+\mathrm{i}(y_k-y_{k-1}) = \Delta x_k + \mathrm{i}\,\Delta y_k\end{aligned}$$

所以

$$\begin{aligned}\sum_{k=1}^{n} f(\zeta_k)\Delta z_k &= \sum_{k=1}^{n}(u(\xi_k,\eta_k)+\mathrm{i}\,v(\xi_k,\eta_k))(\Delta x_k+\mathrm{i}\,\Delta y_k)\\ &= \sum_{k=1}^{n}(u(\xi_k,\eta_k)\Delta x_k - v(\xi_k,\eta_k)\Delta y_k) + \mathrm{i}\sum_{k=1}^{n}(v(\xi_k,\eta_k)\Delta x_k + u(\xi_k,\eta_k)\Delta y_k)\end{aligned}$$

由于 u,v 都是连续函数，根据线积分的存在定理，当弧段长度的最大值趋于零时，不论对 C 的分法如何、对点 (ξ_k,η_k) 的取法如何，上式右端的两个和式的极限都是存在的. 因而有

$$\int_C f(z)\mathrm{d}z = \lim_{\lambda\to 0}\sum_{k=1}^{n} f(\zeta_k)\Delta z_k = \int_C u\mathrm{d}x - v\mathrm{d}y + \mathrm{i}\int_C v\mathrm{d}x + u\mathrm{d}y. \tag{4.1.3}$$

式（4.1.3）在形式上可以看作是 $f(z)=u+\mathrm{i}v$ 与 $\mathrm{d}z=\mathrm{d}x+\mathrm{i}\,\mathrm{d}y$ 相乘后求积分得到：

$$\begin{aligned}\int_C f(z)\mathrm{d}z &= \int_C (u+\mathrm{i}\,v)(\mathrm{d}x+\mathrm{i}\,\mathrm{d}y) = \int_C u\mathrm{d}x + \mathrm{i}\,v\mathrm{d}x + \mathrm{i}\,u\mathrm{d}y - v\mathrm{d}y\\ &= \int_C u\mathrm{d}x - v\mathrm{d}y + \mathrm{i}\int_C v\mathrm{d}x + u\mathrm{d}y.\end{aligned}$$

式（4.1.3）说明了两个问题：

（1）当 $f(z)$ 是连续函数而 C 是光滑曲线时，积分 $\int_C f(z)\mathrm{d}z$ 是一定存在的；

（2）$\int_C f(z)\mathrm{d}z$ 可以通过两个二元实变函数的线积分来计算.

根据线积分的计算方法，有

$$\int_C f(z)\mathrm{d}z = \int_\alpha^\beta (u(x(t),y(t))x'(t) - v(x(t),y(t))y'(t))\mathrm{d}t + \mathrm{i}\int_\alpha^\beta (v(x(t),y(t))x'(t) + u(x(t),y(t))y'(t))\mathrm{d}t \tag{4.1.4}$$

上式右端可以写成

$$\int_\alpha^\beta (u(x(t),y(t)) + \mathrm{i}\,v(x(t),y(t)))(x'(t) + \mathrm{i}\,y'(t))\mathrm{d}t = \int_\alpha^\beta f(z(t))z'(t)\mathrm{d}t.$$

所以

$$\int_C f(z)\mathrm{d}z = \int_\alpha^\beta f(z(t))z'(t)\mathrm{d}t \tag{4.1.5}$$

如果 C 是由 $C_1, C_2, \cdots, C_n$ 光滑曲线段依次相互连接所组成的分段光滑曲线，那么就有

$$\int_C f(z)\mathrm{d}z = \int_{C_1} f(z)\mathrm{d}z + \int_{C_2} f(z)\mathrm{d}z + \cdots + \int_{C_n} f(z)\mathrm{d}z \tag{4.1.6}$$

后续所讨论的积分，如无特别说明，总假定被积函数是连续的，曲线 C 是分段光滑的.

例 1 计算 $\int_C z\mathrm{d}z$，其中 C 为从原点到点 $3+4\mathrm{i}$ 的直线段.

解 直线的方程可写作

$$x = 3t, y = 4t \ (0 \leqslant t \leqslant 1)$$

或

$$z = 3t + \mathrm{i}\,4t \ (0 \leqslant t \leqslant 1)$$

在 C 上，$z = (3+4\mathrm{i})t,\ \mathrm{d}z = (3+4\mathrm{i})\mathrm{d}t$. 于是

$$\int_C z\mathrm{d}z = \int_0^1 (3+4\mathrm{i})^2 t\mathrm{d}t = (3+4\mathrm{i})^2 \int_0^1 t\mathrm{d}t = \frac{1}{2}(3+4\mathrm{i})^2$$

又因为

$$\int_C z\mathrm{d}z = \int_C (x+\mathrm{i}\,y)(\mathrm{d}x + \mathrm{i}\,\mathrm{d}y) = \int_C x\mathrm{d}x - y\mathrm{d}y + \mathrm{i}\int_C y\mathrm{d}x + x\mathrm{d}y.$$

容易验证，右边两个线积分都与曲线 C 的路径无关，所以，不论 C 是连接原点到 $3+4i$ 的怎样的曲线，$\int_C zdz$ 的值都等于 $\frac{1}{2}(3+4\mathrm{i})^2$.

例 2 计算 $\oint_C \frac{\mathrm{d}z}{(z-z_0)^{n+1}}$，其中 C 为以 z_0 为中心、r 为半径的正向圆周（见图 4.2），n 为整数.

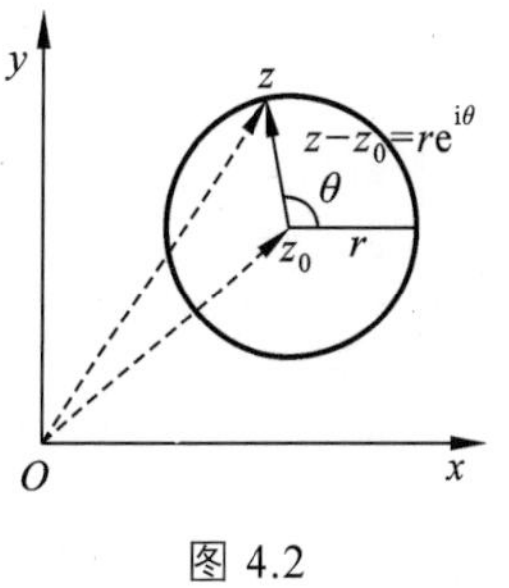

图 4.2

解 C 的方程可写作

$$z = z_0 + r\,\mathrm{e}^{\mathrm{i}\theta} (0 \leqslant \theta \leqslant 2\pi)$$

所以

$$\oint_C \frac{\mathrm{d}z}{(z-z_0)^{n+1}} = \int_0^{2\pi} \frac{\mathrm{i}r\mathrm{e}^{\mathrm{i}\theta}}{r^{n+1}\mathrm{e}^{\mathrm{i}(n+1)\theta}}\mathrm{d}\theta = \int_0^{2\pi} \frac{\mathrm{i}}{r^n\mathrm{e}^{\mathrm{i}n\theta}}\mathrm{d}\theta = \frac{\mathrm{i}}{r^n}\int_0^{2\pi} \mathrm{e}^{-\mathrm{i}n\theta}\mathrm{d}\theta.$$

当 $n=0$ 时，

$$\mathrm{i}\int_0^{2\pi}\mathrm{d}\theta=2\pi\mathrm{i},$$

当 $n\neq 0$ 时，

$$\frac{\mathrm{i}}{r^n}\int_0^{2\pi}(\cos n\theta-\mathrm{i}\sin n\theta)\ \mathrm{d}\theta=0.$$

所以

$$\oint_{|z-z_0|=r}\frac{\mathrm{d}z}{(z-z_0)^{n+1}}=\begin{cases}2\pi\mathrm{i}, n=0\\ 0,\quad n\neq 0\end{cases}$$

这个结果以后经常要用到，它的特点是与积分路线圆周的中心和半径无关，故可以作为一个重要的公式记住，便于后面的应用.

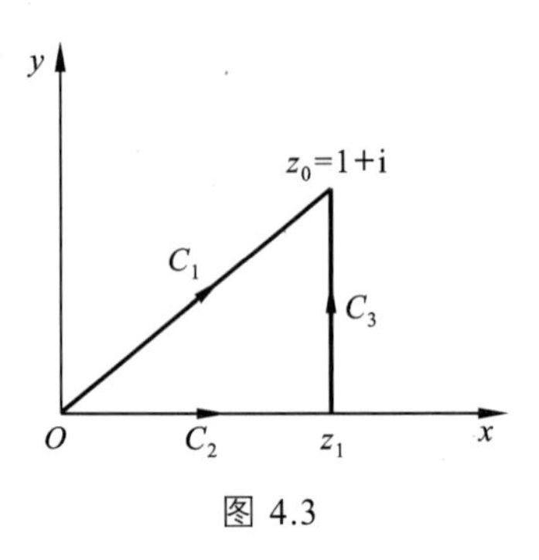

图 4.3

例 3 计算 $\int_C\bar{z}\mathrm{d}z$ 的值，其中曲线 C（见图 4.3）为：

（1）沿从原点到点 $z_0=1+\mathrm{i}$ 的直线段 C_1： $z=(1+\mathrm{i})t$ $(0\leqslant t\leqslant 1)$；

（2）沿从原点到点 $z_1=1$ 的直线段 C_2：$z=t(0\leqslant t\leqslant 1)$ 与从 z_1 到 z_0 的直线段 C_3： $z=1+\mathrm{i}t\ (0\leqslant t\leqslant 1)$ 所连接而成的折线.

解（1）$\int_C\bar{z}\mathrm{d}z=\int_0^1(t-\mathrm{i}t)(1+\mathrm{i})\mathrm{d}t=\int_0^1 2t\mathrm{d}t=1$；

（2）$\int_C\bar{z}\mathrm{d}z=\int_{C_2}\bar{z}\mathrm{d}z+\int_{C_3}\bar{z}\mathrm{d}z=\int_0^1 t\mathrm{d}t+\int_0^1(1-\mathrm{i}t)\mathrm{i}\,\mathrm{d}t=\frac{1}{2}+\left(\frac{1}{2}+\mathrm{i}\right)=1+\mathrm{i}.$

4.1.3 复变函数积分的性质

从积分的定义可以推得积分的一些简单性质，它们是与实变函数中定积分的性质相类似的性质：

（1）$\int_{C^-}f(z)\mathrm{d}z=-\int_C f(z)\mathrm{d}z$； （4.1.7）

（2）$\int_C kf(z)\mathrm{d}z=k\int_C f(z)\mathrm{d}z$（ k 为常数）； （4.1.8）

（3）$\int_C(f(z)\pm g(z))\mathrm{d}z=\int_C f(z)\mathrm{d}z\pm\int_C g(z)\mathrm{d}z$； （4.1.9）

（4）设曲线 C 的长度为 L，函数 $f(z)$ 在 C 上满足 $|f(z)|\leqslant M$，那么

$$\left|\int_C f(z)\mathrm{d}z\right|\leqslant\int_C|f(z)|\,\mathrm{d}s\leqslant ML.$$

事实上，$|\Delta z_k|$ 是 z_k 与 z_{k-1} 两点之间的距离，Δs_k 为这两点之间弧段的长度，所以

$$\left|\sum_{k=1}^n f(\zeta_k)\Delta z_k\right|\leqslant\sum_{k=1}^n|f(\zeta_k)\Delta z_k|\leqslant\sum_{k=1}^n|f(\zeta_k)|\,\Delta s_k \qquad (4.1.10)$$

两端取极限，得

$$\left|\int_C f(z)\mathrm{d}z\right| \leqslant \int_C |f(z)|\mathrm{d}s.$$

这里，$\int_C |f(z)|\mathrm{d}s$ 表示连续函数（非负的）$|f(z)|$ 沿 C 的曲线积分，因此得不等式（4.1.10）的第一部分. 又因为

$$\sum_{k=1}^{n} |f(\zeta_k)|\Delta s_k \leqslant M\sum_{k=1}^{n}\Delta s_k = ML,$$

所以

$$\int_C |f(z)|\mathrm{d}s \leqslant ML.$$

这是不等式（4.1.10）的第二部分.

例 4 设 C 为从原点到点 $3+4\mathrm{i}$ 的直线段，试求积分 $\int_C \frac{1}{z-\mathrm{i}}\mathrm{d}z$ 绝对值的一个上界.

解 C 的方程为 $z=(3+4\mathrm{i})t\ (0\leqslant t\leqslant 1)$. 由估值不等式（4.1.10）知

$$\left|\int_C \frac{1}{z-\mathrm{i}}\mathrm{d}z\right| \leqslant \int_C \left|\frac{1}{z-\mathrm{i}}\right|\mathrm{d}s.$$

在 C 上，有

$$\left|\frac{1}{z-\mathrm{i}}\right| = \frac{1}{|3t+(4t-1)\mathrm{i}|} = \frac{1}{\sqrt{25\left(t-\frac{4}{25}\right)^2+\frac{9}{25}}} \leqslant \frac{5}{3},$$

从而有 $\left|\int_C \frac{1}{z-\mathrm{i}}\mathrm{d}z\right| \leqslant \frac{5}{3}\int_C \mathrm{d}s$，而 $\int_C \mathrm{d}s=5$，所以 $\left|\int_C \frac{1}{z-\mathrm{i}}\mathrm{d}z\right| \leqslant \frac{25}{3}$.

4.2 柯西积分定理

从 4.1 节的例子可以看出，例 1 中的被积函数 $f(z)=z$ 在复平面内是处处解析的，它沿连接起点到终点的任何路线的积分值都相同，换句话说，积分与路线的具体路径无关；例 2 中的被积函数当 $n=0$ 时为 $\frac{1}{z-z_0}$，它在 z_0 没有定义，所以它在以 z_0 为中心的圆周 C 的内部不是处处解析的，而在 z_0 就不解析，此时 $\oint_C \frac{\mathrm{d}z}{z-z_0}=2\pi\mathrm{i}\neq 0$，如果我们把 z_0 除去，虽然在除去 z_0 的区域的内部，函数是处处解析的，但是这个区域已经不是单连通区域了；例 3 中的被积函数 $f(z)=\overline{z}=x-\mathrm{i}y$，它的实部 $u=x$，虚部 $v=-y$，所以 $u_x=1, u_y=0,\ v_x=0, v_y=-1$，不满足柯西-黎曼方程，因而它在复平面内处处不解析，且积分 $\int_C \overline{z}\mathrm{d}z$ 的值与路线有关. 由此可见，积分的值与路线无关，或沿封闭曲线的积分值为零的条件，可能与被积函数的解析性及区域的单连通性有关. 关系究竟如何，不妨先在单连通区域这种简单条件下做初步探讨. 假设 $f(z)=u+\mathrm{i}v$ 在单连通区域 B 内处处解析，且 $f'(z)$ 在 B 内连续. 由于 $f'(z)=u_x+\mathrm{i}v_x=v_y-\mathrm{i}u_y$，所以 u 和 v 以及它们的偏导数 u_x,u_y,v_x,v_y 在 B 内都是连续的，并满足柯西-黎曼方程

$$u_x = v_y, v_x = -u_y.$$

根据式（4.1.3），有

$$\oint_C f(z)\,\mathrm{d}z = \oint_C u\,\mathrm{d}x - v\,\mathrm{d}y + \mathrm{i}\oint_C v\,\mathrm{d}x + u\,\mathrm{d}y \tag{4.2.1}$$

其中 C 为 B 内任何一条简单闭曲线. 由格林公式与柯西-黎曼方程（路线 C 取正向）得

$$\oint_C u\,\mathrm{d}x - v\,\mathrm{d}y = \iint_D (-v_x - u_y)\,\mathrm{d}x\,\mathrm{d}y = 0,$$

$$\oint_C v\,\mathrm{d}x + u\,\mathrm{d}y = \iint_D (u_x - v_y)\,\mathrm{d}x\,\mathrm{d}y = 0,$$

其中 D 是 C 所围的区域. 所以式（4.2.1）的左端为零.

在上面的假设下，函数 $f(z)$ 沿 B 内任何一条闭曲线的积分值为零. 实际上，$f'(z)$ 在 B 内连续的假设是不必要的. 下面给出一条在解析函数理论中最基本的定理.

定理 4.1 （柯西-古萨基本定理） 如果函数 $f(z)$ 在单连通区域 B 内处处解析，那么函数 $f(z)$ 沿 B 内的任何一条封闭曲线 C（见图 4.4）的积分为零，即

$$\oint_C f(z)\,\mathrm{d}z = 0. \tag{4.2.2}$$

定理中的 C 可以不是简单闭曲线. 这个定理又称**柯西积分定理**.

它的证明比较复杂，这里不再赘述.

定理 4.1 成立的条件之一是曲线 C 要在区域 B 内. 如果曲线 C 是区域 B 的边界，函数 $f(z)$ 在 B 内与 C 上解析，即在闭区域 $\overline{B} = B + C$ 上解析，那么

$$\oint_C f(z)\,\mathrm{d}z = 0$$

仍然成立. 不仅如此，我们还可以证明：如果 C 是区域 B 的边界，$f(z)$ 在 B 内解析，在闭区域 $\overline{B}$ 上连续，那么定理 4.1 还是成立的.

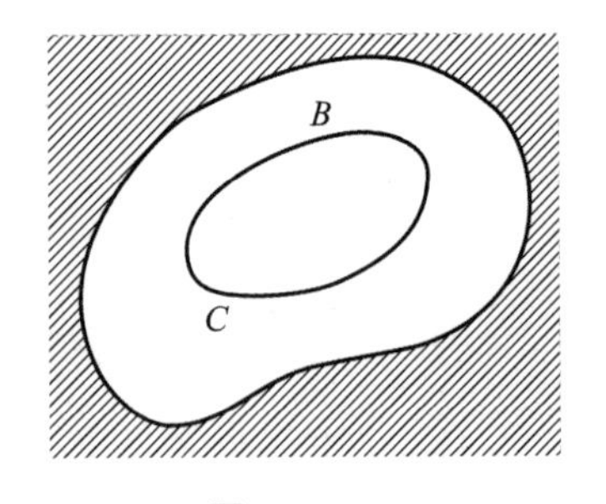

图 4.4

4.3 复合闭路定理

柯西-古萨基本定理可推广到多连通区域的情况. 设函数 $f(z)$ 在多连通区域 D 内解析，C 为 D 内的任意一条简单闭曲线. 如果 C 的内部完全含于 D，从而 $f(z)$ 在 C 上及其内部解析，故知

$$\oint_C f(z)\,\mathrm{d}z = 0.$$

但是，当 C 的内部不完全含于 D 时，就不一定有上面的等式，如 4.1 节例 2 就说明了这一点.

为了把柯西积分定理推广到多连通区域，我们假设 C 及 C_1 为 D 内的任意两条正向（逆时针方向为曲线的正向）简单闭曲线，C_1 在 C 的内部，而且以 C 及 C_1 为边界的区域 D_1 全含

于 D．作两条不相交的弧段 $\widehat{AA'}$ 及 $\widehat{BB'}$，它们依次连接 C 上某一点 A 到 C_1 上的一点 A'，以及 C_1 上某一点 B'（异于 A'）到 C 上的一点 B，而且此两弧段除去它们的端点外全含于 D_1 内．这样就使得 $AEBB'E'A'A$ 及 $AA'F'B'BFA$ 形成两条全在 D 内的简单闭曲线，它们的内部全含于 D 内（见图 4.5）．根据以上分析以及柯西积分定理，可得

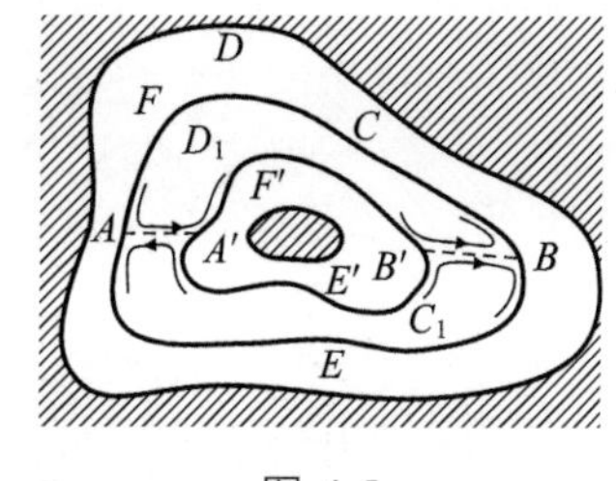

图 4.5

$$\oint_{AEBB'E'A'A} f(z)\mathrm{d}z = 0, \quad \oint_{AA'F'B'BFA} f(z)\mathrm{d}z = 0$$

将上面两等式相加，得

$$\oint_C f(z)\,\mathrm{d}z + \oint_{C_1^-} f(z)\,\mathrm{d}z + \oint_{\widehat{AA'}} f(z)\,\mathrm{d}z + \oint_{\widehat{A'A}} f(z)\,\mathrm{d}z + \oint_{\widehat{B'B}} f(z)\,\mathrm{d}z + \oint_{\widehat{BB'}} f(z)\,\mathrm{d}z = 0$$

即
$$\oint_C f(z)\,\mathrm{d}z + \oint_{C_1^-} f(z)\,\mathrm{d}z = 0 \tag{4.3.1}$$

或
$$\oint_C f(z)\,\mathrm{d}z = \oint_{C_1} f(z)\,\mathrm{d}z \tag{4.3.2}$$

式（4.3.1）说明，如果把如上两条简单闭曲线 C 及 C_1^- 看成一条复合闭路 $\varGamma$，而且它的正向为：外面的闭曲线 C 按逆时针进行，内部的闭曲线 C_1 按顺时针进行（就是沿 $\varGamma$ 的正向进行时，$\varGamma$ 的内部总在 $\varGamma$ 的左侧），那么

$$\oint_\varGamma f(z)\,\mathrm{d}z = 0.$$

式（4.3.2）说明，在区域内的一个解析函数沿闭曲线的积分，不因闭曲线在区域内作连续变形而改变它的值，只要在变形过程中曲线不经过函数 $f(z)$ 的不解析点．这一重要事实，称为闭路变形原理．

用同样的方法，我们可以证明得出定理 4.2.

定理 4.2（复合闭路定理） 设 C 为多连通区域 D 内的一条简单闭曲线，$C_1, C_2, \cdots, C_n$ 是 C 内部的简单闭曲线，它们互不相交，互不包含，并且以 $C, C_1, C_2, \cdots, C_n$ 为边界的区域全含于 D（见图 4.6）．如果 $f(z)$ 在 D 内解析，那么

（1）$\oint_\varGamma f(z)\,\mathrm{d}z = 0$；

（2）$\oint_C f(z)\,\mathrm{d}z = \sum_{k=1}^{n} \oint_{C_k} f(z)\,\mathrm{d}z$，其中 C 及 C_k 均取正方向（即逆时针方向）.

这里，$\varGamma$ 为由 C 及 $C_k (k = 1, 2, \cdots, n)$ 所组成的复合闭路，即 $\varGamma = C + C_1^- + C_2^- + \cdots + C_n^-$.

从 4.1 节例 2 可知，当 C 为以 z_0 为中心的正向圆周时，有 $\oint_C \frac{\mathrm{d}z}{z - z_0} = 2\pi\mathrm{i}$，所以根据闭路定理可得，对于包含 z_0 的任何一条正向简单闭曲线 $\varGamma$ 都有 $\oint_\varGamma \frac{\mathrm{d}z}{z - z_0} = 2\pi\mathrm{i}$.

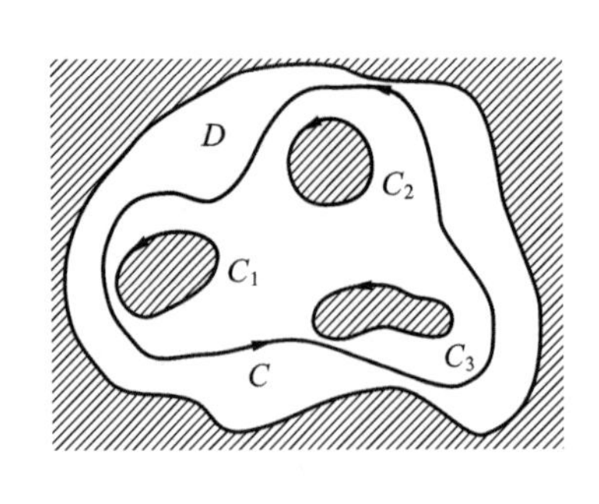

图 4.6

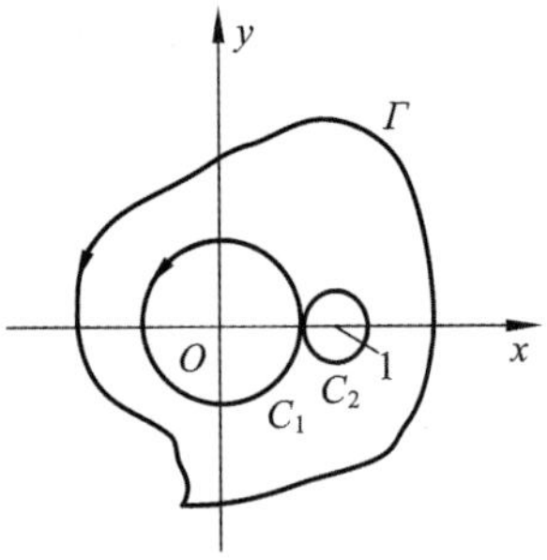

图 4.7

例 1　计算 $\oint_{\Gamma}\frac{2z-1}{z^2-z}\mathrm{d}z$ 的值，其中 Γ 为包含圆周 $|z|=1$ 在内的任何正向简单闭曲线.

解　由题意易知，函数 $\frac{2z-1}{z^2-z}$ 在除 $z=0$ 和 $z=1$ 两个奇点外的复平面内是处处解析的. 由于 Γ 是包含圆周 $|z|=1$ 在内的任何正向简单闭曲线，它也包含这两个奇点. 在 Γ 内作两个互不包含也互不相交的正向圆周 C_1 与 C_2，使得 C_1 只包含奇点 $z=0$，C_2 只包含奇点 $z=1$（见图 4.7），那么根据复合闭路定理 4.2（2）可得

$$\begin{aligned}\oint_{\Gamma}\frac{2z-1}{z^2-z}\mathrm{d}z&=\oint_{C_1}\frac{2z-1}{z^2-z}\mathrm{d}z+\oint_{C_2}\frac{2z-1}{z^2-z}\mathrm{d}z\\&=\oint_{C_1}\frac{1}{z-1}\mathrm{d}z+\oint_{C_1}\frac{1}{z}\mathrm{d}z+\oint_{C_2}\frac{1}{z-1}\mathrm{d}z+\oint_{C_2}\frac{1}{z}\mathrm{d}z\\&=0+2\pi\mathrm{i}+2\pi\mathrm{i}+0=4\pi\mathrm{i}.\end{aligned}$$

从例 1 可知，借助复合闭路定理，有些比较复杂的函数的积分可以化为比较简单的函数的积分来计算. 这是计算积分常用的一种方法.

4.4　原函数与不定积分

在高等数学中，沿封闭曲线的线积分为零，与“曲线积分与路线无关”是两个等价的概念，所以根据柯西-古萨基本定理，下面的定理显然成立.

定理 4.3　如果函数 $f(z)$ 在单连通区域 B 内处处解析，C 为单连通区域 B 内的一条有向曲线，那么积分 $\int_C f(z)\mathrm{d}z$ 与连接起点和终点的路线（路径）无关.

由定理 4.1 可知，解析函数在单连通区域 B 内的积分只与起点 z_0 及终点 z_1 有关，如图 4.8 所示，所以有

$$\int_{C_1} f(z)\mathrm{d}z=\int_{C_2} f(z)\mathrm{d}z=\int_{z_0}^{z_1} f(z)\mathrm{d}z.$$

固定 z_0，让 z_1 在 B 内变动，并令 $z_1=z$，那么积分 $\int_{z_0}^{z} f(\zeta)\mathrm{d}\zeta$ 在 B 内确定了一个单值函数 $F(z)$，即

$$F(z)=\int_{z_0}^{z} f(\zeta)\mathrm{d}\zeta. \qquad (4.4.1)$$

对这个函数，有如下定理.

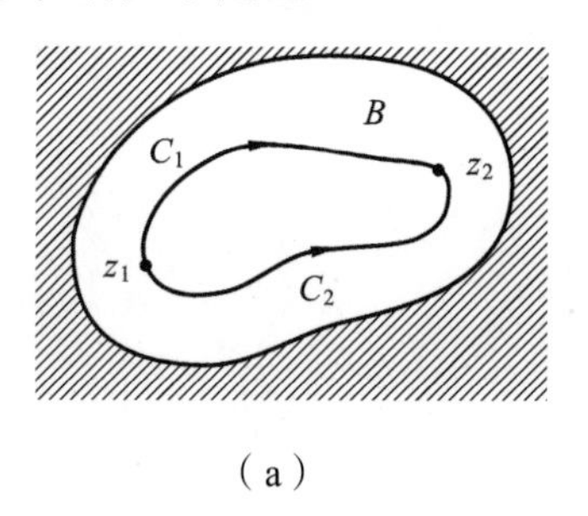

（a）

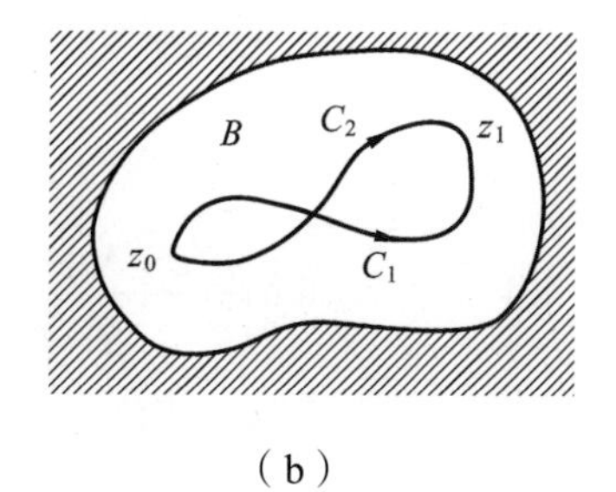

（b）

图 4.8

定理 4.4 如果 $f(z)$ 在单连通区域 B 内处处解析，那么函数 $F(z)$ 必为 B 内的一个解析函数，并且 $F'(z)=f(z)$.

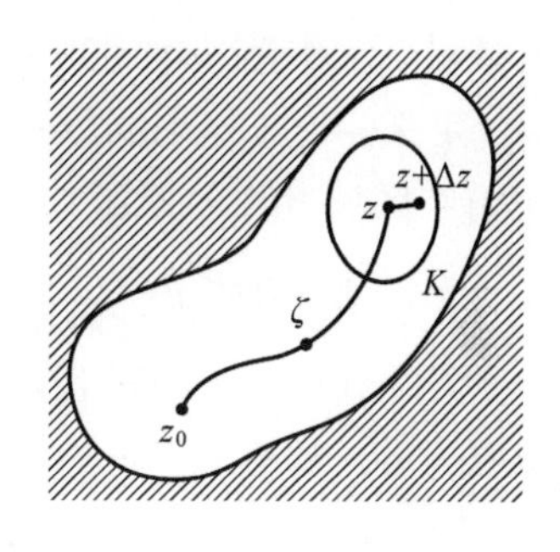

图 4.9

证明 根据导数的定义证明. 设 z 为 B 内任意一点，以 z 为中心作一含于 B 内的小圆 K. 取 $|\Delta z|$ 充分小，使得 $z+\Delta z$ 在 K 内（见图 4.9）. 由式（4.4.1）得

$$F(z+\Delta z)-F(z)=\int_{z_0}^{z+\Delta z} f(\zeta)\mathrm{d}\zeta-\int_{z_0}^{z} f(\zeta)\mathrm{d}\zeta.$$

由于积分与路线无关，积分 $\int_{z_0}^{z+\Delta z} f(\zeta)\mathrm{d}\zeta$ 的积分路线可取先从 z_0 到 z，再从 z 沿直线段到 $z+\Delta z$，而从 z_0 到 z 的积分路线可取与积分 $\int_{z_0}^{z} f(\zeta)\mathrm{d}\zeta$ 的积分路线相同的路线. 于是有

$$F(z+\Delta z)-F(z)=\int_{z}^{z+\Delta z} f(\zeta)\mathrm{d}\zeta$$

又因为

$$\int_{z}^{z+\Delta z} f(z)\mathrm{d}\zeta=f(z)\int_{z}^{z+\Delta z}\mathrm{d}\zeta=f(z)\Delta z$$

从而有

$$\begin{aligned}\frac{F(z+\Delta z)-F(z)}{\Delta z}-f(z)&=\frac{1}{\Delta z}\int_{z}^{z+\Delta z} f(\zeta)\mathrm{d}\zeta-f(z)\\&=\frac{1}{\Delta z}\int_{z}^{z+\Delta z}(f(\zeta)-f(z))\mathrm{d}\zeta\end{aligned}$$

因为 $f(z)$ 在 B 内解析，所以 $f(z)$ 在 B 内连续. 因此对于任意给定的正数 $\varepsilon>0$，总可找到一个 $\delta>0$，使得对于满足 $|\zeta-z|<\delta$ 的一切 ζ 都在 K 内，也就是当 $|\Delta z|<\delta$ 时，总有

$$|f(\zeta)-f(z)|<\varepsilon.$$

根据积分的估值性质（4.1.10），得

$$\left|\frac{F(z+\Delta z)-F(z)}{\Delta z}-f(z)\right|=\frac{1}{|\Delta z|}\left|\int_z^{z+\Delta z}(f(\zeta)-f(z))\mathrm{d}\zeta\right|$$

$$\leqslant\frac{1}{|\Delta z|}\int_z^{z+\Delta z}|f(\zeta)-f(z)|\mathrm{d}\zeta$$

$$\leqslant\frac{1}{|\Delta z|}\cdot\varepsilon\cdot|\Delta z|=\varepsilon$$

即
$$\lim_{\Delta z\to 0}\left|\frac{F(z+\Delta z)-F(z)}{\Delta z}-f(z)\right|=0$$

故
$$F'(z)=f(z)$$

证毕.

定理 4.4 与微积分学中的对变上限积分的求导定理类似. 在此基础上，也可以得出类似于微积分学中的基本定理和牛顿-莱布尼兹公式. 首先引入原函数的概念.

定义 4.2 如果函数 $\varphi(z)$ 在区域 B 内的导数等于 $f(z)$，即 $\varphi'(z)=f(z)$，那么称 $\varphi(z)$ 为 $f(z)$ 在区域 B 内的原函数.

定义 4.2 表明 $F(z)=\int_{z_0}^{z}f(\zeta)\mathrm{d}\zeta$ 是 $f(z)$ 的一个原函数.

容易证明，$f(z)$ 的任何两个原函数仅仅相差一个常数. 设 $G(z)$ 和 $H(z)$ 是 $f(z)$ 的任意两个原函数，那么

$$(G(z)-H(z))'=G'(z)-H'(z)=f(z)-f(z)\equiv 0$$

所以

$$G(z)-H(z)=C$$

其中，C 为任意复常数.

由此可知，如果函数 $f(z)$ 在区域 B 内有一个原函数 $F(z)$，那么它就有无穷多个原函数，而且所有原函数具有一般表达式 $F(z)+C$（其中 C 为任意复常数）.

类似于高等数学中的微积分学，定义如下：$f(z)$ 的所有原函数的一般表达式 $F(z)+C$（其中 C 为任意复常数）为 $f(z)$ 的不定积分，记作

$$\int f(z)\mathrm{d}z=F(z)+C.$$

利用"任意两个原函数之差为一常数"这一性质，可以推得与牛顿-莱布尼兹公式类似的解析函数的积分计算公式.

定理 4.5 如果 $f(z)$ 在单连通区域 B 内处处解析，$G(z)$ 为 $f(z)$ 的一个原函数，那么

$$\int_{z_0}^{z_1}f(z)\mathrm{d}z=G(z_1)-G(z_0),$$

这里 z_0,z_1 为区域 B 内的两点.

证明　因为 $\int_{z_0}^{z}f(z)\mathrm{d}z$ 也是 $f(z)$ 的原函数，所以

$$\int_{z_0}^{z}f(z)\mathrm{d}z=G(z)+C.$$

当 $z=z_0$ 时，根据柯西-古萨基本定理，得 $C=-G(z_0)$．因此

$$\int_{z_0}^{z} f(z)\,\mathrm{d}z = G(z)-G(z_0)$$

当 $z=z_1$ 时，

$$\int_{z_0}^{z_1} f(z)\,\mathrm{d}z = G(z_1)-G(z_0) \tag{4.4.2}$$

有了原函数、不定积分和积分计算公式（4.4.2），复变函数的积分就可用微积分学中类似的方法去计算了．

例 1　求积分 $\int_0^{\mathrm{i}} z\cos z\,\mathrm{d}z$ 的值．

解　函数 $z\cos z$ 在全平面内解析，容易求得它的一个原函数 $z\sin z+\cos z$，所以

$$\begin{aligned}\int_0^{\mathrm{i}} z\cos z\,\mathrm{d}z &= (z\sin z+\cos z)\Big|_0^{\mathrm{i}} = \mathrm{i}\sin\mathrm{i}+\cos\mathrm{i}-1\\ &= \mathrm{i}\frac{\mathrm{e}^{-1}-\mathrm{e}}{2\mathrm{i}}+\frac{\mathrm{e}^{-1}+\mathrm{e}}{2}-1=\mathrm{e}^{-1}-1.\end{aligned}$$

例 2　试沿区域 $\operatorname{Im}(z)\geqslant 0,\operatorname{Re}(z)\geqslant 0$ 内的圆弧 $|z|=1$，计算积分 $\int_1^{\mathrm{i}}\frac{\ln(z+1)}{z+1}\mathrm{d}z$ 的值．

解　函数 $\frac{\ln(z+1)}{z+1}$ 在所设区域内解析，它的一个原函数为 $\frac{1}{2}\ln^2(z+1)$，所以

$$\begin{aligned}\int_1^{\mathrm{i}}\frac{\ln(z+1)}{z+1}\mathrm{d}z &= \frac{1}{2}\ln^2(z+1)\Big|_1^{\mathrm{i}} = \frac{1}{2}(\ln^2(1+\mathrm{i})-\ln^2 2)\\ &= -\frac{\pi^2}{32}-\frac{3}{8}\ln^2 2+\frac{\pi\ln 2}{8}\mathrm{i}.\end{aligned}$$

4.5　柯西积分公式

设 B 为一单连通区域，z_0 为 B 内的一点，如果 $f(z)$ 在 B 内解析，那么函数 $\frac{f(z)}{z-z_0}$ 在 z_0 不解析．所以在 B 内沿围绕 z_0 的一条闭曲线 C 的积分 $\oint_C \frac{f(z)}{z-z_0}\mathrm{d}z$ 一般不为零．又根据复合闭路定理，此积分的值沿任何一条围绕 z_0 的简单闭曲线都是相同的．现在来求这个积分的值．既然沿围绕 z_0 的任何简单闭曲线的积分值都相同，那么我们就取以 z_0 为中心、半径为 δ 的很小的圆周 $|z-z_0|=\delta$（取其正向）作为积分曲线 C．由于 $f(z)$ 的连续性，在 C 上函数 $f(z)$ 的值将随着 δ 的缩小而逐渐接近于它在圆心 z_0 处的值，从而猜想积分 $\oint_C \frac{f(z)}{z-z_0}\mathrm{d}z$ 的值也将随着 δ 的缩小而接近于

$$\oint_C \frac{f(z_0)}{z-z_0}\mathrm{d}z = f(z_0)\oint_C \frac{1}{z-z_0}\mathrm{d}z = 2\pi\mathrm{i}\,f(z_0)$$

其实两者是相等的，即

$$\oint_C \frac{f(z)}{z-z_0}\mathrm{d}z = 2\pi\mathrm{i}\,f(z_0)$$

从而有下面的定理.

定理 4.6（柯西积分公式） 如果 $f(z)$ 在区域 D 内处处解析，C 为 D 内的任何一条正向简单闭曲线，它的内部完全含于 D，z_0 为 C 内的任一点，那么

$$f(z_0)=\frac{1}{2\pi i}\oint_C \frac{f(z)}{z-z_0}\mathrm{d}z \qquad (4.5.1)$$

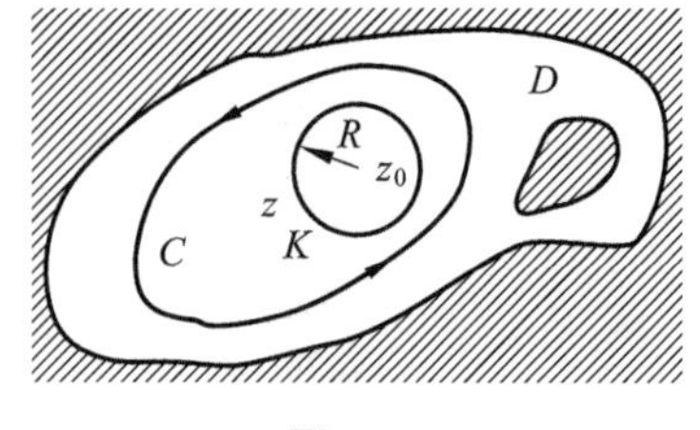

图 4.10

证明 由于 $f(z)$ 在 z_0 连续，即对任意给定 $\varepsilon>0$，必有一个 $\delta(\varepsilon)>0$，当 $|z-z_0|<\delta$ 时，有 $|f(z)-f(z_0)|<\delta$. 设以 z_0 为中心、R 为半径的圆周 K：$|z-z_0|=R$ 全部在 C 的内部，且 $R<\delta$（见图 4.10），那么

$$\begin{aligned}\oint_C \frac{f(z)}{z-z_0}\mathrm{d}z&=\oint_K \frac{f(z)}{z-z_0}\mathrm{d}z=\oint_K \frac{f(z_0)}{z-z_0}\mathrm{d}z+\oint_K \frac{f(z)-f(z_0)}{z-z_0}\mathrm{d}z\\&=2\pi i\, f(z_0)+\oint_K \frac{f(z)-f(z_0)}{z-z_0}\mathrm{d}z.\end{aligned} \qquad (4.5.2)$$

由式（4.1.10），有

$$\left|\oint_K \frac{f(z)-f(z_0)}{z-z_0}\mathrm{d}z\right|\leqslant \oint_K \frac{|f(z)-f(z_0)|}{|z-z_0|}\mathrm{d}s<\frac{\varepsilon}{R}\oint_K \mathrm{d}s=2\pi\varepsilon.$$

这表明不等式左端积分的模可以任意小，只要 R 足够小. 根据复合闭路定理，该积分的值与 R 无关，所以只有在对所有的 R 积分值为零时才有可能. 因此，由式（4.5.2）即可得所要证的式（4.5.1）.
证毕.

如果 $f(z)$ 在简单闭曲线 C 所围成的区域内及 C 上解析，那么柯西积分公式（4.5.1）仍然成立.

通过式（4.5.1），就可以把一个函数在 C 内部任一点的值用它在边界上的值来表示. 换句话说，如果 $f(z)$ 在区域边界上的值一经确定，那么它在区域内部任一点处的值也就确定，这是解析函数的又一特征. 柯西积分公式不但提供了计算某些复变函数沿闭曲线积分的一种方法，而且给出了解析函数的一个积分表达式，从而成为研究解析函数的有力工具（见 4.6 节内容）.

如果 C 是圆周 $z=z_0+R\cdot e^{i\theta}$，那么式（4.5.1）成为

$$f(z_0)=\frac{1}{2\pi}\int_0^{2\pi} f(z_0+R\cdot e^{i\theta})\mathrm{d}\theta. \qquad (4.5.3)$$

这就是说，一个解析函数在圆心处的值等于它在圆周上的平均值.

例 1 求下列积分（沿圆周正向）的值：

（1）$\dfrac{1}{2\pi i}\oint\limits_{|z|=4}\dfrac{\sin z}{z}\mathrm{d}z$；（2）$\oint\limits_{|z|=4}\left(\dfrac{1}{z+1}+\dfrac{2}{z-3}\right)\mathrm{d}z$.

解　由式（4.5.1）得

（1）$\dfrac{1}{2\pi \mathrm{i}}\oint\limits_{|z|=4}\dfrac{\sin z}{z}\mathrm{d}z=\sin z\big|_{z=0}=0$；

（2）$\oint\limits_{|z|=4}\left(\dfrac{1}{z+1}+\dfrac{2}{z-3}\right)\mathrm{d}z=\oint\limits_{|z|=4}\dfrac{\mathrm{d}z}{z+1}+\oint\limits_{|z|=4}\dfrac{2\mathrm{d}z}{z-3}=2\pi\mathrm{i}\cdot 1+2\pi\mathrm{i}\cdot 2=6\pi\mathrm{i}$.

4.6　解析函数的高阶导数

一个解析函数不仅有一阶导数，而且有各高阶导数，它的值可以用函数在边界上的值通过积分形式来表示. 这一点与实变函数完全不同. 一个实变函数在某一区间上可导，它的导数在这个区间上不一定连续，更不要说它有高阶导数存在了.

关于解析函数的高阶导数，有下面的定理.

定理 4.7　解析函数 $f(z)$ 的导数仍为解析函数，它的 n 阶导数为

$$f^{(n)}(z_0)=\frac{n!}{2\pi\mathrm{i}}\oint_C\frac{f(z)}{(z-z_0)^{n+1}}\mathrm{d}z\quad(n=1,2,\cdots)\tag{4.6.1}$$

其中 C 为函数 $f(z)$ 在解析区域 D 内围绕 z_0 的任何一条正向简单闭曲线，而且它的内部全含于 D.

证明　设 z_0 为 D 内任意一点（见图 4.11），先证 $n=1$ 的情形，即 $f'(z_0)=\dfrac{1}{2\pi\mathrm{i}}\oint_C\dfrac{f(z)}{(z-z_0)^2}\mathrm{d}z$.

根据定义，有

$$f'(z_0)=\lim_{\Delta z\to 0}\frac{f(z_0+\Delta z)-f(z_0)}{\Delta z}$$

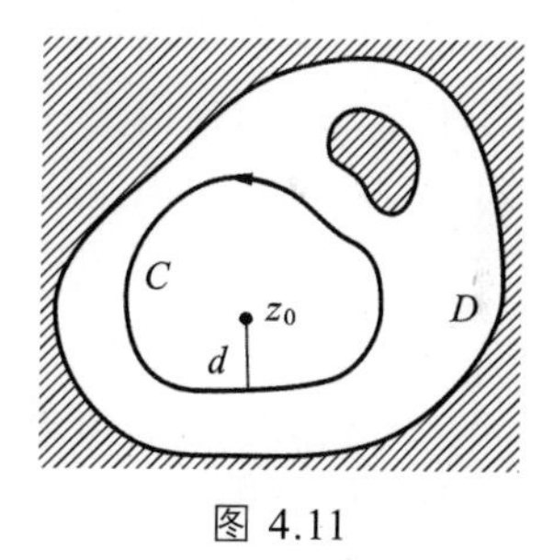

图 4.11

由柯西积分公式得

$$f(z_0)=\frac{1}{2\pi\mathrm{i}}\oint_C\frac{f(z)}{z-z_0}\mathrm{d}z,$$

$$f(z_0+\Delta z)=\frac{1}{2\pi\mathrm{i}}\oint_C\frac{f(z)}{z-z_0-\Delta z}\mathrm{d}z$$

从而有

$$\begin{aligned}\frac{f(z_0+\Delta z)-f(z_0)}{\Delta z}&=\frac{1}{2\pi\mathrm{i}\Delta z}\left(\oint_C\frac{f(z)}{z-z_0-\Delta z}\mathrm{d}z-\oint_C\frac{f(z)}{z-z_0}\mathrm{d}z\right)\\&=\frac{1}{2\pi\mathrm{i}}\oint_C\frac{f(z)}{(z-z_0-\Delta z)(z-z_0)}\mathrm{d}z\\&=\frac{1}{2\pi\mathrm{i}}\oint_C\frac{f(z)}{(z-z_0)^2}\mathrm{d}z+\frac{1}{2\pi\mathrm{i}}\oint_C\frac{\Delta zf(z)}{(z-z_0-\Delta z)(z-z_0)^2}\mathrm{d}z\end{aligned}$$

设最后一个等号右侧的后一个积分为 I，那么

$$|I|=\left|\frac{1}{2\pi\mathrm{i}}\oint_C\frac{\Delta zf(z)}{(z-z_0-\Delta z)(z-z_0)^2}\mathrm{d}z\right|\leqslant\frac{1}{2\pi}\oint_C\frac{|\Delta z||f(z)|\mathrm{d}s}{|z-z_0-\Delta z||z-z_0|^2}$$

因为 $f(z)$ 在 C 上是解析的，所以在 C 上连续，由第 1 章可知 $f(z)$ 在 C 上是有界的. 由此可知，必存在一个正数 M，使得在 C 上有 $|f(z)|\leqslant M$. 设 d 为从 z_0 到曲线 C 上各点的最短距离，并取 $|\Delta z|$ 适当地小，使其满足 $|\Delta z|<\frac{1}{2}d$，那么有

$$|z-z_0|\geqslant d,\quad \frac{1}{|z-z_0|}\leqslant\frac{1}{d};$$

$$|z-z_0-\Delta z|\geqslant|z-z_0|-|\Delta z|>\frac{d}{2},\quad \frac{1}{|z-z_0-\Delta z|}<\frac{2}{d}$$

所以

$$|I|<|\Delta z|\frac{ML}{\pi d^3}$$

这里 L 为 C 的长度. 如果 $\Delta z\to 0$，那么 $I\to 0$，从而

$$f'(z_0)=\lim_{\Delta z\to 0}\frac{f(z_0+\Delta z)-f(z_0)}{\Delta z}=\frac{1}{2\pi\mathrm{i}}\oint_C\frac{f(z)}{(z-z_0)^2}\mathrm{d}z. \qquad (4.6.2)$$

这表明了 $f(z)$ 在 z_0 的导数可以通过式（4.5.1）右端的积分号下对 z_0 求导而得到.

用推导式（4.6. 2）的方法去求极限：

$$f''(z_0)=\lim_{\Delta z\to 0}\frac{f'(z_0+\Delta z)-f'(z_0)}{\Delta z}$$

便可得到

$$f''(z_0)=\frac{2!}{2\pi\mathrm{i}}\oint_C\frac{f(z)}{(z-z_0)^3}\mathrm{d}z$$

于是，我们证明了一个解析函数的导数仍然是解析函数. 依此类推，用数学归纳法可以证明：

$$f^{(n)}(z_0)=\frac{n!}{2\pi\mathrm{i}}\oint_C\frac{f(z)}{(z-z_0)^{n+1}}\mathrm{d}z.$$

式（4.6.1）可以这样记忆：把柯西积分公式（4.5.1）的两边对 z_0 求 n 阶导数，右边求导在积分号下进行，求导时把被积函数看作是 z_0 的函数，而把 z 看作常数.

高阶导数公式的作用，不在于通过积分来求导，而在于通过导数来求积分.

例 1 求下列积分的值，其中 C 为正向圆周：$|z|=r>1$.

（1）$\oint_C\frac{\cos\pi z}{(z-1)^5}\mathrm{d}z$；（2）$\oint_C\frac{\mathrm{e}^z}{(z^2+1)^2}\mathrm{d}z$.

解 （1）函数 $\frac{\cos\pi z}{(z-1)^5}$ 在 C 内的 $z=1$ 处不解析，但 $\cos\pi z$ 在 C 内却是处处解析的. 根据式（4.6.1），有

$$\oint_C\frac{\cos\pi z}{(z-1)^5}\mathrm{d}z=\frac{2\pi\mathrm{i}}{(5-1)!}(\cos\pi z)^{(4)}\Big|_{z=1}=-\frac{\pi^5\mathrm{i}}{12}.$$

（2）函数 $\frac{\mathrm{e}^z}{(z^2+1)^2}$ 在 C 内的 $z=\pm\mathrm{i}$ 处不解析. 我们在 C 内作分别以 $\pm\mathrm{i}$ 为中心的正向圆周

C_1，C_2（见图 4.12），那么函数 $\dfrac{e^z}{(z^2+1)^2}$ 在由 C，C_1 和 C_2 所围成的区域内是解析的. 根据复合闭路定理，有

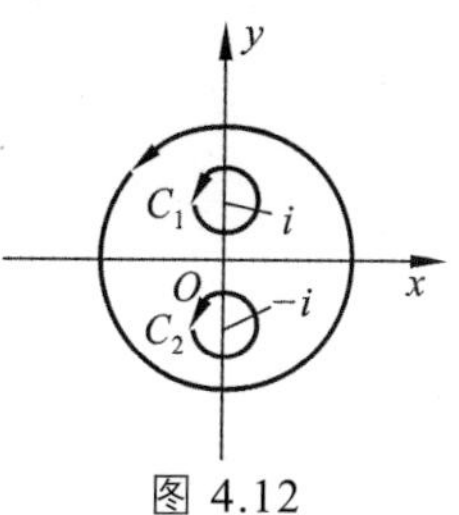

图 4.12

$$\oint_C \frac{e^z}{(z^2+1)^2}dz=\oint_{C_1}\frac{e^z}{(z^2+1)^2}dz+\oint_{C_2}\frac{e^z}{(z^2+1)^2}dz$$

由式（4.6.1）有

$$\oint_{C_1}\frac{e^z}{(z^2+1)^2}dz=\oint_{C_1}\frac{\dfrac{e^z}{(z+i)^2}}{(z-i)^2}dz=\frac{2\pi i}{(2-1)!}\left[\frac{e^z}{(z+i)^2}\right]'_{z=i}=\frac{(1-i)e^i}{2}\pi$$

同理可得

$$\oint_{C_2}\frac{e^z}{(z^2+1)^2}dz=\frac{-(1+i)e^{-i}}{2}\pi$$

所以

$$\oint_C \frac{e^z}{(z^2+1)^2}dz=\frac{\pi}{2}(1-i)(e^i-ie^{-i})=\frac{\pi}{2}(1-i)^2(\cos 1-\sin 1)=i\pi\sqrt{2}\sin\left(1-\frac{\pi}{4}\right)$$

例 2 设函数 $f(z)$ 在单连通区域 B 内连续，且对于 B 内任何一条简单闭曲线 C 都有 $\oint_C f(z)dz=0$，证明：$f(z)$ 在 B 内解析（Morera 定理）.

证明 在 B 内取定一点 z_0，z 为 B 内任意一点. 根据已知条件，积分 $\int_{z_0}^{z} f(\zeta)d\zeta$ 的值与连接 z_0 和 z 的路线无关，它定义了一个 z 的单值函数：

$$F(z)=\int_{z_0}^{z} f(\zeta)d\zeta$$

利用定理 4.5 完全相同的证明方法，可以证得

$$F'(z)=f(z)$$

所以 $F(z)$ 是 B 内的一个解析函数. 再根据刚才证明的 Morera 定理知，解析函数的导数仍为解析函数，故 $f(z)$ 为解析函数.

4.7 解析函数与调和函数的关系

在 4.6 节，我们证明了在区域 D 内解析的函数，其导数仍为解析函数，因而具有任意阶的导数. 本节利用这个重要结论，来研究它与调和函数之间的关系.

如果二元实变函数 $\varphi(x,y)$ 在区域 D 内具有二阶连续偏导数并且满足拉普拉斯（Laplace）方程

$$\frac{\partial^2\varphi}{\partial x^2}+\frac{\partial^2\varphi}{\partial y^2}=0$$

那么称 $\varphi(x,y)$ 为区域 D 内的调和函数.

在诸如流体力学和电磁场理论等实际问题中调和函数都有重要的应用，那么，调和函数与解析函数有什么关系呢？

定理 4.8 任何在区域 D 内解析的函数，它的实部和虚部都是 D 内的调和函数.

证明 设 $w=f(z)=u(x,y)+\mathrm{i}v(x,y)$ 为 D 内的一个解析函数，那么

$$\frac{\partial u}{\partial x}=\frac{\partial v}{\partial y},\frac{\partial u}{\partial y}=-\frac{\partial v}{\partial x},$$

从而

$$\frac{\partial^2 u}{\partial x^2}=\frac{\partial^2 v}{\partial y\partial x},\frac{\partial^2 u}{\partial y^2}=-\frac{\partial^2 v}{\partial x\partial y}.$$

根据解析函数高阶导数定理（解析函数具有任意阶导数，其导函数仍为解析函数），u 与 v 具有任意阶的连续偏导数. 所以

$$\frac{\partial^2 v}{\partial y\partial x}=\frac{\partial^2 v}{\partial x\partial y}$$

从而

$$\frac{\partial^2 u}{\partial x^2}+\frac{\partial^2 u}{\partial y^2}=0$$

同理

$$\frac{\partial^2 v}{\partial x^2}+\frac{\partial^2 v}{\partial y^2}=0$$

故 u 与 v 都是调和函数.

证毕.

设 $u(x,y)$ 为区域 D 内给定的调和函数，我们把使 $u+\mathrm{i}v$ 在 D 内构成解析函数的调和函数 $v(x,y)$ 称为 $u(x,y)$ 的共轭调和函数. 换句话说，在 D 内满足柯西-黎曼方程

$$\frac{\partial u}{\partial x}=\frac{\partial v}{\partial y},\frac{\partial v}{\partial x}=-\frac{\partial u}{\partial y} \tag{4.7.1}$$

的两个调和函数中，v 称为 u 的共轭调和函数.

因此，上面的定理 4.8 说明：区域 D 内的解析函数的虚部为实部的共轭调和函数.

解析函数和调和函数的上述关系，使我们可以借助于解析函数的理论解决调和函数的问题. 在第 6 章中我们将举例说明解析函数在这个方面的应用.

应当指出，如果已知一个调和函数 u，那么就可以利用柯西-黎曼方程求得它的共轭调和函数 v，从而构成一个解析函数 $u+\mathrm{i}v$. 下面举例说明对应的求法. 这种方法可以称为偏积分法.

例 1 证明 $u(x,y)=x^2+xy-y^2$ 为调和函数，求其共轭调和函数 $v(x,y)$，以及由它们构成的解析函数 $w=f(z)$.

解 （1）因为

$$\frac{\partial u}{\partial x}=2x+y,\quad \frac{\partial^2 u}{\partial x^2}=2,\quad \frac{\partial u}{\partial y}=x-2y,\quad \frac{\partial^2 u}{\partial y^2}=-2,$$

所以

$$\frac{\partial^2 u}{\partial x^2}+\frac{\partial^2 u}{\partial y^2}=0.$$

这就证明了 $u(x,y)$ 为调和函数.

（2）由 $\frac{\partial v}{\partial y}=\frac{\partial u}{\partial x}=2x-y$，得

$$v=\int(2x-y)\,\mathrm{d}\,y=2xy-\frac{1}{2}y^2+g(x),\quad \frac{\partial v}{\partial x}=2y+g'(x)$$

由 $\frac{\partial v}{\partial x}=-\frac{\partial u}{\partial y}$，得

$$2y+g'(x)=-(x-2y)$$

故
$$g(x)=\int -x\,\mathrm{d}\,x=-\frac{1}{2}x^2+C$$

因此
$$v(x,y)=2y-\frac{1}{2}x^2+C$$

从而得到一个解析函数

$$w=f(z)=x^2+xy-y^2+\mathrm{i}(2y-\frac{1}{2}x^2+C)$$

例 1 说明，已知解析函数的实部，就可以确定它的虚部，至多相差一个任意常数. 下面的例 2 则说明，可以类似地由解析函数的虚部确定（可能相差一个常数）它的实部.

例 2 已知调和函数 $v=\mathrm{e}^x(y\cos y+x\sin y)+x+y$，求解析函数 $f(z)=u+\mathrm{i}v$，使 $f(0)=0$.

解 因为

$$\frac{\partial v}{\partial x}=\mathrm{e}^x(y\cos y+x\sin y+\sin y)+1,$$

$$\frac{\partial v}{\partial y}=\mathrm{e}^x(\cos y-y\sin y+x\cos y)+1$$

由 $\frac{\partial u}{\partial x}=\frac{\partial v}{\partial y}$，得

$$u=\int[\mathrm{e}^x(\cos y-y\sin y+x\cos y)+1]\,\mathrm{d}\,x=\mathrm{e}^x(x\cos y-y\sin y)+x+g(y).$$

由 $\frac{\partial v}{\partial x}=-\frac{\partial u}{\partial y}$，得

$$\mathrm{e}^x(y\cos y+x\sin y+\sin y)+1=\mathrm{e}^x(x\sin y+y\cos y+\sin y)-g'(y)$$

故
$$g(y)=-y+C$$

因此

$$u=\mathrm{e}^x(x\cos y-y\sin y)+x-y+C$$

从而

$$\begin{aligned}f(z)&=\mathrm{e}^x(x\cos y-y\sin y)+x-y+c+\mathrm{i}[\mathrm{e}^x(y\cos y+x\sin y)+x+y]\\&=x\mathrm{e}^x\,\mathrm{e}^{\mathrm{i}y}+\mathrm{i}\,y\mathrm{e}^x\,\mathrm{e}^{\mathrm{i}y}+x(1+\mathrm{i})+\mathrm{i}\,y(1+\mathrm{i})+C\end{aligned}$$

它可以写成

$$f(z)=z\mathrm{e}^{z}+(1+\mathrm{i})z+C$$

由 $f(0)=0$，得 $C=0$，故所求的解析函数为

$$f(z)=z\mathrm{e}^{z}+(1+\mathrm{i})z.$$

下面再介绍一种已知调和函数 $u(x,y)$ 或 $v(x,y)$ 求解析函数 $f(z)=u+\mathrm{i}v$ 的方法.

我们知道，解析函数 $f(z)=u+\mathrm{i}v$ 的导数 $f'(z)$ 仍为解析函数，且由式（3.2.2）知

$$f'(z)=u_x+\mathrm{i}v_x=u_x-\mathrm{i}u_y=v_y+\mathrm{i}v_x$$

把 $u_x-\mathrm{i}u_y$ 与 $v_y+\mathrm{i}v_x$ 还原成 z 的函数（即用 z 来表示），得

$$f'(z)=u_x-\mathrm{i}u_y=U(z)\text{，}\quad f'(z)=v_y+\mathrm{i}v_x=V(z)$$

将它们积分，得

$$f(z)=\int U(z)\mathrm{d}z+C \tag{4.7.2}$$

$$f(z)=\int V(z)\mathrm{d}z+C \tag{4.7.3}$$

已知实部 u 求 $f(z)$ 可用式（4.7.2）；已知虚部 v 求 $f(z)$ 可用式（4.7.3）.

在上面的例 2 中，因 $v=\mathrm{e}^{x}(y\cos y+x\sin y)+x+y$，则

$$v_x=\mathrm{e}^{x}(y\cos y+x\sin y+\sin y)+1, v_y=\mathrm{e}^{x}(\cos y-y\sin y+x\cos y)+1$$

从而

$$\begin{aligned}f'(z)&=\mathrm{e}^{x}(\cos y-y\sin y+x\cos y)+1+\mathrm{i}[\mathrm{e}^{x}(y\cos y+x\sin y+\sin y)+1]\\&=\mathrm{e}^{x}(\cos y+\mathrm{i}\sin y)+\mathrm{i}(x+\mathrm{i}y)\mathrm{e}^{x}\sin y+(x+\mathrm{i}y)\mathrm{e}^{x}\cos y+1+\mathrm{i}\\&=\mathrm{e}^{x+\mathrm{i}y}+(x+\mathrm{i}y)\mathrm{e}^{x+\mathrm{i}y}+1+\mathrm{i}=\mathrm{e}^{z}+z\mathrm{e}^{z}+1+\mathrm{i}\end{aligned}$$

将其积分，得

$$f(z)=\int(\mathrm{e}^{z}+z\mathrm{e}^{z}+1+\mathrm{i})\mathrm{d}z=z\mathrm{e}^{z}+(1+\mathrm{i})z+C$$

其中 C 为实常数.

以上这种方法称为不定积分法.

习题 4

1. 沿下列路线计算积分 $\int_0^{3+\mathrm{i}}z^2\mathrm{d}z$.

（1）自原点至 $3+\mathrm{i}$ 的直线段；

（2）自原点沿实轴至 3，再由 3 沿竖直方向向上至 $3+\mathrm{i}$；

（3）自原点沿虚轴至 i，再由 i 沿水平方向向右至 $3+\mathrm{i}$.

2. 分别沿 $y=x$ 与 $y=x^2$ 算出积分 $\int_0^{1+\mathrm{i}}(x^2+\mathrm{i}y)\mathrm{d}z$ 的值.

3. 设 $f(z)$ 在单连通区域 B 内处处解析，C 为 B 内任何一条正向简单闭曲线. 试问

$$\oint_C \mathrm{Re}(f(z))\,\mathrm{d}z = 0, \oint_C \mathrm{Im}(f(z))\,\mathrm{d}z = 0$$

是否成立？如果成立，给出证明；如果不成立，举例说明.

4. 利用在单位圆上 $\bar{z} = \dfrac{1}{z}$ 的性质以及柯西积分公式说明 $\oint_C \bar{z}\,\mathrm{d}z = 2\pi\mathrm{i}$，其中 C 为正向单位圆周 $|z|=1$.

5. 计算积分 $\oint_C \dfrac{\bar{z}}{|z|}\mathrm{d}z$ 的值，其中 C 为正向圆周：

（1） $|z|=2$；（2） $|z|=4$.

6. 试用观察法得出下列积分的值，并说明观察时所依据的是什么？ C 是正向的圆周 $|z|=1$.

（1） $\oint_C \dfrac{\mathrm{d}z}{z-2}$；（2） $\oint_C \dfrac{\mathrm{d}z}{z^2+2z+4}$；

（3） $\oint_C \dfrac{\mathrm{d}z}{\cos z}$；（4） $\oint_C \dfrac{\mathrm{d}z}{z-\frac{1}{2}}$；

（5） $\oint_C z\mathrm{e}^z\,\mathrm{d}z$；（6） $\oint_C \dfrac{\mathrm{d}z}{\left(z-\frac{\mathrm{i}}{2}\right)(z+2)}$.

7. 沿指定曲线的正向计算下列各积分：

（1） $\oint_C \dfrac{\mathrm{e}^z}{z-2}\mathrm{d}z,\ C:|z-2|=1$；（2） $\oint_C \dfrac{\mathrm{d}z}{z^2-a^2},\ C:|z-a|=a$；

（3） $\oint_C \dfrac{\mathrm{e}^{\mathrm{i}z}\,\mathrm{d}z}{z^2+1},\ C:|z-2\mathrm{i}|=\dfrac{3}{2}$；（4） $\oint_C \dfrac{z\,\mathrm{d}z}{z-3},\ C:|z|=2$；

（5） $\oint_C \dfrac{\mathrm{d}z}{(z^2-1)(z^3-1)},\ C:|z|=r<1$；（6） $\oint_C z^3\cos z\,\mathrm{d}z$, C 为包围 $z=0$ 的闭曲线；

（7） $\oint_C \dfrac{\mathrm{d}z}{(z^2+1)(z^2+4)},\ C:|z|=\dfrac{3}{2}$；（8） $\oint_C \dfrac{\sin z\,\mathrm{d}z}{z},\ C:|z|=1$；

（9） $\oint_C \dfrac{\sin z\,\mathrm{d}z}{\left(z-\frac{\pi}{2}\right)^2},\ C:|z|=2$.

8. 计算下列各题：

（1） $\int_{-\pi\mathrm{i}}^{3\pi\mathrm{i}} \mathrm{e}^{2z}\,\mathrm{d}z$；（2） $\int_{\frac{\pi\mathrm{i}}{6}}^{0} \mathrm{ch}3z\,\mathrm{d}z$；

（3） $\int_{-\pi\mathrm{i}}^{\pi\mathrm{i}} \sin^2 z\,\mathrm{d}z$；（4） $\int_0^1 z\sin z\,\mathrm{d}z$；

（5） $\int_0^{\mathrm{i}} (z-\mathrm{i})\mathrm{e}^{-z}\,\mathrm{d}z$；（6） $\int_1^{\mathrm{i}} \dfrac{1+\tan z}{\cos^2 z}\mathrm{d}z$（沿 1 到 i 的直线段）.

9. 计算下列积分：

（1） $\oint_C \left(\dfrac{4}{z+1}+\dfrac{3}{z+2\mathrm{i}}\right)\mathrm{d}z$，其中 $C:|z|=4$ 为正向；

（2）$\oint_C \frac{2\mathrm{i}}{z^2+1}\mathrm{d}z$，其中 $C:|z-1|=6$ 为正向；

（3）$\oint_{C=C_1+C_2} \frac{\cos z}{z^2}\mathrm{d}z$，其中 $C_1:|z|=2$ 为正向，$C_2:|z|=3$ 为负向；

（4）$\oint_C \frac{1}{z-\mathrm{i}}\mathrm{d}z$，其中 C 为以 $\pm\frac{1}{2},\pm\frac{6}{5}\mathrm{i}$ 为顶点的正向菱形；

（5）$\oint_C \frac{\mathrm{e}^z}{(z-a)^3}\mathrm{d}z$，其中 a 为 $|a|\neq 1$ 的任何复数，$C:|z|=1$ 为正向.

10. 证明：当 C 为任何不通过原点的简单闭曲线时，$\oint_C \frac{1}{z^2}\mathrm{d}z=0$.

11. 下列两个积分的值是否相等？积分（2）的值能否利用闭路变形原理由（1）的值得到？为什么？

（1）$\oint_{|z|=2} \frac{\overline{z}}{z}\mathrm{d}z$；（2）$\oint_{|z|=4} \frac{\overline{z}}{z}\mathrm{d}z$.

12. 设区域 D 为右半平面，z 为 D 内圆周 $|z|=1$ 上的任意一点，用在 D 内的任意一条曲线 C 连接原点与 z，证明 $\mathrm{Re}\left(\int_0^z \frac{1}{1+\xi^2}\mathrm{d}\xi\right)=\frac{\pi}{4}$.（提示：可取从原点沿实轴到 1，再从 1 沿圆周 $|z|=1$ 到 z 的曲线作为 C.）

13. 设 C_1 与 C_2 为相交于 M,N 两点的简单闭曲线，它们所围的区域分别为 B_1 与 B_2. B_1 与 B_2 的公共部分为 B. 如果 $f(z)$ 在 B_1-B 与 B_2-B 内解析，在 C_1,C_2 上也解析，证明：$\oint_{C_1} f(z)\mathrm{d}z=\oint_{C_2} f(z)\mathrm{d}z$.

14. 设 C 为不经过 α 与 $-\alpha$ 的正向简单闭曲线，α 为不等于零的任何复数. 试就 α，$-\alpha$ 与 C 的各种不同位置，计算积分 $\oint_C \frac{z}{z^2-\alpha^2}\mathrm{d}z$ 的值.

15. 设 C_1 与 C_2 为两条互不包含也不相交的正向简单闭曲线. 证明：

$$\frac{1}{2\pi\mathrm{i}}\left(\oint_{C_1}\frac{z^2\,\mathrm{d}z}{z-z_0}+\oint_{C_2}\frac{\sin z\,\mathrm{d}z}{z-z_0}\right)=\begin{cases} z_0^2, & z_0\text{在}C_1\text{内}, \\ \sin z_0, & z_0\text{在}C_2\text{内}. \end{cases}$$

16. 设函数 $f(z)$ 在 $0<|z|<1$ 内解析，且沿任何圆周 $C:|z|=r,0<r<1$ 的积分等于零，问 $f(z)$ 是否必须在 $z=0$ 处解析？试举例说明之.

17. 设 $f(z)$ 与 $g(z)$ 在区域 D 内处处解析，C 为 D 内的任何一条简单闭曲线，它的内部全含于 D. 如果 $f(z)=g(z)$ 在 C 上所有的点处成立，试证明在 C 内所有的点处 $f(z)=g(z)$ 也成立.

18. 设区域 D 是圆环域，$f(z)$ 在 D 内解析，以圆环的中心为中心作正向圆周 K_1 与 K_2，K_2 包含 K_1，z_0 为 K_1，K_2 之间任一点，试证明式（4.5.1）仍成立，但 C 要换成 $K_1^-+K_2$.

第5章 解析函数的幂级数表示

我们在高等数学中学习级数时，已经了解了级数和数列之间有着密切的关系. 在复数范围内，级数和数列的关系与实数范围内的情况十分相似. 关于复数项级数和复变函数项级数的某些概念和定理都是实数范围内的相应内容在复数范围内的直接推广. 因此，在学习本章内容时，要结合高等数学中级数部分内容对比学习.

本章除了介绍关于复数项级数和复变函数项级数的一些基本概念与性质以外，着重介绍复变函数项级数中的幂级数和由正、负整数次幂项所组成的洛朗级数，并围绕如何将解析函数展开成幂级数或洛朗级数这一中心内容来进行. 这两类级数都是研究解析函数的重要工具，也是学习下一章“留数”的必要基础.

5.1 复数项级数

5.1.1 复数列

设 $\{\alpha_n\}(n=1,2,\cdots)$ 为一复数列，其中 $\alpha_n=a_n+\mathrm{i}b_n$. 设 $\alpha=a+\mathrm{i}b$ 为一确定的复数，如果对任意给定的 $\varepsilon>0$，总能找到一个正整数 $N\in\mathbf{N}^+$，当 $n>N$ 时，使得 $|\alpha_n-\alpha|<\varepsilon$ 成立，那么称 α 为复数列 $\{\alpha_n\}$ 当 $n\to\infty$ 时的极限，记作

$$\lim_{n\to\infty}\alpha_n=\alpha$$

此时称复数列 $\{\alpha_n\}$ 收敛，且收敛于 α；如果极限值不存在，则称复数列 $\{\alpha_n\}$ 发散.

定理 5.1 复数列 $\{\alpha_n\}(n=1,2,\cdots)$ 收敛于 $\alpha=a+\mathrm{i}b$ 的充要条件是

$$\lim_{n\to\infty}a_n=a \text{ 且 } \lim_{n\to\infty}b_n=b$$

证 如果 $\lim\limits_{n\to\infty}\alpha_n=\alpha$，那么对于任意给定的 $\varepsilon>0$，总能找到一个正数 $N\in\mathbf{N}^+$，当 $n>N$ 时，使得

$$|\alpha_n-\alpha|<\varepsilon$$

从而有

$$|a_n-a|\leqslant|(a_n-a)+\mathrm{i}(b_n-b)|=|\alpha_n-\alpha|<\varepsilon$$

所以

$$\lim_{n\to\infty}a_n=a$$

同理可证

$$\lim_{n\to\infty}b_n=b$$

反之，如果 $\lim\limits_{n\to\infty} a_n = a$ 且 $\lim\limits_{n\to\infty} b_n = b$，那么对于任意给定的 $\varepsilon > 0$，当 $n > N$ 时，

$$|a_n - a| < \frac{\varepsilon}{2}，\ |b_n - b| < \frac{\varepsilon}{2}$$

从而有

$$|\alpha_n - \alpha| = |(a_n - a) + \mathrm{i}(b_n - b)| \leqslant |a_n - a| + |b_n - b| < \varepsilon$$

所以

$$\lim_{n\to\infty} \alpha_n = \alpha$$

5.1.2　复数项级数

设 $\{\alpha_n\}(n = 1,2,\cdots)$ 为一复数列，则称表达式

$$\sum_{n=1}^{\infty} \alpha_n = \alpha_1 + \alpha_2 + \cdots + \alpha_n + \cdots \tag{5.1.1}$$

为复数项无穷级数，其最前面的 n 项之和

$$s_n = \alpha_1 + \alpha_2 + \cdots + \alpha_n$$

称为级数（5.1.1）的部分和.

如果部分和数列 $\{s_n\}$ 存在极限 s，即

$$\lim_{n\to\infty} s_n = s$$

则称复数项无穷级数（5.1.1）收敛，且收敛于 s，并称 s 为级数（5.1.1）的和. 如果部分和数列 $\{s_n\}$ 极限值不存在，即 $\{s_n\}$ 不收敛，那么称级数（5.1.1）发散.

定理 5.2　级数 $\sum\limits_{n=1}^{\infty} \alpha_n$ 收敛的充要条件是级数 $\sum\limits_{n=1}^{\infty} a_n$ 和 $\sum\limits_{n=1}^{\infty} b_n$ 都收敛.

证明　因为

$$s_n = \alpha_1 + \alpha_2 + \cdots + \alpha_n = (a_1 + a_2 + \cdots + a_n) + \mathrm{i}(b_1 + b_2 + \cdots + b_n) = A_n + \mathrm{i}\,B_n$$

其中 $A_n = a_1 + a_2 + \cdots + a_n$，$B_n = b_1 + b_2 + \cdots + b_n$ 分别为级数 $\sum\limits_{n=1}^{\infty} a_n$ 和 $\sum\limits_{n=1}^{\infty} b_n$ 的部分和数列. 由定理 5.1 知，复数数列 $\{s_n\}$ 极限值存在的充要条件是实数数列 $\{A_n\}$ 和 $\{B_n\}$ 的极限值都存在，即级数 $\sum\limits_{n=1}^{\infty} a_n$ 和 $\sum\limits_{n=1}^{\infty} b_n$ 都收敛.

定理 5.2 将复数项级数敛散性的判断问题转化为对应的实部和虚部的两个实数项级数敛散性的判断问题. 又由实数项级数 $\sum\limits_{n=1}^{\infty} a_n$ 和 $\sum\limits_{n=1}^{\infty} b_n$ 收敛的必要条件

$$\lim_{n\to\infty} a_n = 0 \text{ 和 } \lim_{n\to\infty} b_n = 0$$

可得 $\lim\limits_{n\to\infty} \alpha_n = 0$，从而推出，复数项级数 $\sum\limits_{n=1}^{\infty} a_n$ 收敛的必要条件是 $\lim\limits_{n\to\infty} \alpha_n = 0$. 从而有，若 $\lim\limits_{n\to\infty} \alpha_n \neq 0$，则级数 $\sum\limits_{n=1}^{\infty} \alpha_n$ 发散.

定理 5.3 如果级数 $\sum_{n=1}^{\infty}|\alpha_n|$ 收敛，那么 $\sum_{n=1}^{\infty}\alpha_n$ 也收敛.

证明 由于 $\sum_{n=1}^{\infty}|\alpha_n|=\sum_{n=1}^{\infty}\sqrt{a_n^{\ 2}+b_n^{\ 2}}$ 收敛，从而

$$|a_n|\leqslant\sqrt{a_n^{\ 2}+b_n^{\ 2}}=|\alpha_n|,\quad |b_n|\leqslant\sqrt{a_n^{\ 2}+b_n^{\ 2}}=|\alpha_n|$$

根据实数项正项级数敛散性的比较准则可知，实数项级数 $\sum_{n=1}^{\infty}|a_n|$ 和 $\sum_{n=1}^{\infty}|b_n|$ 都收敛，因而实数项级数 $\sum_{n=1}^{\infty}a_n$ 和 $\sum_{n=1}^{\infty}b_n$ 也都收敛. 再由定理 5.2 可知，级数 $\sum_{n=1}^{\infty}\alpha_n$ 是收敛的.

如果级数 $\sum_{n=1}^{\infty}|\alpha_n|$ 收敛，那么称级数 $\sum_{n=1}^{\infty}\alpha_n$ 为**绝对收敛**；非绝对收敛的收敛级数称为**条件收敛**.

顺便指出，由于 $|\alpha_n|=\sqrt{a_n^{\ 2}+b_n^{\ 2}}\leqslant|a_n|+|b_n|$，从而

$$\sum_{k=1}^{n}|\alpha_k|=\sum_{k=1}^{n}\sqrt{a_k^{\ 2}+b_k^{\ 2}}\leqslant\sum_{k=1}^{n}|a_k|+\sum_{k=1}^{n}|b_k|$$

所以，当级数 $\sum_{n=1}^{\infty}a_n$ 和 $\sum_{n=1}^{\infty}b_n$ 同时绝对收敛时，级数 $\sum_{n=1}^{\infty}\alpha_n$ 也绝对收敛. 由此可得，级数 $\sum_{n=1}^{\infty}\alpha_n$ 绝对收敛的充要条件是级数 $\sum_{n=1}^{\infty}a_n$ 和 $\sum_{n=1}^{\infty}b_n$ 同时绝对收敛.

另外，因为 $\sum_{n=1}^{\infty}|\alpha_n|$ 的各项都是非负的，所以它的敛散性可以用正项级数敛散性的判定法来判定.

例 1 下列数列是否收敛？如果收敛，求出其极限.

（1）$\alpha_n=\left(1+\frac{1}{n}\right)e^{i\frac{\pi}{n}}$；（2）$\alpha_n=n\cos in$.

解（1）因为 $\alpha_n=\left(1+\frac{1}{n}\right)e^{i\frac{\pi}{n}}=\left(1+\frac{1}{n}\right)\cos\frac{\pi}{n}+i\left(1+\frac{1}{n}\right)\sin\frac{\pi}{n}$，故

$$a_n=\left(1+\frac{1}{n}\right)\cos\frac{\pi}{n},\quad b_n=\left(1+\frac{1}{n}\right)\sin\frac{\pi}{n}$$

而 $\lim_{n\to\infty}a_n=1$，$\lim_{n\to\infty}b_n=0$，所以由定理 5.1 知，数列 $\{\alpha_n\}$ 收敛且有 $\lim_{n\to\infty}\alpha_n=1$.

（2）由于 $\alpha_n=n\cos in=\frac{n(e^{-n}+e^{n})}{2}$，而当 $n\to\infty$ 时 $\alpha_n\to\infty$，所以 $\{\alpha_n\}$ 发散.

例 2 下列级数是否收敛？是否绝对收敛？

（1）$\sum_{n=1}^{\infty}\frac{1}{n}\left(1+\frac{i}{n^2}\right)$；（2）$\sum_{n=1}^{\infty}\frac{(6i)^n}{n!}$；（3）$\sum_{n=1}^{\infty}\left[\frac{(-1)^n}{n}+\frac{1}{3^n}i\right]$.

解　（1）因为$\sum_{n=1}^{\infty} a_n = \sum_{n=1}^{\infty} \frac{1}{n}$发散，虽然$\sum_{n=1}^{\infty} b_n = \sum_{n=1}^{\infty} \frac{1}{n^3}$收敛，由定理 5.2 知，原级数发散.

（2）因为$\left|\frac{(6\mathrm{i})^n}{n!}\right| \leqslant \frac{6^n}{n!}$，由正项级数的比值审敛法知$\sum_{n=1}^{\infty} \frac{6^n}{n!}$收敛，由定理 5.3 知，原级数收敛，且为绝对收敛.

（3）因为$\sum_{n=1}^{\infty} \frac{(-1)^n}{n}$收敛，$\sum_{n=1}^{\infty} \frac{1}{3^n}$也收敛，故原级数收敛. 但因为$\sum_{n=1}^{\infty} \frac{(-1)^n}{n}$条件收敛，所以原级数条件收敛，非绝对收敛.

5.2　幂级数

5.2.1　幂级数及其敛散性概念

设$\{f_n(z)\}(n=1,2,\cdots)$为一复变函数列，其中它的每一项$f_n(z)$在区域D内有定义. 则称表达式

$$\sum_{n=1}^{\infty} f_n(z) = f_1(z) + f_2(z) + \cdots + f_n(z) + \cdots \tag{5.2.1}$$

为复变函数项级数，记作$\sum_{n=1}^{\infty} f_n(z)$. 它的最前面$n$项的和

$$s_n(z) = f_1(z) + f_2(z) + \cdots + f_n(z)$$

称为级数$\sum_{n=1}^{\infty} f_n(z)$的部分和.

如果对于D内的一点z_0，极限

$$\lim_{n\to\infty} s_n(z_0) = s(z_0)$$

存在，那么称复变函数项级数（5.2.1）在z_0收敛，z_0称为它的收敛点，而$s(z_0)$称为它的和. 如果级数（5.2.1）在D内处处收敛，那么它的和一定是z的一个函数$s(z)$，此时有

$$s(z) = \sum_{n=1}^{\infty} f_n(z) = f_1(z) + f_2(z) + \cdots + f_n(z) + \cdots$$

称$s(z)$为级数（5.2.1）的和函数.

特别地，当$f_n(z) = c_{n-1}(z-a)^{n-1}$或$f_n(z) = c_{n-1}z^{n-1}$时，就得到函数项级数的特殊形式：

$$\sum_{n=0}^{\infty} c_n (z-a)^n = c_0 + c_1(z-a) + c_2(z-a)^2 + \cdots + c_n(z-a)^n + \cdots \tag{5.2.2}$$

或

$$\sum_{n=0}^{\infty} c_n z^n = c_0 + c_1 z + c_2 z^2 + \cdots + c_n z^n + \cdots \tag{5.2.3}$$

这种级数称为幂函数项级数，简称幂级数.

如果令 $z-a=\xi$，那么式（5.2.2）可变换为 $\sum_{n=0}^{\infty} c_n \xi^n$，这是式（5.2.3）的形式. 为方便起见，今后我们只对式（5.2.3）进行讨论.

同高等数学中的实变量的幂函数项级数一样，复变量的幂函数项级数也有幂级数的收敛定理，即阿贝尔定理.

定理 5.4（阿贝尔（**Abel**）定理）　如果级数 $\sum_{n=0}^{\infty} c_n z^n$ 在 $z=z_0(z_0 \neq 0)$ 收敛，那么它在 $|z|<|z_0|$ 内的每一点 z 处都收敛，且绝对收敛；如果在 $z=z_0(z_0 \neq 0)$ 发散，那么它在 $|z|>|z_0|$ 外的每一点 z 处都发散.

证明　由于级数 $\sum_{n=0}^{\infty} c_n z_0^n$ 收敛，根据收敛的必要条件，有 $\lim_{n\to\infty} c_n z_0^n = 0$. 因而存在一个正数 M，使得对所有的 n，有

$$|c_n z_0^n| \leqslant M$$

如果 $|z|<|z_0|$，那么 $\left|\dfrac{z}{z_0}\right|<1$，从而存在一个正数 q 满足 $\left|\dfrac{z}{z_0}\right| \leqslant q<1$，使得

$$|c_n z^n| = |c_n z_0^n| \cdot \left|\frac{z^n}{z_0^n}\right| \leqslant M \cdot \left|\frac{z}{z_0}\right|^n \leqslant Mq^n$$

由于 $\sum_{n=0}^{\infty} Mq^n$ 为公比 q 小于1的等比级数，它收敛. 从而根据正项级数的比较审敛法知 $\sum_{n=0}^{\infty} |c_n z^n|$ 收敛，故级数 $\sum_{n=0}^{\infty} c_n z^n$ 是绝对收敛的.

另一部分可以使用反证法加以证明，请读者试着证明.

1. **收敛圆与收敛半径**

利用阿贝尔定理，我们就可以确定幂级数 $\sum_{n=0}^{\infty} c_n z^n$ 的收敛范围. 幂级数 $\sum_{n=0}^{\infty} c_n z^n$ 的收敛情况不外乎有下述三种：

（1）对所有的 $z_0(\neq 0)$ 都是收敛的，则根据阿贝尔定理可知级数在复平面内处处收敛且绝对收敛.

（2）对所有的 z_0，除 $z_0=0$ 外都是发散的，则级数在复平面内除原点 $z_0=0$ 外处处发散.

（3）既存在使级数收敛的 $z_0(\neq 0)$，也存在使级数发散的 $z_0(\neq 0)$. 设 $z_0=\alpha$ 时级数收敛，$z_0=\beta$ 时级数发散，那么在以原点 O 为中心、α 到原点的距离为半径的圆周 C_α 内级数绝对收敛；在以原点为中心、β 到原点的距离为半径的圆周 C_β 外级数发散. 显然，由阿贝尔定理知 $|\alpha|<|\beta|$. 若不然，级数将在 α 处发散. 现在，我们设想当有比 α 离原点更远的收敛点 α'，则对应的圆周 $C_{\alpha'}$ 会越来越大；当有比 β 离原点更近的发散点 β'，则对应的圆周 $C_{\beta'}$ 会越来越小. 则圆周 $C_{\alpha'}$ 与 $C_{\beta'}$ 必定逐渐接近一个以原点为中心、R 为半径的圆周 C_R. 在 C_R 的内部级数都收敛且绝对收敛，在 C_R 的外部级数发散. 这个分界圆周 C_R 称为幂级数的收敛圆

（见图 5.1）. 在收敛圆的内部，级数绝对收敛；在收敛圆的外部，级数发散. 收敛圆的半径 R 称为幂级数的收敛半径. 所以幂级数（5.2.3）的收敛范围是以原点为中心的圆域. 对幂级数（5.2.2）来说，它的收敛范围是以 $z=\alpha$ 为中心的圆域. 在收敛圆的圆周上可能既有幂级数的收敛点，也有它的发散点，这需要针对具体级数进行具体分析.

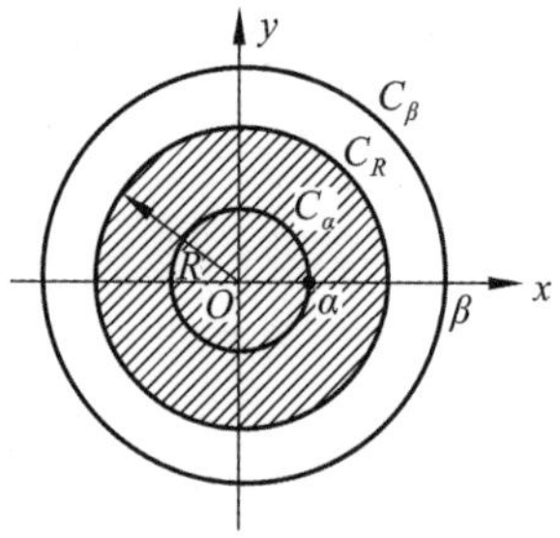

图 5.1

例 1 求幂级数

$$\sum_{n=0}^{\infty} z^n = 1+z+z^2+\cdots+z^n+\cdots$$

的收敛范围与和函数.

解 级数的部分和为

$$s_n = 1+z+z^2+\cdots+z^{n-1} = \frac{1-z^n}{1-z} \quad (z\neq 1)$$

当 $|z|<1$ 时，由于 $\lim\limits_{n\to\infty} z^n = 0$，从而有 $\lim\limits_{n\to\infty} s_n = \dfrac{1}{1-z}$，即当 $|z|<1$ 时，级数 $\sum\limits_{n=0}^{\infty} z^n$ 收敛，其和函数为 $\dfrac{1}{1-z}$；当 $|z|\geqslant 1$ 时，由于 $\lim\limits_{n\to\infty} z^n \neq 0$，级数 $\sum\limits_{n=0}^{\infty} z^n$ 发散. 由阿贝尔定理知，级数的收敛范围为一单位圆域 $|z|<1$，在此圆域内，级数不仅收敛，而且绝对收敛. 收敛半径为 1，并有

$$\frac{1}{1-z} = 1+z+z^2+\cdots+z^n+\cdots$$

2. 收敛半径的求法

关于幂级数收敛半径的求法，有如下定理.

定理 5.5（比值法） 如果 $\lim\limits_{n\to\infty}\left|\dfrac{c_{n+1}}{c_n}\right| = \lambda \neq 0$，那么收敛半径 $R=\dfrac{1}{\lambda}$.

证明 由于级数 $\sum\limits_{n=0}^{\infty} c_n z^n$ 在收敛圆内是绝对收敛的，即在收敛圆内 $\sum\limits_{n=0}^{\infty} |c_n z^n|$ 收敛.

又

$$\lim_{n\to\infty}\frac{|c_{n+1}z^{n+1}|}{|c_n z^n|} = \lim_{n\to\infty}\left|\frac{c_{n+1}}{c_n}\right|\cdot|z| = \lambda|z|,$$

故由正项级数敛散性的比值判别法知，当 $\lambda|z|<1$ 即 $|z|<\dfrac{1}{\lambda}$ 时，级数 $\sum\limits_{n=0}^{\infty}|c_n z^n|$ 收敛. 根据定理 5.3 知，级数 $\sum\limits_{n=0}^{\infty} c_n z^n$ 在圆 $|z|=\dfrac{1}{\lambda}$ 内收敛，且绝对收敛.

而当 $|z|>\dfrac{1}{\lambda}$ 时，级数 $\sum\limits_{n=0}^{\infty} c_n z^n$ 发散. 若不然，假设在圆 $|z|=\dfrac{1}{\lambda}$ 外有一点 z_0，使得级数 $\sum\limits_{n=0}^{\infty} c_n z^n$ 在 z_0 点收敛，则可以再取一点 z_1，使 $\dfrac{1}{\lambda}<|z_1|<|z_0|$，那么根据阿贝尔定理知，级数 $\sum\limits_{n=0}^{\infty} c_n z^n$ 在 z_1 点收敛，这与 $|z_1|>\dfrac{1}{\lambda}$ 时级数 $\sum\limits_{n=0}^{\infty} c_n z_1^n$ 发散相矛盾. 从而，在圆 $|z|=\dfrac{1}{\lambda}$ 外有一点 z_0，使得级数

$\sum_{n=0}^{\infty}c_n z^n$ 在 z_0 点收敛，这个假设不成立．因而当 $|z|>\dfrac{1}{\lambda}$ 时，级数 $\sum_{n=0}^{\infty}c_n z^n$ 发散，即级数 $\sum_{n=0}^{\infty}c_n z^n$ 在圆 $|z|=\dfrac{1}{\lambda}$ 外发散．

以上的结果表明，级数 $\sum_{n=0}^{\infty}c_n z^n$ 的收敛半径 $R=\dfrac{1}{\lambda}$．

值得注意的是，定理中的极限是假定存在且不为零．如果 $\lambda=0$，那么对任何 z，级数 $\sum_{n=0}^{\infty}|c_n z^n|$ 收敛，从而级数 $\sum_{n=0}^{\infty}c_n z^n$ 在复平面内处处收敛，即 $R=\infty$；如果 $\lambda=+\infty$，那么复平面内除 $z=0$ 以外的一切 z 点处级数 $\sum_{n=0}^{\infty}|c_n z^n|$ 都不收敛，因此 $\sum_{n=0}^{\infty}c_n z^n$ 也不能收敛，即 $R=0$．

定理 5.6（根值法） 如果 $\lim\limits_{n\to\infty}\sqrt[n]{|c_n|}=\lambda\neq 0$，那么收敛半径 $R=\dfrac{1}{\lambda}$．

证明从略．

例 2 求下列幂级数的收敛半径：

（1）$\sum_{n=1}^{\infty}\dfrac{z^n}{n^2}$（并讨论在收敛圆周上的情况）；

（2）$\sum_{n=1}^{\infty}\dfrac{(z-1)^n}{n}$（并讨论在 $z=0,2$ 时的情况）；

（3）$\sum_{n=1}^{\infty}\cos inz^n$．

解 （1）因为

$$\lim_{n\to\infty}\left|\frac{c_{n+1}}{c_n}\right|=\lim_{n\to\infty}\left(\frac{n}{n+1}\right)^2=1$$

或

$$\lim_{n\to\infty}\sqrt[n]{|c_n|}=\lim_{n\to\infty}\sqrt[n]{\frac{1}{n^2}}=\lim_{n\to\infty}\frac{1}{\sqrt[n]{n^2}}=1$$

所以收敛半径 $R=\dfrac{1}{\lambda}=1$，从而原级数在圆 $|z|=1$ 内收敛，在圆外发散．在圆周 $|z|=1$ 上，级数 $\sum_{n=1}^{\infty}\left|\dfrac{z^n}{n^2}\right|=\sum_{n=1}^{\infty}\dfrac{1}{n^2}$ 是收敛的，因为此时级数是一个 $p=2>1$ 的 $p-$级数．故原级数在收敛圆 $|z|\leqslant 1$ 内是处处收敛的．

（2）因为

$$\lim_{n\to\infty}\left|\frac{c_{n+1}}{c_n}\right|=\lim_{n\to\infty}\left(\frac{n}{n+1}\right)=1$$

所以

$$R=\frac{1}{\lambda}=1.$$

用根值审敛法也能得到同样结果．

所以，原级数在收敛圆 $|z-1|=1$ 内收敛. 在圆周 $|z-1|=1$ 上，当 $z=0$ 时，原级数成为 $\sum_{n=1}^{\infty}\frac{(-1)^n}{n}$，它是交错级数，根据莱布尼兹判别法知级数收敛；当 $z=2$ 时，原级数成为 $\sum_{n=1}^{\infty}\frac{1}{n}$，它是调和级数，是发散的. 这个例子表明，在收敛圆周上既有级数的收敛点，也有级数的发散点.

（3）因为 $c_n=\cos \mathrm{i}n=\frac{\mathrm{e}^n+\mathrm{e}^{-n}}{2}$，所以

$$\lim_{n\to\infty}\left|\frac{c_{n+1}}{c_n}\right|=\lim_{n\to\infty}\frac{\mathrm{e}^{n+1}+\mathrm{e}^{-(n+1)}}{\mathrm{e}^n+\mathrm{e}^{-n}}=\mathrm{e}$$

故收敛半径 $R=\frac{1}{\lambda}=\frac{1}{\mathrm{e}}$.

5.2.2 幂级数的运算和性质

像实变幂级数一样，复变幂级数也能进行有理运算. 具体来说，设

$$f(z)=\sum_{n=0}^{\infty}a_nz^n\ ,\quad R=r_1\ ;\quad g(z)=\sum_{n=0}^{\infty}b_nz^n\ ,\quad R=r_2$$

那么，在以原点为中心、r_1,r_2 中较小的一个为半径的圆内，这两个幂级数同时收敛，它们也可以像多项式那样进行相加、相减、相乘，所得到的幂级数的和函数分别就是 $f(z)$ 与 $g(z)$ 的和、差与积. 在具体的各种情形中，所得到的幂级数的收敛半径大于或等于 r_1 与 r_2 中较小的一个. 也就是说，

$$f(z)\pm g(z)=\sum_{n=0}^{\infty}a_nz^n\pm\sum_{n=0}^{\infty}b_nz^n=\sum_{n=0}^{\infty}(a_n\pm b_n)z^n\ （|z|<R）$$

$$f(z)\cdot g(z)=\left(\sum_{n=0}^{\infty}a_nz^n\right)\cdot\left(\sum_{n=0}^{\infty}b_nz^n\right)=\sum_{n=0}^{\infty}(a_nb_0+a_{n-1}b_1+a_{n-2}b_2+\cdots+a_0b_n)z^n\ （|z|<R）$$

这里 $R=\min\{r_1,r_2\}$.

下面举例说明两个幂级数经过运算所得到的幂级数的收敛半径确实可以大于 r_1 与 r_2 中较小的一个.

例 3 设 $\sum_{n=0}^{\infty}z^n$ 与 $\sum_{n=0}^{\infty}\frac{1}{1+a^n}z^n(0<a<1)$，求 $\sum_{n=0}^{\infty}z^n-\sum_{n=0}^{\infty}\frac{1}{1+a^n}z^n=\sum_{n=0}^{\infty}\frac{a^n}{1+a^n}z^n$ 的收敛半径.

解 利用比值法或根植法容易验证，$\sum_{n=0}^{\infty}z^n$ 与 $\sum_{n=0}^{\infty}\frac{1}{1+a^n}z^n$ 的收敛半径都等于 1. 但级数 $\sum_{n=0}^{\infty}\frac{a^n}{1+a^n}z^n$ 的收敛半径是

$$R=\lim_{n\to\infty}\left|\frac{c_n}{c_{n+1}}\right|=\lim_{n\to\infty}\frac{a^n(1+a^{n+1})}{(1+a^n)a^{n+1}}=\frac{1}{a}>1$$

这就是说，级数$\sum_{n=0}^{\infty}\frac{a^n}{1+a^n}z^n$的收敛半径大于$\sum_{n=0}^{\infty}z^n$与$\sum_{n=0}^{\infty}\frac{1}{1+a^n}z^n$的收敛半径，即级数$\sum_{n=0}^{\infty}\frac{a^n}{1+a^n}z^n$的收敛圆域$|z|<R$大于$\sum_{n=0}^{\infty}z^n$与$\sum_{n=0}^{\infty}\frac{1}{1+a^n}z^n$的公共收敛圆域$|z|<1$，但应注意，使等式

$$\sum_{n=0}^{\infty}z^n-\sum_{n=0}^{\infty}\frac{1}{1+a^n}z^n=\sum_{n=0}^{\infty}\frac{a^n}{1+a^n}z^n$$

成立的收敛圆域仍应为它们的公共收敛区域$|z|<1$，不能扩大.

更为重要的是代换（复合）运算：如果当$|z|<r$时，$f(z)=\sum_{n=0}^{\infty}a_nz^n$，且在$|z|<R$内$g(z)$解析满足$|g(z)|<r$，那么当$|z|<R$时，$f(g(z))=\sum_{n=0}^{\infty}a_ng^n(z)$. 这个代换运算，在把函数展开成幂级数时，有着广泛应用.

例 4 把函数$f(z)=\frac{1}{z-b}$表示成形如$\sum_{n=0}^{\infty}c_n(z-a)^n$的幂级数，其中$a$与$b$是不相等的复常数.

解 函数$f(z)=\frac{1}{z-b}$可以写成如下形式：

$$f(z)=\frac{1}{z-b}=\frac{1}{(z-a)-(b-a)}=-\frac{1}{b-a}\cdot\frac{1}{1-\frac{z-a}{b-a}}$$

由例 1 可知，当$\left|\frac{z-a}{b-a}\right|<1$时，有

$$\frac{1}{1-\frac{z-a}{b-a}}=1+\left(\frac{z-a}{b-a}\right)+\left(\frac{z-a}{b-a}\right)^2+\cdots+\left(\frac{z-a}{b-a}\right)^n+\cdots$$

从而得

$$\frac{1}{z-b}=-\frac{1}{b-a}\cdot\frac{1}{1-\frac{z-a}{b-a}}=-\frac{1}{b-a}-\frac{1}{(b-a)^2}(z-a)-\cdots-\frac{1}{(b-a)^{n+1}}(z-a)^n-\cdots$$

设$|b-a|=R$，则当$|z-a|<R$时，上式右端的级数收敛，且其和为$\frac{1}{z-b}$. 又当$z=b$时，上式右端的级数发散，故由阿贝尔定理知，当$|z-a|>|b-a|=R$时，级数发散，故上式右端的级数的收敛半径为$R=|b-a|$.

仔细观察本题的解题过程，不难看出：首先要把函数变形，使其分母中出现$z-a$，因为要展开成$z-a$的幂级数；其次再把它按照展开式为已知函数$\frac{1}{1-z}$的形式写成$\frac{1}{1-g(z)}$，其中$g(z)$满足对应的条件$|g(z)|<1$；最后把展开式中的z换成$g(z)$，于是便可得到所给函数的幂级数展开式.

以后，把函数展开成幂级数时，常用例 4 的方法.

与实变幂级数类似，当复变幂级数 $\sum_{n=0}^{\infty}c_n(z-a)^n$ 在收敛圆 $|z-a|=R$ 内收敛时，不妨设它收敛于函数 $f(z)$. 于是，我们有如下定理.

定理 5.7 （1）幂级数

$$f(z)=\sum_{n=0}^{\infty}c_n(z-a)^n \tag{5.2.4}$$

的和函数 $f(z)$ 在其收敛圆 $K:|z-a|=R\ (0<R\leqslant+\infty)$ 内解析.

（2）在 K 内，幂级数（5.2.4）可以逐项求导至任意阶，即

$$\begin{aligned}f^{(p)}(z)=&p!c_p+(p+1)p(p-1)\cdots 2c_{p+1}(z-a)+\cdots+\\&n(n-1)\cdots(n-p+1)c_n(z-a)^{n-p}+\cdots\ (p=1,2,\cdots)\end{aligned} \tag{5.2.5}$$

式（5.2.4）与式（5.2.5）有相同的收敛半径，且 $c_p=\dfrac{f^{(p)}(a)}{p!}\ (p=1,2,\cdots)$.

（3）$f(z)$ 在收敛圆 K 内连续，所以可积，可以逐项积分，即

$$\int_C f(z)\mathrm{d}z=\sum_{n=0}^{\infty}c_n\int_C(z-a)^n\,\mathrm{d}z\ (\text{其中}C\text{为圆域}|z-a|<R\text{内的有向曲线})$$

或

$$\int_a^z f(z)\mathrm{d}z=\sum_{n=0}^{\infty}c_n\int_a^z(z-a)^n\,\mathrm{d}z=\sum_{n=0}^{\infty}c_n\frac{1}{n+1}(z-a)^{n+1} \tag{5.2.6}$$

5.3 解析函数的泰勒展开式

5.3.1 泰勒定理

在前一节中，我们已经知道一个幂级数的和函数在它的收敛圆域内是一个解析函数. 现在我们来研究相反的问题，即区域内的任何一个解析函数是否都能用一个幂级数来表示呢？这个问题不但具有理论意义，而且很有实用价值.

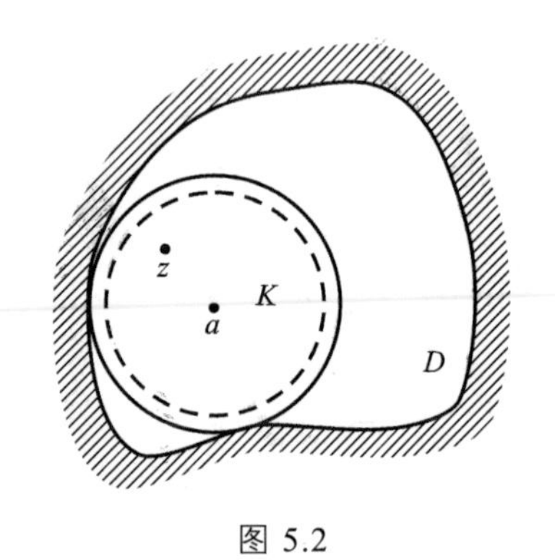

图 5.2

设函数 $f(z)$ 在区域 D 内解析，a 为 D 内的一个点，作以 a 为中心的任何一个圆周 $K:|\xi-a|$，使 K 及其内部全含于 D 内. 又设 z 为 K 内任一点（见图 5.2）. 于是，根据柯西积分公式有

$$f(z)=\frac{1}{2\pi\mathrm{i}}\oint_K\frac{f(\xi)}{\xi-z}\mathrm{d}\xi \tag{5.3.1}$$

其中 K 取正方向. 由于积分变量 ξ 取在圆周 K 上，点 z 在 K 的内部，所以 $\left|\dfrac{z-a}{\xi-a}\right|<1$. 根据 5.2 节中的例 4，有

$$\frac{1}{\xi-z}=\frac{1}{(\xi-a)-(z-a)}=\frac{1}{\xi-a}\cdot\frac{1}{1-\dfrac{z-a}{\xi-a}}$$

$$=\frac{1}{\xi-a}\left[1+\left(\frac{z-a}{\xi-a}\right)+\left(\frac{z-a}{\xi-a}\right)^2+\cdots+\left(\frac{z-a}{\xi-a}\right)^n+\cdots\right]$$

$$=\sum_{n=0}^{\infty}\frac{1}{(\xi-a)^{n+1}}(z-a)^n$$

代入式（5.3.1），并把它写成

$$f(z)=\sum_{n=0}^{N}\left[\frac{1}{2\pi\mathrm{i}}\oint_K\frac{f(\xi)}{(\xi-a)^{n+1}}\mathrm{d}\,\xi\right](z-a)^n+\frac{1}{2\pi\mathrm{i}}\oint_K\sum_{n=N}^{\infty}\frac{f(\xi)}{(\xi-a)^{n+1}}(z-a)^n\,\mathrm{d}\,\xi$$

由解析函数的高阶导数公式知，上式又可写成

$$f(z)=\sum_{n=0}^{N}\frac{f^{(n)}(a)}{n!}(z-a)^n+R_N(z) \tag{5.3.2}$$

其中

$$R_N(z)=\frac{1}{2\pi\mathrm{i}}\oint_K\sum_{n=N}^{\infty}\frac{f(\xi)}{(\xi-a)^{n+1}}(z-a)^n\,\mathrm{d}\,\xi \tag{5.3.3}$$

我们能够证明 $\lim\limits_{N\to\infty}R_N(z)=0$ 在 K 内成立．那么再由式（5.3.2）可得

$$f(z)=\sum_{n=0}^{\infty}\frac{f^{(n)}(a)}{n!}(z-a)^n \tag{5.3.4}$$

在 K 内成立，即 $f(z)$ 在 K 内可以用幂级数来表示．为此，令

$$\left|\frac{z-a}{\xi-a}\right|=\frac{|z-a|}{r}=q$$

显然，q 是与积分变量 ξ 无关的量，并且 $0\leqslant q<1$．由于 K 在 D 的内部，而 $f(z)$ 在 D 内解析，从而在 K 上连续，所以 $f(\xi)$ 在 K 上也连续，从而在 K 上有界，即存在一个正常数 M，使得在 K 上 $|f(\xi)|\leqslant M$．由式（5.3.3），有

$$|R_N(z)|=\left|\frac{1}{2\pi\mathrm{i}}\oint_K\sum_{n=N}^{\infty}\frac{f(\xi)}{(\xi-a)^{n+1}}(z-a)^n\,\mathrm{d}\,\xi\right|$$

$$\leqslant\frac{1}{2\pi}\oint_K\left|\sum_{n=N}^{\infty}\frac{f(\xi)}{(\xi-a)^{n+1}}(z-a)^n\right|\mathrm{d}\,s$$

$$\leqslant\frac{1}{2\pi}\oint_K\sum_{n=N}^{\infty}\frac{|f(\xi)|}{|\xi-a|}\cdot\left|\frac{z-a}{\xi-a}\right|^n\mathrm{d}\,s$$

$$\leqslant\frac{1}{2\pi}\oint_K\sum_{n=N}^{\infty}\frac{M}{r}\cdot q^n\,\mathrm{d}\,s=\frac{1}{2\pi}\cdot\sum_{n=N}^{\infty}\frac{M}{r}q^n\cdot 2\pi r=\frac{Mq^N}{1-q}$$

因为 $\lim_{N\to\infty} q^N = 0$，所以 $\lim_{N\to\infty} R_N(z) = 0$ 在 K 内成立，从而式（5.3.4）在 K 内成立. 这个公式称为 $f(z)$ 在 a 点的**泰勒展开式**，它右端的级数称为 $f(z)$ 在 a 点的**泰勒级数**，与实变函数的情形具有完全一样的形式.

圆周 K 的半径可以任意增大，只要 K 仍然在 D 的内部. 所以，如果 a 到 D 的边界上各点的最短距离为 d，那么 $f(z)$ 在 a 点的泰勒展开式（5.3.4）在圆域 $|z-a|<d$ 内仍然成立. 但这时对 $f(z)$ 在 a 点的泰勒级数来说，它的收敛半径 R 至少等于 d，因为凡满足 $|z-a|<d$ 的 z 必能使式（5.3.4）成立，即 $R \geqslant d$.

从以上的讨论，我们得到下面的定理.

定理 5.8（泰勒定理） 设 $f(z)$ 在区域 D 内解析，a 为 D 内的一点，a 到 D 的边界上各点的最短距离为 d，那么当 $|z-a|<d$ 时，有

$$f(z) = \sum_{n=0}^{\infty} c_n (z-a)^n$$

成立，其中 $c_n = \dfrac{f^{(n)}(a)}{n!} (n = 0,1,2,\cdots)$.

应当指出，如果 $f(z)$ 在 a 点解析，那么使 $f(z)$ 在 a 点的泰勒展开式成立的圆域的半径 R 就等于 $f(z)$ 的距 a 最近的一个奇点 z_0 到 a 点的距离，即 $R = |a - z_0|$. 这是因为 $f(z)$ 在收敛圆内解析，故奇点 z_0 不可能在收敛圆内. 又因为奇点 z_0 不可能在收敛圆外，不然收敛半径还可以扩大，所以奇点 z_0 只能在收敛圆周上.

利用泰勒级数可以把函数展开成幂级数. 但这样的展开式是否唯一呢？

设 $f(z)$ 在 a 点已经用另外的方法展开为幂级数：

$$f(z) = b_0 + b_1(z-a) + b_2(z-a)^2 + \cdots + b_n(z-a)^n + \cdots$$

则

$$f(a) = b_0$$

由幂级数的性质定理可得

$$f'(z) = b_1 + 2b_2(z-a) + \cdots + nb_n(z-a)^{n-1} + \cdots$$

于是

$$f'(a) = b_1$$

同理可得

$$b_n = \frac{f^{(n)}(a)}{n!}.$$

由此可见，任何解析函数 $f(z)$ 在解析区域内的 a 点展开成幂级数的结果就是泰勒级数，因而是唯一的.

5.3.2 一些初等函数的泰勒展开式

根据泰勒定理，我们可以利用泰勒展开式，通过直接计算系数

$$c_n = \frac{f^{(n)}(a)}{n!} (n = 0,1,2,\cdots),$$

把函数 $f(z)$ 在 a 点展开成幂级数. 下面我们把一些最简单的初等函数在 $a=0$ 点展开成幂级数.

例 1 求 e^z 在 $a=0$ 点的泰勒展开式.

解 由于

$$\left(e^z\right)^{(n)}=e^z,\quad \left(e^z\right)^{(n)}\Big|_{z=0}=e^z\Big|_{z=0}=1$$

于是

$$c_n=\frac{f^{(n)}(a)}{n!}=\frac{1}{n!}(n=0,1,2,\cdots)$$

故

$$e^z=1+\frac{z}{1!}+\frac{z^2}{2!}+\cdots+\frac{z^n}{n!}+\cdots \tag{5.3.5}$$

因为 e^z 在复平面内处处解析，所以这个等式在复平面内处处成立，并且右端幂级数的收敛半径等于 ∞.

同样地，我们也可以求得 $\sin z$ 与 $\cos z$ 在 $a=0$ 的泰勒展开式：

$$\sin z=z-\frac{z^3}{3!}+\frac{z^5}{5!}+\cdots+(-1)^n\frac{z^{2n+1}}{(2n+1)!}+\cdots \tag{5.3.6}$$

$$\cos z=1-\frac{z^2}{2!}+\frac{z^4}{4!}+\cdots+(-1)^n\frac{z^{2n}}{(2n)!}+\cdots \tag{5.3.7}$$

因为 $\sin z$ 与 $\cos z$ 在复平面内处处解析，所以这些等式在复平面内处处成立.

上述求函数在 $a=0$ 的泰勒展开式是直接计算出函数的各阶导数后套用泰勒展开式中系数的计算公式而得到的. 这种方法称为直接法. 我们也可以借助一些已知函数的展开式，再利用幂级数的运算性质和分析性质，以及泰勒展开式的唯一性为依据来求出一个函数的泰勒展开式. 这种方法称为间接法. 例如，$\sin z$ 在 $a=0$ 的泰勒展开式也可用间接法求得

$$\sin z=\frac{e^{iz}-e^{-iz}}{2i}=\frac{1}{2i}\left[\sum_{n=0}^{\infty}\frac{(iz)^n}{n!}-\sum_{n=0}^{\infty}\frac{(-iz)^n}{n!}\right]$$

$$=z-\frac{z^3}{3!}+\frac{z^5}{5!}+\cdots=\sum_{n=0}^{\infty}(-1)^n\frac{z^{2n+1}}{(2n+1)!}$$

例 2 把函数 $\dfrac{1}{(1+z)^2}$ 展开成 z 的幂级数.

解 由于函数 $\dfrac{1}{(1+z)^2}$ 在 $z=-1$ 不解析，在单位圆 $|z|=1$ 内处处解析，所以它在 $|z|<1$ 内可展开成 z 的幂级数. 根据 5.2 节中的例 1，把其中的 z 换成 $-z$ 可得

$$\frac{1}{1+z}=\frac{1}{1-(-z)}=1-z+z^2-\cdots+(-1)^n z^n+\cdots\ (|z|<1) \tag{5.3.8}$$

对式（5.3.8）两边逐项求导，即得所求的展开式

$$\frac{1}{(1+z)^2}=1-2z+3z^2+\cdots+n(-1)^{n-1}z^{n-1}+\cdots\ (|z|<1)$$

例 3 求对数函数 $\mathrm{Ln}(1+z)$ 的主值分支 $\ln(1+z)$ 在 $a=0$ 处的泰勒展开式.

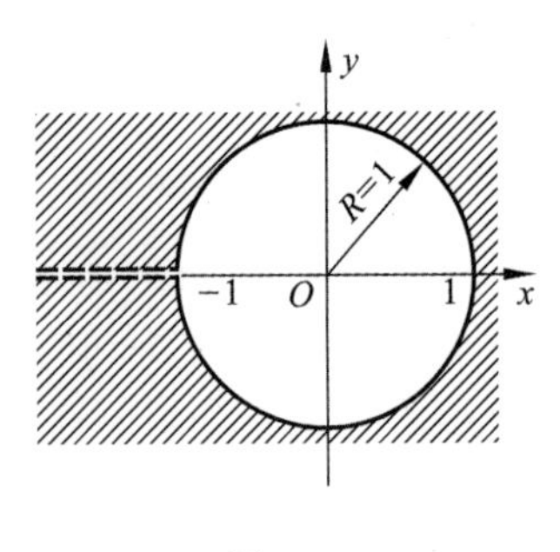

图 5.3

解 我们知道函数 $\ln(1+z)$ 在从 -1 向左沿负实轴剪开的复平面（见图 5.3）内处处解析，而 -1 是它的一个奇点，所以它在 $|z|<1$ 内处处解析，可以展开成 z 的幂级数.

又因为 $(\ln(1+z))'=\dfrac{1}{1+z}$，而例 2 中已经知道 $\dfrac{1}{1+z}$ 的展开式，再在此展开式成立的收敛圆 $|z|<1$ 内，任取一条从 0 到 z 的积分路线 C，对式（5.3.8）的两端沿 C 逐项积分，可得

$$\int_0^z \frac{1}{1+z}\mathrm{d}z=\int_0^z 1\,\mathrm{d}z-\int_0^z z\,\mathrm{d}z+\int_0^z z^2\,\mathrm{d}z-\cdots+(-1)^n\int_0^z z^n\,\mathrm{d}z+\cdots$$

即

$$\ln(1+z)=z-\frac{z^2}{2}+\frac{z^3}{3}+\cdots+(-1)^n\frac{z^{n+1}}{n+1}+\cdots\quad(|z|<1) \tag{5.3.9}$$

此泰勒展开式即为所求.

最后，我们再举一个二项式展开的例子.

例 4 求幂函数 $(1+z)^\alpha$（α 为复常数）的主值分支

$$f(z)=(1+z)^\alpha=\mathrm{e}^{\alpha\ln(1+z)},\quad f(0)=1$$

在 $z_0=0$ 处的泰勒展开式.

显然，函数 $f(z)$ 在从 -1 向左沿负实轴剪开的复平面内处处解析，因此可以展开成 z 的幂级数.

解法 1 用待定系数法展开. 由

$$f'(z)=\alpha(1+z)^{\alpha-1}=\alpha(1+z)^\alpha\cdot\frac{1}{1+z}$$

可知，$f(z)$ 满足微分方程

$$(1+z)f'(z)=\alpha f(z)$$

设

$$f(z)=c_0+c_1z+c_2z^2+\cdots+c_nz^n+\cdots$$

将它代入上述微分方程，可得

$$(1+z)(c_1+2c_2z+\cdots+nc_nz^{n-1}+\cdots)=\alpha(c_0+c_1z+c_2z^2+\cdots+c_nz^n+\cdots)$$

比较上式两端同次幂项的系数，并注意 $c_0=f(0)=1$，得

$$c_1=\alpha c_0\Rightarrow c_1=\alpha,$$

$$c_1+2c_2=\alpha c_1\Rightarrow c_2=\frac{\alpha(\alpha-1)}{1\cdot 2},$$

$$2c_2+3c_3=\alpha c_2\Rightarrow c_3=\frac{\alpha(\alpha-1)(\alpha-2)}{1\cdot 2\cdot 3},$$

$$\vdots$$

$$(n-1)c_{n-1}+nc_n=\alpha c_{n-1}\Rightarrow c_n=\frac{\alpha(\alpha-1)\cdots(\alpha-n+1)}{1\cdot2\cdot3\cdots n}$$

$$\vdots$$

所以，所求的展开式为

$$(1+z)^{\alpha}=1+\alpha z+\frac{\alpha(\alpha-1)}{2!}z^2+\cdots+\frac{\alpha(\alpha-1)\cdots(\alpha-n+1)}{n!}z^n+\cdots\ (|z|<1) \tag{5.3.10}$$

解法 2　直接用 $f(z)=(1+z)^{\alpha}$ 计算出泰勒展开式的系数. 对 z 求导，得

$$f'(z)=\alpha(1+z)^{\alpha-1},$$

继续求导，得

$$f''(z)=\alpha(\alpha-1)(1+z)^{(\alpha-2)}$$

$$f'''(z)=\alpha(\alpha-1)(\alpha-2)(1+z)^{(\alpha-3)}$$

$$\vdots$$

$$f^{(n)}(z)=\alpha(\alpha-1)\cdots(\alpha-n+1)(1+z)^{(\alpha-n)}$$

令 $z=0$，得

$$f(0)=1, f'(0)=\alpha, f''(0)=\alpha(\alpha-1),\cdots, f^{(n)}(0)=\alpha(\alpha-1)\cdots(\alpha-n+1)$$

于是可得所求的展开式（5.3.10）.

总之，把一个解析的复变函数展开成幂级数的方法与实变函数的情形基本一样. 我们必须通过练习，掌握展开的基本方法和技巧.

最后，根据 5.2 节的定理与本节的定理知，幂级数 $\sum_{n=0}^{\infty}c_n(z-a)^n$ 在收敛圆 $|z-a|<R$ 内的和函数是解析函数；反过来，在圆域 $|z-a|<R$ 内的解析函数 $f(z)$ 必能在 a 点展开成幂级数 $\sum_{n=0}^{\infty}c_n(z-a)^n$. 所以，$f(z)$ 在 a 点解析与 $f(z)$ 在 a 点的邻域内可以展开成幂级数 $\sum_{n=0}^{\infty}c_n(z-a)^n$ 是两种等价的说法.

习题 5

1. 判断下列级数的敛散性.

（1）$\sum_{n=1}^{\infty}\frac{\mathrm{i}^n}{n}$；　（2）$\sum_{n=1}^{\infty}\frac{(3+4\mathrm{i})^n}{n!}$；　（3）$\sum_{n=1}^{\infty}\left(\frac{3+4\mathrm{i}}{3}\right)^n$.

2. 试确定下列幂级数的收敛半径.

（1）$\sum_{n=1}^{\infty}\frac{z^n}{n}$；　（2）$\sum_{n=1}^{\infty}\frac{nz^n}{2^n}$；　（3）$\sum_{n=1}^{\infty}n^nz^n$.

3．如果 $\lim\limits_{n\to\infty}\left|\dfrac{c_{n+1}}{c_n}\right|$ 存在 $(\neq\infty)$，试证下列三个幂级数有相同的收敛半径：

（1）$\sum\limits_{n=1}^{\infty}c_n z^n$（原级数）；

（2）$\sum\limits_{n=1}^{\infty}nc_n z^{n-1}$（原级数逐项求导后所得级数）；

（3）$\sum\limits_{n=1}^{\infty}\dfrac{c_n}{n+1}z^{n+1}$（原级数逐项积分后所得级数）．

4．设 $\sum\limits_{n=0}^{\infty}c_n z^n$ 的收敛半径为 $R(0<R<+\infty)$，并且在收敛圆周上的一点绝对收敛．试证这个级数对于所有的点 $z:|z|\leqslant R$ 为绝对收敛．

5．将下列函数展开成 z 的幂级数，并指出展开式成立的范围：

（1）$\dfrac{1}{az+b}$（a, b 为复常数，且 $b\neq 0$）；

（2）$\int_0^z e^{z^2}dz$；

（3）$\int_0^z \dfrac{\sin z}{z}dz$；

（4）$\dfrac{1}{(1-z)^2}$；

（5）$\sin^2 z$．

6．写出 $e^z\ln(1+z)$ 的幂级数展开式到含 z^5 项为止，其中 $\ln(1+z)\big|_{z=0}=0$．

7．将下列函数展开成 $(z-1)$ 的幂级数，并指明其收敛的范围：

（1）$\sin z$；

（2）$\dfrac{z-1}{z+1}$；

（3）$\dfrac{z}{z^2-2z+5}$；

（4）$e^{\frac{1}{z}}$．

第 6 章 解析函数的洛朗展式及孤立奇点

前一章已经介绍过，在以 z_0 为中心的圆域内解析的函数 $f(z)$ 可以用幂级数（泰勒级数）来表示. 如果 $f(z)$ 在 z_0 点不解析，那么在 z_0 点的圆域内就不能用关于 $(z-z_0)$ 的幂级数来表示. 但是在实际问题中却经常遇到这种情况. 因此，在本章中，我们将讨论在以 z_0 为中心的圆环域内的解析函数的级数表示法，并以此为工具去研究解析函数在孤立奇点邻域内的性质，为定义留数和计算留数奠定必要的基础.

6.1 解析函数的洛朗展式

6.1.1 双边幂级数及其敛散性

考虑两个级数

$$c_0+c_1(z-z_0)+c_2(z-z_0)^2+\cdots+c_n(z-z_0)^n+\cdots \tag{6.1.1}$$

$$\frac{c_{-1}}{z-z_0}+\frac{c_{-2}}{(z-z_0)^2}+\cdots+\frac{c_{-n}}{(z-z_0)^n}+\cdots \tag{6.1.2}$$

其中，z_0 及 $c_n(n=0,\pm1,\pm2,\pm3,\cdots)$ 都是常数. 级数（6.1.1）是一般的幂级数，故它在收敛圆 $|z-z_0|=R_2(0<R_2\leqslant+\infty)$ 内收敛于一个解析函数 $f_1(z)$. 对级数（6.1.2）作代换，设 $\xi=\dfrac{1}{z-z_0}$，则级数（6.1.2）变成

$$c_{-1}\xi+c_{-2}\xi^2+\cdots+c_{-n}\xi^n+\cdots \tag{6.1.3}$$

设级数（6.1.3）的收敛区域为 $|\xi|<\dfrac{1}{R_1}(0<\dfrac{1}{R_1}\leqslant+\infty)$，换回原来的变量 z，则 z 满足条件 $R_1<|z-z_0|(0\leqslant R_1<+\infty)$ 时，级数（6.1.2）收敛于 $f_2(z)$.

当且仅当 $R_1<R_2$ 时，级数（6.1.1）与（6.1.2）有公共的收敛区域 $R_1<|z-z_0|<R_2$（见图 6.1（a））. 这时，称级数（6.1.1）与（6.1.2）之和为**双边幂级数**，级数（6.1.1）称为双边幂级数的**正幂部分**（非负整数次幂部分），级数（6.1.2）称为双边幂级数的**负幂部分**（负整数次幂部分）. 双边幂级数可表示为

$$\sum_{n=-\infty}^{+\infty}c_n(z-a)^n=\cdots+\frac{c_{-n}}{(z-a)^n}+\cdots+\frac{c_{-1}}{z-a}+c_0+\cdots+c_n(z-a)^n+\cdots \tag{6.1.4}$$

当级数（6.1.1）与（6.1.2）同时收敛时，称双边幂级数（6.1.4）收敛；当级数（6.1.1）与（6.1.2）不同时收敛时，称双边幂级数（6.1.4）发散. 由此可知，双边幂级数（6.1.4）在区域 $R_1<|z-z_0|<R_2$ 内收敛，在此区域外发散，圆周 $|z-z_0|=R_1$ 和 $|z-z_0|=R_2$ 上可能有收敛

点，也可能有发散点.

而当 $R_1 \geqslant R_2$ 时，级数（6.1.1）与（6.1.2）没有公共的收敛区域（见图 6.1（b）），此时双边幂级数（6.1.4）发散.

图 6.1

例 1 讨论下列双边幂级数的敛散性：

$$\sum_{n=1}^{\infty}\frac{a^n}{z^n}+\sum_{n=0}^{\infty}\frac{z^n}{b^n}\ （a 与 b 为复常数）$$

解 对于 $\sum_{n=1}^{\infty}\frac{a^n}{z^n}=\sum_{n=1}^{\infty}\left(\frac{a}{z}\right)^n$，当 $\left|\frac{a}{z}\right|<1$，即 $|z|>|a|$ 时，它收敛；对于 $\sum_{n=0}^{\infty}\frac{z^n}{b^n}=\sum_{n=0}^{\infty}\left(\frac{z}{b}\right)^n$，当 $\left|\frac{z}{b}\right|<1$，即 $|z|<|b|$ 时，它收敛. 所以仅当 $|a|<|b|$ 时，前后两部分的级数有公共的收敛区域，此时它们才能同时收敛，即在 $|a|<|z|<|b|$ 内，原级数收敛；而当 $|a|>|b|$ 时，前后两部分的级数没有公共的收敛区域，故原级数发散.

幂级数在收敛圆域内具有很多的性质，类似地，双边幂级数（6.1.4）在其收敛的圆环域内也具有类似的性质. 例如，在其收敛的圆环域内，其和函数也具有相应的连续性、可微性、可积性以及解析性，从而它的和函数在其收敛的圆环域内连续、解析，也可以逐项积分和逐项求导.

6.1.2 解析函数的洛朗展式

反过来，在圆环域内解析的函数是否一定能用级数来表示它，即在圆环域内的解析函数是否一定能展开成级数？先看看下面的例子.

已知函数 $f(z)=\frac{1}{z(z-1)}$ 在 $z=0$ 及 $z=1$ 点都不解析，但它在这两个点的去心圆环域 $0<|z|<1$ 及 $0<|z-1|<1$ 内都是处处解析的.

首先，在 $0<|z|<1$ 内，有

$$f(z)=\frac{1}{z(1-z)}=\frac{1}{z}+\frac{1}{1-z}$$

由 5.2 节例 1 知，当 $|z|<1$ 时，有

$$\frac{1}{1-z}=1+z+z^2+\cdots+z^n+\cdots$$

所以

$$f(z)=\frac{1}{z(1-z)}=z^{-1}+1+z+z^2+\cdots+z^n+\cdots$$

由此可知，$f(z)=\dfrac{1}{z(1-z)}$在$0<|z|<1$内是可以展成级数的.

其次，在$0<|z-1|<1$内，有

$$f(z)=\frac{1}{z(1-z)}=\frac{1}{1+(z-1)}+\frac{1}{1-z}$$

由 5.3 节例 2 知，当$|z-1|<1$时，有

$$\frac{1}{1+(z-1)}=1-(z-1)+(z-1)^2-\cdots+(-1)^n(z-1)^n+\cdots$$

所以

$$f(z)=\frac{1}{z(1-z)}=-(z-1)^{-1}+1-(z-1)+\cdots+(-1)^n(z-1)^n+\cdots$$

由上述讨论可知，函数$f(z)=\dfrac{1}{z(1-z)}$在圆环域$0<|z|<1$及$0<|z-1|<1$内都是可以展成级数的，只是这个级数里含有负幂部分的项而已. 由此可以推想，在圆环域$R_1<|z-z_0|<R_2$内解析的函数$f(z)$都可以展成（6.1.4）形式的级数. 事实确实如此，具体有如下定理.

定理 6.1（洛朗定理） 设$f(z)$在圆环域$R_1<|z-z_0|<R_2$内处处解析，那么

$$f(z)=\sum_{n=-\infty}^{\infty}c_n(z-z_0)^n\ \ (n=0,\pm1,\pm2,\cdots) \tag{6.1.5}$$

其中，$c_n=\dfrac{1}{2\pi \mathrm{i}}\oint_C\dfrac{f(\xi)}{(\xi-z_0)^{n+1}}\mathrm{d}\xi$. 这里的$C$为在圆环域内绕$z_0$的任何一条正向简单闭曲线.

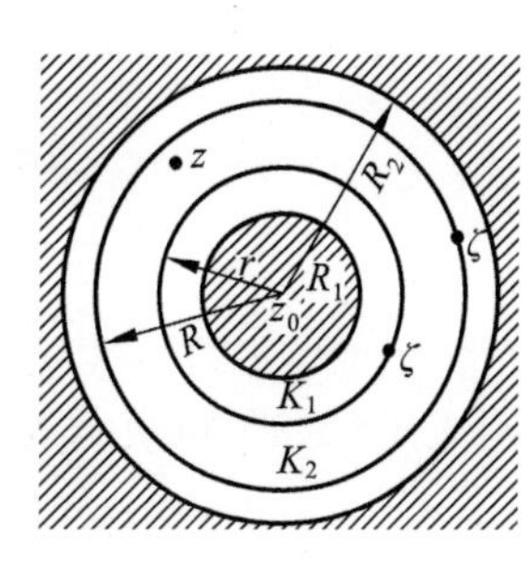

图 6.2

证明 设z为圆环域内的任意一点，在圆环域内作以z_0为中心的正向圆周K_1与K_2，K_2的半径R大于K_1的半径r，且使z在K_1与K_2之间（见图 6.2）. 于是，由柯西积分公式得

$$\begin{aligned}f(z)&=\frac{1}{2\pi \mathrm{i}}\oint_{K_2}\frac{f(\xi)}{\xi-z}\mathrm{d}\xi+\frac{1}{2\pi \mathrm{i}}\oint_{K_1^-}\frac{f(\xi)}{\xi-z}\mathrm{d}\xi\\&=\frac{1}{2\pi \mathrm{i}}\oint_{K_2}\frac{f(\xi)}{\xi-z}\mathrm{d}\xi-\frac{1}{2\pi \mathrm{i}}\oint_{K_1}\frac{f(\xi)}{\xi-z}\mathrm{d}\xi\end{aligned} \tag{6.1.6}$$

对于式（6.1.6）最右端的第一个积分来说，积分变量ξ在圆周K_2上取，点z在K_2的内部，所以$\left|\dfrac{z-z_0}{\xi-z_0}\right|<1$. 又由于$f(\xi)$在$K_2$上连续，则存在一个正常数$M>0$，使得$|f(\xi)|\leqslant M$成

立. 与 5.3 节中的泰勒展开式的证明一样，可以推导得出

$$\frac{1}{2\pi \mathrm{i}}\oint_{K_2}\frac{f(\xi)}{\xi-z}\mathrm{d}\xi=\sum_{n=0}^{\infty}\left[\frac{1}{2\pi \mathrm{i}}\oint_{K_2}\frac{f(\xi)}{(\xi-z_0)^{n+1}}\mathrm{d}\xi\right](z-z_0)^n \tag{6.1.7}$$

当 $f(z)$ 在 K_2 围成的区域内解析时，$\frac{1}{2\pi \mathrm{i}}\oint_{K_2}\frac{f(\xi)}{(\xi-z_0)^{n+1}}\mathrm{d}\xi=\frac{f^{(n)}(z_0)}{n!}$，这是泰勒定理对应的特殊情形；而此时，$f(z)$ 在 K_2 围成的区域内并不一定处处解析（圆周 K_1 内部不一定解析），所以 $\frac{1}{2\pi \mathrm{i}}\oint_{K_2}\frac{f(\xi)}{(\xi-z_0)^{n+1}}\mathrm{d}\xi$ 不能用 $\frac{f^{(n)}(z_0)}{n!}$ 来表示.

记
$$c_n=\frac{1}{2\pi \mathrm{i}}\oint_{K_2}\frac{f(\xi)}{(\xi-z_0)^{n+1}}\mathrm{d}\xi \quad (n=0,1,2,\cdots)$$

则由式（6.1.7）可表示为

$$\frac{1}{2\pi \mathrm{i}}\oint_{K_2}\frac{f(\xi)}{\xi-z}\mathrm{d}\xi=\sum_{n=0}^{\infty}c_n(z-z_0)^n \tag{6.1.8}$$

对于式（6.1.7）最右端的第二个积分来说，积分变量 ξ 在圆周 K_1 上取，点 z 在 K_1 的外部，所以 $\left|\frac{\xi-z_0}{z-z_0}\right|<1$. 因此有

$$\frac{1}{\xi-z}=-\frac{1}{z-z_0}\cdot\frac{1}{1-\frac{\xi-z_0}{z-z_0}}=-\sum_{n=1}^{\infty}\frac{(\xi-z_0)^{n-1}}{(z-z_0)^n}$$
$$=-\sum_{n=1}^{\infty}\frac{1}{(\xi-z_0)^{-n+1}}(z-z_0)^{-n}$$

所以

$$-\frac{1}{2\pi \mathrm{i}}\oint_{K_1}\frac{f(\xi)}{\xi-z}\mathrm{d}\xi=\sum_{n=1}^{\infty}\left[\frac{1}{2\pi \mathrm{i}}\oint_{K_1}\frac{f(\xi)}{(\xi-z_0)^{-n+1}}\mathrm{d}\xi\right](z-z_0)^{-n} \tag{6.1.9}$$

记
$$c_{-n}=\frac{1}{2\pi \mathrm{i}}\oint_{K_1}\frac{f(\xi)}{(\xi-z_0)^{-n+1}}\mathrm{d}\xi \quad (n=1,2,3,\cdots)$$

则式（6.1.8）可表示为

$$\frac{1}{2\pi \mathrm{i}}\oint_{K_2}\frac{f(\xi)}{\xi-z}\mathrm{d}\xi=\sum_{n=1}^{\infty}c_{-n}(z-z_0)^{-n} \tag{6.1.10}$$

综上，根据式（6.1.6）、式（6.1.8）和式（6.1.10）容易得到

$$f(z)=\sum_{n=1}^{\infty}c_{-n}(z-z_0)^{-n}+\sum_{n=0}^{\infty}c_n(z-z_0)^n=\sum_{n=-\infty}^{\infty}c_n(z-z_0)^n$$

其中，上式中两部分的系数 c_{-n}，c_n 是由不同的公式计算得出的. 如果在圆环域内取绕 z_0 的任何一条正向简单的闭曲线 C，如图 6.3 所示，那么根据复合闭路定理知，计算系数 c_{-n}，c_n

的两个式子可以用一个式子来表示：

$$c_n = \frac{1}{2\pi \mathrm{i}} \oint_C \frac{f(\xi)}{(\xi - z_0)^{n+1}} \mathrm{d}\xi \ (n = 0, \pm 1, \pm 2, \cdots) \tag{6.1.11}$$

式（6.1.5）称为函数 $f(z)$ 在以 z_0 为中心的圆环域 $R_1 < |z - z_0| < R_2$ 内的**洛朗（Laurent）展式**，它右端的级数称为 $f(z)$ 在此圆环域内的**洛朗级数**. 级数中的正幂（非负整数次幂）部分和负幂（负整数次幂）部分称为洛朗级数的解析部分和主要部分. 在许多实际应用中，我们常常需要把在 z_0 不解析，但在 z_0 的去心邻域内解析的函数 $f(z)$ 展成级数，洛朗级数就是经常被应用的级数.

一个在某一圆环域内解析的函数展开为含有正、负幂项的级数是唯一的，这个级数就是 $f(z)$ 的洛朗级数.

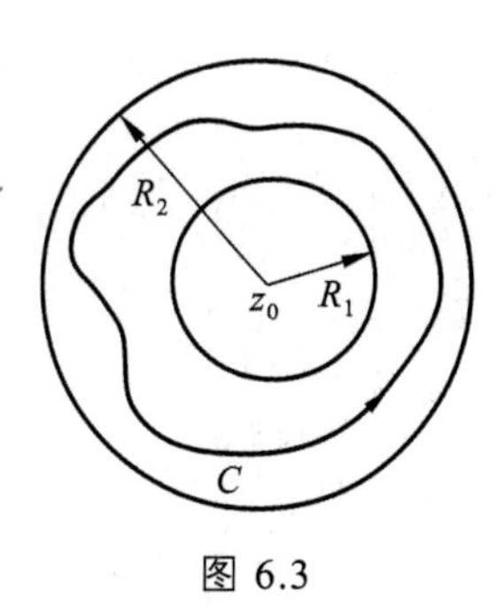

图 6.3

6.1.3　洛朗级数与泰勒级数之间的关系

定理 6.1 给出了把在圆环域内解析的函数 $f(z)$ 展成洛朗级数的理论依据及一般公式的方法. 但是，这个方法在运用公式（6.1.11）计算系数 c_n 的时候，往往是比较麻烦的. 例如，把函数 $f(z) = \frac{\mathrm{e}^z}{z^2}$ 在以 0 为中心的圆环域内展成洛朗级数，如果用公式法计算系数 c_n，就有

$$c_n = \frac{1}{2\pi \mathrm{i}} \oint_C \frac{\mathrm{e}^{\xi}}{\xi^{n+3}} \mathrm{d}\xi$$

其中，C 为圆环域内的一条包含 0 在内的任意一条简单闭曲线（类似于图 6.3 中的 C）.

当 $n+3 \leqslant 0$，即 $n \leqslant -3$ 时，被积函数 $\mathrm{e}^{\xi} \xi^{-(n+3)}$ 在 C 围成的区域内解析，故由柯西-古萨基本定理知，系数 $c_n = 0$，即 $c_{-3} = 0$，$c_{-4} = 0$，$\cdots$. 当 $n+3 > 0$，即$n \geqslant -2$ 时，由高阶导数公式知

$$c_n = \frac{1}{2\pi \mathrm{i}} \oint_C \frac{\mathrm{e}^{\xi}}{\xi^{n+3}} \mathrm{d}\xi = \frac{1}{(n+2)!} \left(\mathrm{e}^{\xi}\right)^{(n+2)} \bigg|_{\xi=0} = \frac{1}{(n+2)!}$$

故有

$$\frac{\mathrm{e}^z}{z^2} = \sum_{n=-2}^{\infty} \frac{z^n}{(n+2)!} = \frac{1}{z^2} + \frac{1}{z} + \frac{1}{2!} + \frac{1}{3!} z + \frac{1}{4!} z^2 + \cdots$$

一般地，当函数 $f(z)$ 在曲线 C 围成的区域（见图 6.2）内解析时，函数 $f(z)$ 的洛朗展式右侧的洛朗级数的系数为

$$c_n = \frac{1}{2\pi \mathrm{i}} \oint_C \frac{f(\xi)}{(\xi - z_0)^{n+1}} \mathrm{d}\xi = \frac{1}{2\pi \mathrm{i}} \oint_C f(\xi)(\xi - z_0)^{-(n+1)} \mathrm{d}\xi$$

由柯西-古萨基本定理知，当 $n \leqslant -1$，即 $-(n+1) \geqslant 0$ 时，上面计算系数 c_n 的式子中的积分等于 0，从而 $c_n = 0 (n = -1, -2, -3, \cdots)$. 故函数 $f(z)$ 在圆环域 $R_1 < |z - z_0| < R_2$ 内的洛朗展式为

$$f(z) = \sum_{n=0}^{\infty} c_n (z - z_0)^n \ \ (n = 0, 1, 2, 3, \cdots)$$

由此易知，此时的洛朗展式是特殊的泰勒展开式，洛朗展式右侧的洛朗级数是特殊的

泰勒级数.

由于在圆环域 $R_1<|z-z_0|<R_2$ 内解析的函数 $f(z)$ 的洛朗展式是唯一的，并且当 $f(z)$ 在圆域 $|z-z_0|<R_2$ 内解析时，函数 $f(z)$ 在此圆域内的泰勒展开式存在，即 $f(z)$ 在圆域 $|z-z_0|<R_2$ 内的泰勒展开式就是特殊情形下的洛朗展式. 所以，我们可以把第 5 章的相关结论作为公式，使用代数运算、代换、求导、积分等方法来求 $f(z)$ 在相应的圆环域内的洛朗展式. 因此，以后在求函数 $f(z)$ 的洛朗展式时，我们不再用公式（6.1.11）去求系数 c_n，而是像求函数的泰勒展开式那样用间接的方法去求.

例 2　函数 $f(z)=\dfrac{1}{(z-1)(z-2)}$ 在以下圆环域（见图 6.4）处处解析：

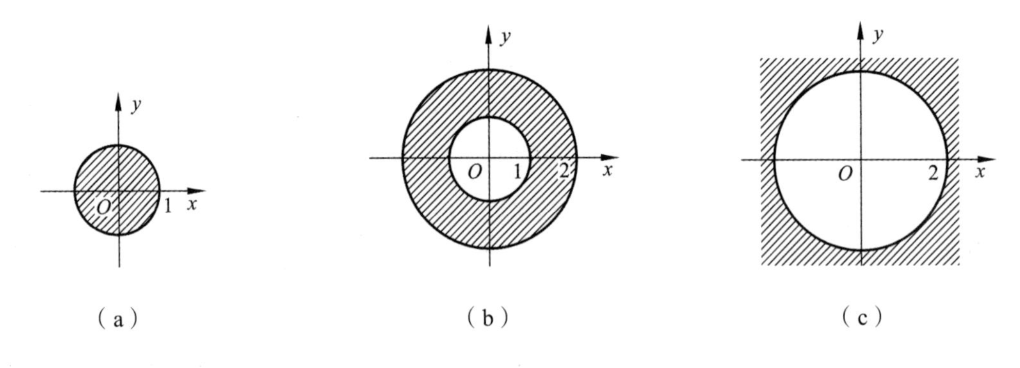

图 6.4

（1）$0<|z|<1$；

（2）$1<|z|<2$；

（3）$2<|z|<+\infty$.

试把 $f(z)$ 在这些区域内展开成洛朗级数.

解　$f(z)$ 可以裂项表示为

$$f(z)=\frac{1}{1-z}-\frac{1}{2-z}$$

（1）在 $0<|z|<1$ 内（见图 6.4（a）），由于 $|z|<1$，从而 $\left|\dfrac{z}{2}\right|<1$，所以（利用 5.2 节例 1 的结果）可得

$$\frac{1}{1-z}=1+z+z^2+\cdots+z^n+\cdots \qquad (6.1.12)$$

$$\frac{1}{2-z}=\frac{1}{2}\cdot\frac{1}{1-\frac{z}{2}}=\frac{1}{2}\left(1+\frac{z}{2}+\frac{z}{2^2}^{2}+\cdots+\frac{z^n}{2^n}+\cdots\right) \qquad (6.1.13)$$

因此，有

$$f(z)=(1+z+z^2+\cdots+z^n+\cdots)-\frac{1}{2}\left(1+\frac{z}{2}+\frac{z^2}{2^2}+\cdots+\frac{z^n}{2^n}+\cdots\right)$$

$$=\frac{1}{2}+\frac{3}{4}z+\frac{7}{8}z^2+\cdots$$

此结果不含负幂项，这是因为 $f(z)$ 在点 $z=0$ 是解析的.

（2）在 $1<|z|<2$ 内（见图 6.4（b）），易知 $\left|\frac{1}{z}\right|<1$，$\left|\frac{z}{2}\right|<1$，所以（利用 5.2 节例 1 的结果）可得

$$\frac{1}{1-z}=-\frac{1}{z}\cdot\frac{1}{1-\frac{1}{z}}=-\frac{1}{z}\left(1+\frac{1}{z}+\frac{1}{z^2}+\cdots+\frac{1}{z^n}+\cdots\right) \tag{6.1.14}$$

因此，由式（6.1.13）与（6.1.14）可得

$$\begin{aligned}f(z)&=-\frac{1}{z}\left(1+\frac{1}{z}+\frac{1}{z^2}+\cdots+\frac{1}{z^n}+\cdots\right)-\frac{1}{2}\left(1+\frac{z}{2}+\frac{z^2}{2^2}+\cdots+\frac{z^n}{2^n}+\cdots\right)\\&=\cdots-\frac{1}{z^n}-\frac{1}{z^{n-1}}-\cdots-\frac{1}{z}-\frac{1}{2}-\frac{z}{4}-\frac{z^2}{8}-\cdots\end{aligned}$$

（3）在 $2<|z|<+\infty$ 内（见图 6.4（c）），易知 $\left|\frac{2}{z}\right|<1$，从而 $\left|\frac{1}{z}\right|<1$，所以（利用 5.2 节例 1 的结果）可得

$$\frac{1}{2-z}=-\frac{1}{z}\cdot\frac{1}{1-\frac{2}{z}}=-\frac{1}{z}\left(1+\frac{2}{z}+\frac{2^2}{z^2}+\cdots+\frac{2^n}{z^n}+\cdots\right) \tag{6.1.15}$$

因此，由式（6.1.14）与（6.1.15）可得

$$\begin{aligned}f(z)&=-\frac{1}{z}\left(1+\frac{1}{z}+\frac{1}{z^2}+\cdots+\frac{1}{z^n}+\cdots\right)+\frac{1}{z}\left(1+\frac{2}{z}+\frac{2^2}{z^2}+\cdots+\frac{2^n}{z^n}+\cdots\right)\\&=\frac{1}{z^2}+\frac{3}{z^3}+\frac{7}{z^4}+\cdots\end{aligned}$$

例 3　在区域 $0<|z|<+\infty$ 内将函数 $f(z)=\frac{e^z}{z^3}$ 展成洛朗级数.

解　因为函数 $f(z)=\frac{e^z}{z^3}$ 在区域 $0<|z|<+\infty$ 内处处解析，且函数 e^z 在复平面内处处解析，则有复平面内的泰勒展开式：

$$e^z=1+z+\frac{z^2}{2!}+\frac{z^3}{3!}+\cdots+\frac{z^n}{n!}+\cdots$$

而 $\frac{1}{z^3}$ 在区域 $0<|z|<+\infty$ 内解析，所以有 $f(z)=\frac{e^z}{z^3}$ 在区域 $0<|z|<+\infty$ 内的洛朗级数展式：

$$\begin{aligned}f(z)&=\frac{e^z}{z^3}=\frac{1}{z^3}\left(1+z+\frac{z^2}{2!}+\frac{z^3}{3!}+\cdots+\frac{z^n}{n!}+\cdots\right)\\&=\frac{1}{z^3}+\frac{1}{z^2}+\frac{1}{2!}\cdot\frac{1}{z}+\frac{1}{3!}+\frac{z}{4!}\cdots+\frac{z^{n-3}}{n!}+\cdots\end{aligned}$$

由以上两个例子的结论可以看到，一个函数 $f(z)$ 在 z_0 点不解析，在以 z_0 为中心的圆环

域 $R_1<|z-z_0|<R_2$ 内解析，它在此圆环域内的洛朗级数展开式可能含有 $z-z_0$ 的负幂项，而且 z_0 又是这些项的奇点；也有可能不含有 $z-z_0$ 的负幂项. 但是，函数 $f(z)$ 在以 z_0 为中心的圆环域 $R_1<|z-z_0|<R_2$ 内解析，它在此圆环域内的洛朗级数展开式含有负幂项，z_0 是这些项的奇点时，z_0 可能是函数 $f(z)$ 的奇点，也可能不是 $f(z)$ 的奇点. 例 1 的（2）、（3）表明，虽然圆环域的中心 $z_0=0$ 是洛朗级数各负幂项的奇点，但不是函数 $f(z)$ 的奇点；例 2 则表明圆环域的中心 $z_0=0$ 是函数 $f(z)$ 的奇点.

还应注意，给定了复平面内的一点 z_0 与函数 $f(z)$ 以后，由于这个函数可以在以 z_0 为中心的（由奇点在其上的曲线为界分隔开的）不同圆环域内解析，所以在各个不同的圆环域中有不同的洛朗展开式（包括作为它的特例的泰勒展开式）. 我们不要把这种情形与洛朗展开式的唯一性相混淆. 所谓洛朗展开式的唯一性，是指函数在某一个给定的圆环域内的洛朗展开式是唯一的. 另外，在展开式的收敛圆环域的内圆周和外圆周上可能都有 $f(z)$ 的奇点，或者外圆周的半径为无穷大. 例如函数

$$f(z)=\frac{1-2\mathrm{i}}{z(z+\mathrm{i})}$$

在复平面内有两个奇点：$z=0$ 与 $z=-\mathrm{i}$，分别在以 i 为中心的圆周：$|z-\mathrm{i}|=1$ 与 $|z-\mathrm{i}|=2$ 上（见图 6.5）. 因此，$f(z)$ 在以 i 为中心的圆环域内的展开式有 3 个：

（1）在 $|z-\mathrm{i}|<1$ 中的泰勒展开式；

（2）在 $1<|z-\mathrm{i}|<2$ 中的洛朗展开式；

（3）在 $2<|z-\mathrm{i}|<+\infty$ 中的洛朗展开式.

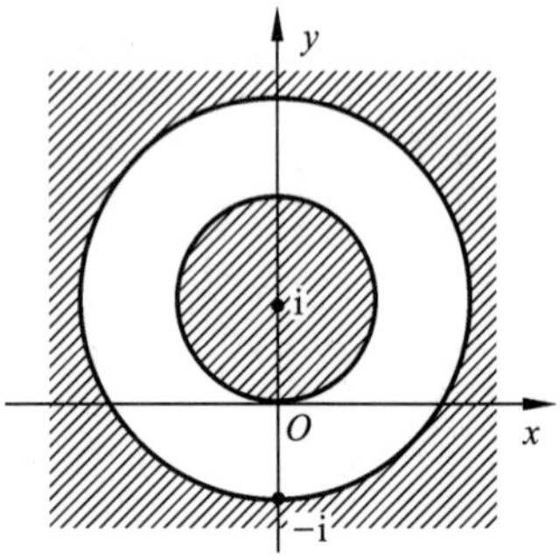

图 6.5

在式（6.1.11）中，令 $n=-1$，则有

$$c_{-1}=\frac{1}{2\pi\mathrm{i}}\oint_C f(z)\,\mathrm{d}z \text{ 或 } \oint_C f(z)\,\mathrm{d}z=2\pi\mathrm{i}c_{-1} \tag{6.1.16}$$

其中 C 为圆环域 $R_1<|z-z_0|<R_2$ 内的任何一条简单闭曲线，$f(z)$ 在此圆环域内解析.

式（6.1.11）变形后的式（6.1.16）可以用于计算沿封闭路线的积分，它起到了承前启后的作用，为下一章学习用留数计算积分奠定了基础.

由式（6.1.16）可以看出，计算复变函数沿着闭曲线的积分可以转化为计算被积函数的洛朗展式中负一次幂的系数 c_{-1}.

例 4 求下列积分的值：

（1）$\displaystyle\oint_{|z|=3}\frac{1}{z(z+1)(z+4)}\mathrm{d}z$；（2）$\displaystyle\oint_{|z|=2}\frac{z\mathrm{e}^{\frac{1}{z}}}{1-z}\mathrm{d}z$.

解 （1）设被积函数为 $f(z)=\dfrac{1}{z(z+1)(z+4)}$，则它在圆环域 $1<|z|<4$ 内处处解析，且曲线 $|z|=3$ 在此圆环域内. 我们先求 $f(z)$ 在此圆环域内的洛朗展式，再利用式（6.1.12）求积分.

$$f(z)=\frac{1}{4z}-\frac{1}{3(z+1)}+\frac{1}{12(z+4)}=\frac{1}{4z}-\frac{1}{3z}\cdot\frac{1}{1+\dfrac{1}{z}}+\frac{1}{48}\cdot\frac{1}{1+\dfrac{z}{4}}$$

$$=\frac{1}{4z}-\frac{1}{3z}\sum_{n=0}^{\infty}(-1)^n\frac{1}{z^n}+\frac{1}{48}\sum_{n=0}^{\infty}(-1)^n\frac{z^n}{4^n}$$

$$=\frac{1}{4z}-\frac{1}{3z}+\frac{1}{3z^2}+\cdots+\frac{1}{48}\left(1-\frac{z}{4}+\frac{z^2}{16}-\cdots\right)$$

由此可知，$c_{-1}=\frac{1}{4}-\frac{1}{3}=-\frac{1}{12}$，从而

$$\oint_{|z|=3}\frac{1}{z(z+1)(z+4)}\mathrm{d}z=2\pi\mathrm{i}\cdot\left(-\frac{1}{12}\right)=-\frac{\pi\mathrm{i}}{6}$$

（2）设被积函数为 $f(z)=\frac{z\mathrm{e}^{\frac{1}{z}}}{1-z}$，则它在圆环域 $1<|z|<+\infty$ 内处处解析，且曲线 $|z|=2$ 在此圆环域内. $f(z)$ 在此圆环域内的洛朗展式为

$$f(z)=-\frac{\mathrm{e}^{\frac{1}{z}}}{1-\frac{1}{z}}=-\left(1+\frac{1}{z}+\frac{1}{z^2}+\cdots\right)\left(1+\frac{1}{z}+\frac{1}{2!z^2}+\cdots\right)$$

$$=-\left(1+\frac{2}{z}+\frac{5}{2z^2}+\cdots\right)$$

可知 $c_{-1}=-2$，从而

$$\oint_{|z|=2}\frac{z\mathrm{e}^{\frac{1}{z}}}{1-z}\mathrm{d}z=2\pi\mathrm{i}c_{-1}=-4\pi\mathrm{i}$$

6.2 解析函数的孤立奇点

6.2.1 孤立奇点的分类

在 3.1 节中曾定义函数 $f(z)$ 的不解析点为奇点. 虽然 z_0 是函数 $f(z)$ 的不解析点，但 $f(z)$ 在 z_0 的去心邻域 $0<|z-z_0|<R$ 内处处解析，则 z_0 称为函数 $f(z)$ 的孤立奇点. 例如，$z=0$ 是函数 $\mathrm{e}^{\frac{1}{z}}$，$\frac{1}{z}$ 的孤立奇点. 但是，解析函数除了孤立奇点外，还有非孤立奇点. 例如，函数 $f(z)=\frac{1}{\sin\frac{1}{z}}$ 除了 $z_0=0$ 是它的奇点外，$\frac{1}{z}=n\pi$，即 $z=\frac{1}{n\pi}$ $(n=\pm1,\pm2,\pm3,\cdots)$ 也是它的奇点，且当 $|n|$ 趋于无穷大时，$z=\frac{1}{n\pi}$ 趋于 0. 换句话说，在 $z_0=0$ 的任意小的去心邻域内总含有 $f(z)$ 的其他奇点，所以 $z_0=0$ 不是 $f(z)$ 的孤立奇点.

根据洛朗定理可知，当 z_0 是函数 $f(z)$ 的孤立奇点时，我们可以在 z_0 的去心邻域 $0<|z-z_0|<R$ 内把 $f(z)$ 展开成洛朗级数. 下面根据洛朗展式右侧的洛朗级数的不同情况对孤立奇点进行分类.

1. **可去奇点**

如果在函数 $f(z)$ 的洛朗展式中，洛朗级数不含负幂项，那么孤立奇点 z_0 称为函数 $f(z)$ 的可去奇点. 这时，$f(z)$ 在 z_0 的去心邻域内的洛朗级数实际上就是一个普通的幂级数：

$$c_0+c_1(z-z_0)+c_2(z-z_0)^2+\cdots+c_n(z-z_0)^n+\cdots$$

因此，这个幂级数的和函数 $F(z)$ 在 z_0 解析，且当 $z\neq z_0$ 时，$F(z)=f(z)$；当 $z=z_0$ 时，$F(z_0)=c_0$. 由于

$$\lim_{z\to z_0}f(z)=\lim_{z\to z_0}F(z)=F(z_0)=c_0$$

所以，不论 $f(z)$ 在 z_0 原来是否有定义，如果对 $f(z)$ 补充定义，令 $f(z_0)=c_0$，那么在圆域 $|z-z_0|<\delta$ 内，有

$$f(z)=c_0+c_1(z-z_0)+c_2(z-z_0)^2+\cdots+c_n(z-z_0)^n+\cdots$$

从而函数 $f(z)$ 在 z_0 就成为解析的了. 由于可以通过补充定义的方法，把此种类型的孤立奇点变成解析点，所以 z_0 称为可去奇点.

例如，$z=0$ 是函数 $\dfrac{\sin z}{z}$ 的可去奇点. 因为函数 $\dfrac{\sin z}{z}$ 在 $z=0$ 的去心邻域内的洛朗级数

$$\frac{\sin z}{z}=\frac{1}{z}\left(z-\frac{1}{3!}z^3+\frac{1}{5!}z^5-\cdots\right)=1-\frac{1}{3!}z^2+\frac{1}{5!}z^4-\cdots$$

不含负幂项. 如果我们对 $\dfrac{\sin z}{z}$ 进行补充定义，令 $\left.\dfrac{\sin z}{z}\right|_{z=0}=1$（即 c_0），那么 $\dfrac{\sin z}{z}$ 在 $z=0$ 就成为解析的了.

2. **极点**

如果在函数 $f(z)$ 的洛朗展式中，洛朗级数只含有有限多个负幂项，且其中关于 $(z-z_0)^{-1}$ 的最高次幂为 $(z-z_0)^{-m}$，即

$$f(z)=c_{-m}(z-z_0)^{-m}+\cdots+c_{-1}(z-z_0)^{-1}+c_0+c_1(z-z_0)+\cdots$$

其中 $m\geqslant 1$，$c_{-m}\neq 0$，那么孤立奇点 z_0 称为函数 $f(z)$ 的 m 阶（级）极点.

上式也可以写成

$$f(z)=\frac{1}{(z-z_0)^m}\cdot\varphi(z) \tag{6.2.1}$$

其中 $\varphi(z)=c_{-m}+c_{-m+1}(z-z_0)+\cdots+c_{-1}(z-z_0)^{m-1}+c_0(z-z_0)^m+c_1(z-z_0)^{m+1}+\cdots$ 在 z_0 的邻域 $|z-z_0|<\delta$ 内解析，且 $\varphi(z_0)=c_{-m}\neq 0$. 反过来，当任何一个函数 $f(z)$ 能表示成式（6.2.1）的形式，且 $\varphi(z_0)\neq 0$，那么 z_0 是函数 $f(z)$ 的 m 阶（级）极点. 由此给出以下判断孤立奇点 z_0 是函数 $f(z)$ 的 m 阶极点的定理.

定理 6.2 孤立奇点 z_0 是函数 $f(z)$ 的 m 阶极点的充要条件为

$$f(z)=\frac{1}{(z-z_0)^m}\cdot\varphi(z)$$

$\varphi(z)$ 在 $|z-z_0|<\delta$ 内解析，且 $\varphi(z_0)\neq 0$.

如果 z_0 是 $f(z)$ 的极点，由式（6.1.13），有

$$\lim_{z\to z_0}|f(z)|=+\infty$$

或写作
$$\lim_{z\to z_0}f(z)=\infty.$$

例如，对有理分式函数 $f(z)=\dfrac{z-3}{(z^2+1)(z-2)^3}$ 来说，$z=2$ 是它的三阶极点，$z=\pm\mathrm{i}$ 都是它的一阶极点.

3. **本性奇点**

如果在函数 $f(z)$ 的洛朗展式中，洛朗级数含有无限多个负幂项，即

$$f(z)=\cdots+c_{-n}(z-z_0)^{-n}+\cdots+c_{-1}(z-z_0)^{-1}+c_0+c_1(z-z_0)+\cdots+c_n(z-z_0)^n+\cdots$$

那么孤立奇点 z_0 称为函数 $f(z)$ 的本性奇点.

例如，$z=0$ 就是函数 $f(z)=\mathrm{e}^{\frac{1}{z}}$ 的本性奇点. 因为 $f(z)=\mathrm{e}^{\frac{1}{z}}$ 在 $z=0$ 的去心邻域 $0<|z|<+\infty$ 内的洛朗展式中的级数

$$f(z)=\mathrm{e}^{\frac{1}{z}}=\sum_{n=0}^{\infty}\frac{1}{n!}\left(\frac{1}{z}\right)^n=1+z^{-1}+\frac{1}{2!}\cdot z^{-2}+\cdots+\frac{1}{n!}z^{-n}+\cdots$$

含有无限多个负幂项.

在本性奇点的邻域内，函数 $f(z)$ 具有以下性质：如果 z_0 是 $f(z)$ 的本性奇点，那么对任意给定的复数 A，总可以找到趋于 z_0 的数列 z_n，当 z 沿着这个数列 z_n 趋于 z_0 时，$f(z)$ 的值趋于 A. 换句话说，当 z 趋于 z_0 时，$f(z)$ 的极限值不确定（即不存在），也不是 ∞. 对于上述例子，当取 $A=\mathrm{i}$ 时，我们可以把它写成 $\mathrm{i}=\mathrm{e}^{\left(\frac{\pi}{2}+2n\pi\right)\mathrm{i}}$，那么由 $\mathrm{e}^{\frac{1}{z}}=\mathrm{i}$，可得 $z_n=\dfrac{1}{(\frac{\pi}{2}+2n\pi)\mathrm{i}}$. 显然，当 z 沿着这个数列 z_n 趋于 $z_0=0$ 时（即当 $n\to\infty$ 时，$z_n\to 0$），$\mathrm{e}^{\frac{1}{z_n}}\to\mathrm{i}$.

综上所述，如果 z_0 是函数 $f(z)$ 的可去奇点，那么 $\lim\limits_{z\to z_0}f(z)$ 存在且是个有限值 c_0，即 $\lim\limits_{z\to z_0}f(z)=c_0$；如果 z_0 是函数 $f(z)$ 的极点，那么 $\lim\limits_{z\to z_0}f(z)$ 不存在，发散于 ∞，即 $\lim\limits_{z\to z_0}f(z)=\infty$；如果 z_0 是 $f(z)$ 的本性奇点，那么 $\lim\limits_{z\to z_0}f(z)$ 不存在，且也不是发散于 ∞ 的不存在. 反之，也成立.

6.2.2 函数的零点与极点的关系

如果函数 $f(z)$ 是不恒为零的解析函数，且

$$f(z_0)=f'(z_0)=f''(z_0)=\cdots=f^{(m-1)}(z_0)=0\text{，}\quad f^{(m)}(z_0)\neq 0$$

则称 z_0 为函数 $f(z)$ 的 m 阶零点.

例如，$z=1$ 是函数 $f(z)=z^3-1$ 的零点，由于 $f'(1)=3z^2\big|_{z=1}=3\neq 0$，所以，$z=1$ 是函数 $f(z)$ 的一阶零点.

由泰勒定理知，函数 $f(z)$ 在 z_0 的邻域 $|z-z_0|<R$ 内的泰勒展开式为

$$f(z)=f(z_0)+\frac{f'(z_0)}{1!}(z-z_0)+\frac{f''(z_0)}{2!}(z-z_0)^2+\cdots+\frac{f^{(m-1)}(z_0)}{(m-1)!}+(z-z_0)^{m-1}$$

$$\frac{f^{(m)}(z_0)}{m!}(z-z_0)^m+\cdots+\frac{f^{(n)}(z_0)}{n!}(z-z_0)^n+\cdots$$

所以，当 z_0 为函数 $f(z)$ 的 m 阶零点时，上述展式右侧的前面 m 项的系数全为零，从而右侧剩下的就是从 $(z-z_0)^m$ 开始的项，且此时有

$$f(z)=(z-z_0)^m\left[\frac{f^{(m)}(z_0)}{m!}+\frac{f^{(m+1)}(z_0)}{(m+1)!}(z-z_0)+\cdots+\frac{f^{(n)}(z_0)}{n!}(z-z_0)^{n-m}+\cdots\right]$$

当上式右侧括号中的幂函数项级数在其收敛域 $|z-z_0|<r$ 内收敛于函数 $g(z)$，即

$$g(z)=\frac{f^{(m)}(z_0)}{m!}+\frac{f^{(m+1)}(z_0)}{(m+1)!}(z-z_0)+\cdots+\frac{f^{(n)}(z_0)}{n!}(z-z_0)^{n-m}+\cdots$$

那么，$g(z)$ 在收敛域 $|z-z_0|<r$ 内解析，且 $g(z_0)=\dfrac{f^{(m)}(z_0)}{m!}\neq 0$. 此时，有

$$f(z)=(z-z_0)^m g(z) \tag{6.2.2}$$

其中 $g(z)$ 在 $|z-z_0|<\delta(\delta=\min\{R,r\})$ 内解析，且 $g(z_0)\neq 0$.

根据上面的推导，容易得到如下定理.

定理 6.3 z_0 是函数 $f(z)$ 的 m 阶零点的充要条件为 $f(z)=(z-z_0)^m\cdot g(z)$，且 $g(z)$ 在 $|z-z_0|<\delta$ 内解析，$g(z_0)\neq 0$.

例如，前面的函数 $f(z)=z^3-1$ 可以改写为 $f(z)=(z-1)(z^2+z+1)$，由于在 $z=1$ 点函数 $g(z)=z^2+z+1$ 解析，且 $g(1)=3\neq 0$，所以由定理 6.3 知，$z=1$ 是函数 $f(z)$ 的一阶零点.

顺便指出，由于式（6.2.2）中的 $g(z)$ 在 $|z-z_0|<\delta$ 内解析，且 $g(z_0)\neq 0$，可以得到 $g(z)$ 在 z_0 的一个邻域内都不为零. 因为函数 $g(z)$ 在 z_0 点解析，它必然在 z_0 点连续，根据连续的定义知，对于给定的 $\varepsilon_0=\dfrac{1}{2}|g(z_0)|>0$，必存在一个 $\delta>0$，$\forall z:|z-z_0|<\delta$，有 $|g(z)-g(z_0)|<\varepsilon_0=\dfrac{1}{2}|g(z_0)|$，又 $|g(z)-g(z_0)|\geqslant|g(z_0)|-|g(z)|$，可得

$$|g(z)| \geqslant |g(z_0)| - \varepsilon_0 = \frac{1}{2}|g(z_0)| > 0$$

所以，函数 $f(z) = (z - z_0)^m \cdot g(z)$ 在 z_0 的去心邻域内不为零，只在 z_0 等于零. 也就是说，一个不恒为零的解析函数的零点是孤立的.

由定理 6.2 和定理 6.3，容易推出定理 6.4.

定理 6.4 如果 z_0 是函数 $f(z)$ 的 m 阶极点，那么 z_0 是函数 $\dfrac{1}{f(z)}$ 的 m 阶零点. 反过来，也成立.

证明 如果 z_0 是函数 $f(z)$ 的 m 阶极点，根据定理 6.2，有

$$f(z) = \frac{1}{(z - z_0)^m} \cdot \varphi(z)$$

其中 $\varphi(z)$ 在 z_0 点解析，且 $\varphi(z_0) \neq 0$. 所以，当 $z \neq z_0$ 时，有

$$\frac{1}{f(z)} = (z - z_0)^m \cdot \frac{1}{\varphi(z)} = (z - z_0)^m g(z)$$

其中，函数 $g(z) = \dfrac{1}{\varphi(z)}$ 在 z_0 点解析，且 $g(z_0) \neq 0$. 由于

$$\lim_{z \to z_0} \frac{1}{f(z)} = 0$$

因此，只要令 $\dfrac{1}{f(z_0)} = 0$，那么由定理 6.3 知，z_0 是 $\dfrac{1}{f(z)}$ 的 m 阶零点.

反过来，如果 z_0 是 $\dfrac{1}{f(z)}$ 的 m 阶零点，有

$$\frac{1}{f(z)} = (z - z_0)^m g(z)$$

其中 $g(z)$ 在 z_0 点解析，且 $g(z_0) \neq 0$. 所以，当 $z \neq z_0$ 时，有

$$f(z) = \frac{1}{(z - z_0)^m} \varphi(z)$$

其中函数 $\varphi(z) = \dfrac{1}{g(z)}$ 在 z_0 点解析，且 $\varphi(z_0) \neq 0$. 所以，z_0 是 $f(z)$ 的 m 阶极点.

定理 6.4 对于判断函数的极点极为方便.

例 1 函数 $f(z) = \dfrac{1}{\sin z}$ 有些什么奇点？如果是极点，指出它的阶数.

解 显然，函数 $f(z) = \dfrac{1}{\sin z}$ 的奇点是使得它没有定义的点，即 $\sin z = 0$ 的点. 这些点为

$z=n\pi(n=0,\pm1,\pm2,\cdots)$. 显然，它们都是孤立奇点，且

$$(\sin z)'\big|_{z=n\pi}=\cos z\big|_{z=n\pi}=(-1)^n\neq 0\,.$$

所以，$z=n\pi$ 都是 $\sin z$ 的一阶零点，由定理 6.4 知，它们都是 $f(z)=\dfrac{1}{\sin z}$ 的一阶极点.

值得注意的是，我们在求函数的孤立奇点时，不能只看函数的表面形式就作出结论. 例如函数 $f(z)=\dfrac{e^z-1}{z^5}$，表面上看似乎 $z=0$ 是它的五阶极点，但 $z=0$ 其实是它的四阶极点. 因为

$$f(z)=\frac{e^z-1}{z^5}=\frac{1}{z^5}\left(\sum_{n=0}^{\infty}\frac{z^n}{n!}-1\right)$$

$$=\frac{1}{z^4}+\frac{1}{2!}\cdot\frac{1}{z^3}+\frac{1}{3!}\cdot\frac{1}{z^2}+\frac{1}{4!}\cdot\frac{1}{z}+\frac{1}{5!}+\cdots=\frac{g(z)}{z^4}$$

其中 $g(z)$ 在 $z=0$ 解析，并且 $g(0)\neq 0$. 类似地，$z=0$ 是 $\dfrac{\sin z}{z^5}$ 的四阶极点而不是五阶极点.

6.2.3　函数在无穷远点的性态

到目前为止，我们在讨论函数 $f(z)$ 的解析性和它的孤立奇点时，针对的都是复平面内的有限点 z_0. 当把有限点 z_0 换成无穷远点 ∞ 时，函数在无穷远点 ∞ 的性态又是怎么样的呢？对此，我们在扩充复平面 C_∞ 上来加以讨论.

如果函数在无穷远点 ∞ 的去心邻域 $R<|z|<+\infty$ 内解析，那么称点 ∞ 为函数 $f(z)$ 的孤立奇点. 作变换 $t=\dfrac{1}{z}$，并且规定这个变换把扩充复平面 C_∞ 上的无穷远点 $z=\infty$ 映射成复平面 t 上的点 $t=0$，那么扩充复平面 C_∞ 上的每一个趋于无穷远点 ∞ 的点列 z_n 与扩充复平面 t 上趋于 0 的点列 $t_n=\dfrac{1}{z_n}$ 相对应；反过来也成立. 同时，映射 $t=\dfrac{1}{z}$ 把扩充复平面 C_∞ 上无穷远点 $z=\infty$ 的去心邻域 $R<|z|<+\infty$ 映射成扩充复平面 t 上点 $t=0$ 的去心邻域 $0<|t|<\dfrac{1}{R}$，又

$$f(z)=f\left(\frac{1}{t}\right)=\varphi(t)$$

这样，我们就可以把在无穷远点 ∞ 的去心邻域 $R<|z|<+\infty$ 内对函数 $f(z)$ 的研究转化为在 $t=0$ 的去心邻域 $0<|t|<\dfrac{1}{R}$ 内对函数 $\varphi(t)$ 的研究.

显然，$\varphi(t)$ 在 $t=0$ 没有定义，但在其去心邻域 $0<|t|<\dfrac{1}{R}$ 内解析，所以 $t=0$ 是 $\varphi(t)$ 的孤立奇点.

这里规定：$t=0$ 是 $\varphi(t)$ 的可去奇点、m 阶极点或本性奇点，那么相应地称 $z=\infty$ 是 $f(z)$ 的可去奇点、m 阶极点或本性奇点.

由于 $f(z)$ 在 $R<|z|<+\infty$ 内解析，所以在此圆环域内它可以展成洛朗级数，即是

$$f(z)=\sum_{n=1}^{\infty}c_{-n}z^{-n}+\sum_{n=0}^{\infty}c_nz^n=\sum_{n=1}^{\infty}c_{-n}z^{-n}+c_0+\sum_{n=1}^{\infty}c_nz^n \tag{6.2.3}$$

且
$$c_n=\frac{1}{2\pi\mathrm{i}}\oint_C\frac{f(\xi)}{\xi^{n+1}}\mathrm{d}\xi\ (n=0,\pm1,\pm2,\pm3,\cdots)$$

其中，C 为圆环域 $R<|z|<+\infty$ 内绕原点的任何一条正向简单闭曲线．因此，$\varphi(t)$ 在圆环域 $0<|t|<\frac{1}{R}$ 内的洛朗级数可由式（6.2.3）得到，即

$$\varphi(t)=\sum_{n=1}^{\infty}c_{-n}t^n+c\ \ +\sum_{n=1}^{\infty}c_nt^{-n} \tag{6.2.4}$$

如果级数（6.2.4）满足

（1）不含负幂项；

（2）含有有限多个负幂项，且 t^{-1} 最高到 t^{-m}；

（3）含有无穷多个负幂项．

那么 $t=0$ 分别称为 $\varphi(t)$ 的可去奇点、m 阶极点、本性奇点．

因此，根据前面的规定，有

如果级数（6.2.3）满足

（1）不含正幂项；

（2）含有有限多个正幂项，且最高到 z^m；

（3）含有无穷多个正幂项；

那么 $z=\infty$ 相应地称为 $f(z)$ 的可去奇点、m 阶极点、本性奇点．

对于无穷远点来说，它孤立奇点的类型与其洛朗级数之间的关系就跟有限点的情形相似，不过此时看的是展开式中的正幂项．

另外，要确定 $t=0$ 是不是 $\varphi(t)$ 的可去奇点、极点或本性奇点，可以不必把 $\varphi(t)$ 展成洛朗级数来考虑，只要分别看极限 $\lim\limits_{t\to0}\varphi(t)$ 是否存在（有限值）、为无穷大，或既不存在又不为无穷大的情形就可以了．由于 $f(z)=f\left(\frac{1}{t}\right)=\varphi(t)$，对于无穷远点也有同样的确定方法，即 $z=\infty$ 是 $f(z)$ 的可去奇点、极点或本性奇点，完全由极限 $\lim\limits_{z\to\infty}f(z)$ 是否存在（有限值）、为无穷大，或既不存在又不为无穷大来决定．

当 $z=\infty$ 是 $f(z)$ 的可去奇点时，可以认为 $f(z)$ 在 $z=\infty$ 是解析的，只要对 $f(z)$ 进行补充定义，取 $f(\infty)=\lim\limits_{z\to\infty}f(z)$ 即可．

例如，函数 $f(z)=\frac{z^2}{z^2+1}$ 在圆环域 $1<|z|<+\infty$ 内可以展成

$$f(z)=\frac{1}{1+\frac{1}{z^2}}=1-\frac{1}{z^2}+\frac{1}{z^4}-\frac{1}{z^6}+\cdots+(-1)^n\left(\frac{1}{z^2}\right)^n+\cdots$$

它不含正幂项，所以 $z=\infty$ 是 $f(z)$ 的可去奇点. 如果取 $f(\infty)=1$，那么 $f(z)$ 就在 $z=\infty$ 解析.

又如，函数 $f(z)=z+\dfrac{1}{z}$，它含有正幂项，且 z 为最高正幂项，所以 $z=\infty$ 为 $f(z)$ 的一阶极点.

函数 $\sin z$ 的展式为

$$\sin z=\frac{z}{1!}-\frac{z^3}{3!}+\frac{z^5}{5!}-\cdots+(-1)^n\frac{z^{2n+1}}{(2n+1)!}+\cdots$$

它含有无穷多个正幂项，所以 $z=\infty$ 为 $\sin z$ 的本性奇点.

例 2 函数

$$f(z)=\frac{(z^2-1)(z-2)^3}{(\sin\pi z)^3}$$

在扩充复平面 C_∞ 内有些什么类型的奇点？如果是极点，指出它的阶数.

解 由题易知，使得 $f(z)$ 分母等于零的点就是它的不解析点，即 $z=0,\pm1,\pm2,\cdots$ 是函数 $f(z)$ 的不解析点，还有 $z=\infty$ 也是函数 $f(z)$ 的不解析点. 由于 $(\sin\pi z)'=\pi\cos\pi z$ 在点 $z=0,\pm1,\pm2,\cdots$ 处均不为零，所以，这些点都是 $\sin\pi z$ 的一阶零点，从而是 $(\sin\pi z)^3$ 的三阶零点. 因此，这些点中除去 1，−1，2 外都是 $f(z)$ 的三阶极点.

又由 $z^2-1=(z-1)(z+1)$ 易知 $z=1$，$z=-1$ 是其一阶零点，所以 $z=1$，$z=-1$ 是 $f(z)$ 的二阶极点.

对于 $z=2$，因为

$$\lim_{z\to2}f(z)=\lim_{z\to2}(z^2-1)\left(\frac{z-2}{\sin\pi z}\right)^3=\lim_{z\to2}(z^2-1)\cdot\left(\lim_{z\to2}\frac{z-2}{\sin\pi z}\right)^3$$

$$=(2^2-1)\cdot\left(\lim_{z\to2}\frac{1}{\pi\cos\pi z}\right)^3=\frac{3}{\pi^3}$$

所以 $z=2$ 是 $f(z)$ 的可去奇点.

对于 $z=\infty$，因为

$$f\left(\frac{1}{\xi}\right)=\frac{(1-\xi^2)(1-2\xi)^3}{\xi^5\sin^3\dfrac{\pi}{\xi}}$$

所以 $\xi=0$，$\xi_n=\dfrac{1}{n}$ 使得 $f\left(\dfrac{1}{\xi}\right)$ 的分母等于零. 当 $n=1$ 时，$\xi_1=1$，即 $z=1$；当 $n=2$ 时，$\xi_2=\dfrac{1}{2}$，即 $z=2$. 这两点前面已经讨论过. 而当 $n>2$ 时，$\xi_n=\dfrac{1}{n}$ 为 $f\left(\dfrac{1}{\xi}\right)$ 的极点. 显然，当 $n\to\infty$ 时，$\xi_n\to0$. 所以 $\xi=0$ 不是 $f\left(\dfrac{1}{\xi}\right)$ 的孤立奇点，也就是说 $z=\infty$ 不是 $f(z)$ 的孤立奇点.

习题 6

1. 将下列函数在指定圆环域内展为洛朗级数.

（1）$\dfrac{1}{(z^2+1)(z-2)}$，$1<|z|<2$；

（2）$\dfrac{1}{(z-1)(z-2)}$，$0<|z-1|<1$，$1<|z-2|<+\infty$；

（3）$\dfrac{1}{z(1-z)^2}$，$0<|z|<1$，$0<|z-1|<1$；

（4）$e^{\frac{1}{1-z}}$，$1<|z|<+\infty$.

2. 将下列函数在指定点的去心邻域内展开成洛朗级数，并指出其收敛范围.

（1）$\dfrac{1}{(z^2+1)^2}$，$-i$；　　（2）$\dfrac{1}{z^2(z-i)}$，i.

3. 利用函数的洛朗展开式中的系数 c_{-1} 求下列函数的积分 $\oint_C f(z)\,dz$（其中 C 为 $|z|=3$ 的正向圆周）:

（1）$f(z)=\dfrac{1}{z(z+2)}$；　　（2）$f(z)=\dfrac{z+2}{(z+1)z}$；

（3）$f(z)=\dfrac{1}{z(z+1)^2}$；　　（4）$f(z)=\dfrac{z}{(z+1)(z+2)}$.

4. $z=0$ 是下列函数的孤立奇点吗?

（1）$e^{\frac{1}{z}}$；　　（2）$\tan\dfrac{1}{z}$；　　（3）$\dfrac{1}{\sin z}$.

5. 找出下列各函数的所有零点，并指出其阶数:

（1）$\dfrac{z^2+9}{z^4}$；　　（2）$z\sin z$；　　（3）$z^2(e^{z^2}-1)$.

6. 下列各函数有哪些奇点（包括无穷远点 ∞）? 各属于何种类型（如果是极点，指出它的阶数）?

（1）$\dfrac{z-1}{z(z^2+4)^2}$；　　（2）$\dfrac{\sin z}{z^3}$；

（3）$\dfrac{1}{z^2(e^z-1)}$；　　（4）$\dfrac{1-\cos z}{z^2}$；

（5）$\dfrac{1}{\sin z+\cos z}$；　　（6）$\dfrac{1}{e^z-1}-\dfrac{1}{z}$.

7. 如果 $f(z)$ 和 $g(z)$ 是以 z_0 为零点的两个不恒为零的解析函数，那么

$$\lim_{z\to z_0}\frac{f(z)}{g(z)}=\lim_{z\to z_0}\frac{f'(z)}{g'(z)}\text{（或两端均为 }\infty\text{）}$$

8. 设 $z=a$ 分别是函数 $\varphi(z)$ 和 $\psi(z)$ 的 m 阶和 n 阶极点（或零点），那么下列三个函数：

（1）$\varphi(z)\psi(z)$；　　（2）$\dfrac{\varphi(z)}{\psi(z)}$；　　（3）$\varphi(z)+\psi(z)$，

在 $z=a$ 点分别有什么性质?

第7章 留数定理及其应用

在前一章我们介绍了解析函数在 z_0 的去心圆环域内的洛朗展式，并以此为工具对解析函数的孤立奇点（包括无穷远点）进行了分类，并对它在孤立奇点邻域内的性质进行了研究. 这就为引入留数的概念以及计算留数做了铺垫. 本章学习的重点就是留数、留数定理及其应用. 留数定理是留数理论的基础，在本章我们将介绍前面学习的柯西-古萨定理、柯西积分公式都是留数定理的特殊情况. 应用留数定理，可以把沿闭曲线的积分计算转化为计算孤立奇点处的留数；应用留数定理，还可以计算一些实积分，如定积分和无穷积分. 其中，有些积分在高等数学的学习中我们已经计算过，但计算比较复杂，而在这里我们可以用留数理论对这些问题进行分类后，用留数定理来进行相应的计算，使问题变得简单易于处理. 所以，留数定理在理论探讨与实际应用中都具有非常重要的意义.

7.1 留数与留数定理

7.1.1 留数的定义及留数定理

如果函数 $f(z)$ 在点 z_0 是解析的，周线 C 全在点 z_0 的某邻域内，并包围点 z_0，则根据柯西积分定理，有

$$\oint_C f(z)\,\mathrm{d}z = 0$$

但是，如果 z_0 是 $f(z)$ 的一个孤立奇点，且周线 C 全在 z_0 的某个去心邻域内，并包围点 z_0，则积分 $\oint_C f(z)\,\mathrm{d}z$ 的值一般来说就不再为零. 此时，可以先把 $f(z)$ 在 z_0 的去心邻域内展成洛朗级数

$$f(z) = \cdots + c_{-n}(z-z_0)^{-n} + \cdots + c_{-1}(z-z_0)^{-1} + c_0 + c_1(z-z_0) + \cdots + c_n(z-z_0)^n + \cdots$$

之后对此展式两端沿曲线 C 逐项积分，右端各项的积分中除 $c_{-1}(z-z_0)^{-1}$ 的积分值等于 $2\pi\mathrm{i}\,c_{-1}$ 外，其余各项的积分值全等于零. 于是，有

$$\oint_C f(z)\,\mathrm{d}z = 2\pi\mathrm{i}\,c_{-1}$$

这里的系数 c_{-1} 对于后面的学习及实际问题中的应用来说都非常重要.

定义 7.1 设函数 $f(z)$ 以有限点 z_0 为孤立奇点,则 $f(z)$ 在点 z_0 的某个去心邻域 $0<|z-z_0|<R$ 内解析，则称积分

$$\frac{1}{2\pi \mathrm{i}}\oint_C f(z)\,\mathrm{d}z$$

为 $f(z)$ 在点 z_0 的留数（residue），记为 $\operatorname*{Res}_{z=z_0} f(z)$ 或是 $\mathrm{Res}(f(z), z_0)$，即

$$\operatorname*{Res}_{z=z_0} f(z)=\frac{1}{2\pi \mathrm{i}}\oint_C f(z)\,\mathrm{d}z \tag{7.1.1}$$

由前面的分析可知，函数 $f(z)$ 在其孤立奇点 z_0 的去心邻域内的洛朗展式中的系数 c_{-1} 即留数定义中的这个积分，即 c_{-1} 就是函数 $f(z)$ 在其孤立奇点 z_0 的留数，故

$$\operatorname*{Res}_{z=z_0} f(z)=c_{-1} \tag{7.1.2}$$

于是，根据留数的定义，式（7.1.1）可变形为

$$\oint_C f(z)\,\mathrm{d}z=2\pi \mathrm{i}\cdot\operatorname*{Res}_{z=z_0} f(z)$$

因此，根据复合闭路定理，再结合上式，我们可得到留数定理.

定理 7.1（留数定理） 设函数 $f(z)$ 在周线或复周线 Γ 所围的区域 D 内除有限个孤立奇点 z_1，z_2，…，z_n 外处处解析. C 是 D 内包围所有有限孤立奇点的一条正向简单闭曲线，那么

$$\oint_C f(z)\,\mathrm{d}z=2\pi \mathrm{i}\cdot\sum_{k=1}^{n}\operatorname*{Res}_{z=z_k} f(z)$$

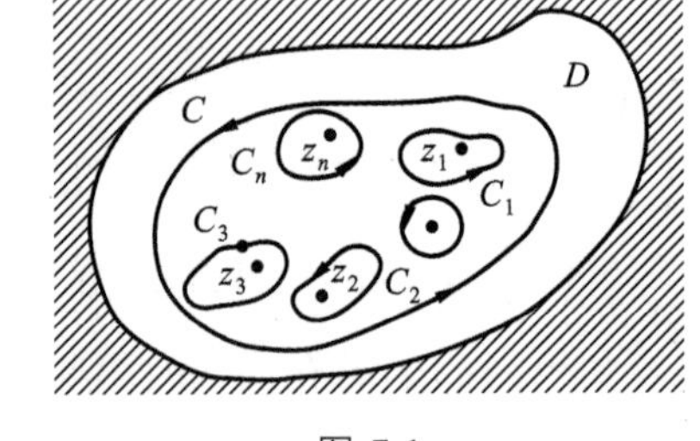

图 7.1

证明 把在 C 内的所有孤立奇点 z_1，z_2，…，z_n 用互不相交互不包含的正向简单闭曲线 C_1，C_2，…，C_n 围绕起来，且这些曲线都在 C 的内部（见图 7.1），那么，根据复合闭路定理，有

$$\oint_C f(z)\,\mathrm{d}z=\oint_{C_1} f(z)\,\mathrm{d}z+\oint_{C_2} f(z)\,\mathrm{d}z+\cdots+\oint_{C_n} f(z)\,\mathrm{d}z$$

等式两边同时除以 $2\pi \mathrm{i}$，得

$$\begin{aligned}\frac{1}{2\pi \mathrm{i}}\oint_C f(z)\,\mathrm{d}z&=\frac{1}{2\pi \mathrm{i}}\oint_{C_1} f(z)\,\mathrm{d}z+\frac{1}{2\pi \mathrm{i}}\oint_{C_2} f(z)\,\mathrm{d}z+\cdots+\frac{1}{2\pi \mathrm{i}}\oint_{C_n} f(z)\,\mathrm{d}z\\&=\operatorname*{Res}_{z=z_1} f(z)+\operatorname*{Res}_{z=z_2} f(z)+\cdots+\operatorname*{Res}_{z=z_n} f(z)\end{aligned}$$

即
$$\oint_C f(z)\,\mathrm{d}z=2\pi \mathrm{i}\sum_{k=1}^{n}\operatorname*{Res}_{z=z_k} f(z)$$

利用这个定理，计算沿封闭曲线 C 的积分问题就转化为计算被积函数在 C 内的孤立奇点处的留数的局部问题. 由此可见，留数定理的有效应用依赖于能否有效地求出 $f(z)$ 在孤立奇点 z_0 处的留数. 一般来说，求函数 $f(z)$ 在其孤立奇点 z_0 处的留数，只须求出 $f(z)$ 在以 z_0 为中心的圆环域内的洛朗级数中 $c_{-1}(z-z_0)^{-1}$ 项的系数 c_{-1}. 但是如果能先知道奇点的类型，对求留数有时更为有利. 例如，如果 z_0 是 $f(z)$ 的可去奇点，那么 $\operatorname*{Res}_{z=z_0} f(z)=0$，因为此时 $f(z)$ 在

z_0的洛朗展开式不含负幂项，所以$c_{-1}=0$；如果z_0是$f(z)$的本性奇点，那么往往只能用把$f(z)$在z_0展成洛朗级数的方法来求c_{-1}，从而求得留数；如果z_0是$f(z)$的极点，除了可以利用洛朗展式中的系数c_{-1}来求留数外，在下列特殊情况下，可以按照一些对应的特殊的规则求留数.

7.1.2 留数的计算

规则Ⅰ 如果z_0为函数$f(z)$的一阶极点，那么

$$\operatorname*{Res}_{z=z_0} f(z)=\lim_{z\to z_0}(z-z_0)f(z) \tag{7.1.4}$$

规则Ⅱ 如果z_0为函数$f(z)$的m阶极点，那么

$$\operatorname*{Res}_{z=z_0} f(z)=\frac{1}{(m-1)!}\lim_{z\to z_0}\frac{\mathrm{d}^{(m-1)}}{\mathrm{d}z^{(m-1)}}[(z-z_0)^{m-1}f(z)] \tag{7.1.5}$$

事实上，由于

$$f(z)=c_{-m}(z-z_0)^{-m}+\cdots+c_{-1}(z-z_0)^{-1}+c_0+c_1(z-z_0)+\cdots$$

上式两端同时乘以$(z-z_0)^m$，得

$$(z-z_0)^m f(z)=c_{-m}+c_{-m+1}(z-z_0)+\cdots+c_{-1}(z-z_0)^{m-1}+c_0(z-z_0)^m+\cdots$$

对上式两边进行$m-1$次求导运算（即是求$m-1$阶导数），得

$$\frac{\mathrm{d}^{(m-1)}}{\mathrm{d}z^{(m-1)}}[(z-z_0)^m f(z)]=(m-1)!c_{-1}+c_0m(m-1)\cdots 2(z-z_0)+\cdots$$

而系数为c_0对应的项以及其后的所有项均含有$z-z_0$的因式，所以，上式两端同时求$z\to z_0$的极限时，右端的极限为$(m-1)!c_{-1}$，再两边同时除以$(m-1)!$，就得到c_{-1}，它就是函数$f(z)$在z_0点的留数$\operatorname*{Res}_{z=z_0} f(z)$.

规则Ⅱ′ 如果z_0为$f(z)$的m阶极点，且$f(z)=\dfrac{\varphi(z)}{(z-z_0)^m}$，其中$\varphi(z)$在$z_0$解析，$\varphi(z_0)\neq 0$.

那么

$$\operatorname*{Res}_{z=z_0} f(z)=\frac{\varphi^{(m-1)}(z_0)}{(m-1)!} \tag{7.1.6}$$

推论 1 如果z_0为$f(z)$的一阶极点，则$\operatorname*{Res}_{z=z_0} f(z)=\varphi(z_0)$.

推论 2 如果z_0为$f(z)$的二阶极点，则$\operatorname*{Res}_{z=z_0} f(z)=\varphi'(z_0)$.

规则Ⅲ 设$f(z)=\dfrac{P(z)}{Q(z)}$，$P(z)$及$Q(z)$在z_0都解析，如果$P(z_0)\neq 0$，$Q(z_0)=0$，$Q'(z_0)\neq 0$，那么z_0为$f(z)$的一阶极点，且

$$\operatorname*{Res}_{z=z_0} f(z)=\frac{P(z_0)}{Q'(z_0)} \tag{7.1.7}$$

事实上，因$Q(z_0)=0$和$Q'(z_0)\neq 0$，所以z_0为$Q(z)$的一阶零点，从而z_0为$\dfrac{1}{Q(z)}$的一阶极

点. 又 $P(z_0)\neq 0$，所以 z_0 为 $f(z)=\dfrac{P(z)}{Q(z)}$ 的一阶极点，根据规则Ⅱ，可得

$$\operatorname*{Res}_{z=z_0} f(z)=\lim_{z\to z_0}(z-z_0)\frac{P(z)}{Q(z)}=\lim_{z\to z_0}\frac{P(z)}{\dfrac{Q(z)-Q(z_0)}{z-z_0}}=\frac{P(z_0)}{Q'(z_0)}.$$

例 1 计算积分 $\oint_C \dfrac{e^z}{z(z-1)^2}dz$，其中 C 为正向圆周：$|z|=2$.

解 易知 $z=0$ 为被积函数 $f(z)$ 的一阶极点，$z=1$ 为被积函数 $f(z)$ 的二阶极点，它们都在 C 之内，且

$$\operatorname*{Res}_{z=0} f(z)=\lim_{z\to 0} z\cdot\frac{e^z}{z(z-1)^2}=\lim_{z\to 0}\frac{e^z}{(z-1)^2}=1,$$

$$\operatorname*{Res}_{z=1} f(z)=\frac{1}{(2-1)!}\lim_{z\to 0}\frac{d}{dz}\left[(z-1)^2\cdot\frac{e^z}{z(z-1)^2}\right]$$

$$=\lim_{z\to 1}\frac{d}{dz}\left(\frac{e^z}{z}\right)=\lim_{z\to 1}\frac{e^z(z-1)}{z^2}=0$$

由留数定理可得

$$\oint_C \frac{e^z}{z(z-1)^2}dz=2\pi i\left[\operatorname*{Res}_{z=0} f(z)+\operatorname*{Res}_{z=1} f(z)\right]=2\pi i(1+0)=2\pi i$$

例 2 计算积分 $\oint_C \dfrac{z e^z}{z^2-1}dz$，其中 C 为正向圆周：$|z|=2$.

解 易知 $z=\pm 1$ 均为被积函数 $f(z)$ 的一阶极点，它们都在 C 之内，且

$$\operatorname*{Res}_{z=1} f(z)=\lim_{z\to 1}(z-1)\cdot\frac{z e^z}{z^2-1}=\lim_{z\to 1}\frac{z e^z}{z+1}=\frac{e}{2},$$

$$\operatorname*{Res}_{z=-1} f(z)=\lim_{z\to -1}(z+1)\cdot\frac{z e^z}{z^2-1}=\lim_{z\to -1}\frac{z e^z}{z-1}=\frac{e^{-1}}{2},$$

由留数定理可得

$$\oint_C \frac{z e^z}{z^2-1}dz=2\pi i\left(\operatorname*{Res}_{z=1} f(z)+\operatorname*{Res}_{z=-1} f(z)\right)=2\pi i\left(\frac{e}{2}+\frac{e^{-1}}{2}\right)=2\pi i\,\mathrm{ch}\,1$$

例 3 计算积分 $\oint_C \dfrac{z}{z^4-1}dz$，其中 C 为正向圆周：$|z|=2$.

解 易知 $z=\pm 1$，$z=\pm i$ 均为被积函数 $f(z)$ 的一阶极点，它们都在 C 的内部，且由规则Ⅲ有

$$\frac{P(z)}{Q'(z)}=\frac{z}{4z^3}=\frac{1}{4z^2}$$

故

$$\oint_C \frac{z}{z^4-1}dz=2\pi i\left(\operatorname*{Res}_{z=1} f(z)+\operatorname*{Res}_{z=-1} f(z)+\operatorname*{Res}_{z=i} f(z)+\operatorname*{Res}_{z=-i} f(z)\right)$$

$$=2\pi i\left[\frac{1}{4}+\frac{1}{4}+\left(-\frac{1}{4}\right)+\left(-\frac{1}{4}\right)\right]=0.$$

例 4 计算积分 $\oint_C \frac{\cos z}{z^3}\mathrm{d}z$，其中 C 为正向圆周：$|z|=1$.

解 易知 $z=0$ 为被积函数 $f(z)$ 的三阶极点，它在 C 之内，且由规则Ⅱ′有

$$\operatorname*{Res}_{z=0} f(z)=\frac{1}{2!}(\cos z)''\Big|_{z=0}=-\frac{1}{2}$$

所以

$$\oint_C \frac{\cos z}{z^3}\mathrm{d}z=2\pi\mathrm{i}\cdot\operatorname*{Res}_{z=0} f(z)=2\pi\mathrm{i}\cdot\left(-\frac{1}{2}\right)=-\pi\mathrm{i}$$

以上例子都是求极点处留数的若干方法和公式的实际应用. 运用这些公式解题一般来说是很方便的，但是，在某些情况下应用时未必方便. 例如，欲求函数

$$f(z)=\frac{P(z)}{Q(z)}=\frac{z-\sin z}{z^6}$$

在 $z=0$ 的留数. 为了应用前面的公式，我们需要先确定极点 $z=0$ 的阶数. 由于

$$P(0)=(z-\sin z)\big|_{z=0}=0\,,\quad P'(0)=(1-\cos z)\big|_{z=0}=0\,,$$

$$P''(0)=(\sin z)\big|_{z=0}=0\,,\quad P'''(0)=(\cos z)\big|_{z=0}=1\neq 0$$

所以，$z=0$ 是 $P(z)=z-\sin z$ 的三阶零点，从而由 $f(z)$ 的表达式知，$z=0$ 是 $f(z)$ 的三阶极点，应用规则Ⅱ的公式（7.1.5），可得

$$\operatorname*{Res}_{z=0}\frac{z-\sin z}{z^6}=\frac{1}{(3-1)!}\lim_{z\to 0}\frac{\mathrm{d}^2}{\mathrm{d}z^2}\left[(z-0)^3\cdot\frac{z-\sin z}{z^6}\right]$$

$$=\frac{1}{2!}\lim_{z\to 0}\frac{\mathrm{d}^2}{\mathrm{d}z^2}\left(\frac{z-\sin z}{z^3}\right).$$

观察上式可知，接下来的运算是对一个分式函数求二阶导数，然后再对求导的结果求极限，这个计算过程是十分繁杂的. 如果利用洛朗展式求 c_{-1} 就较为方便. 因为

$$\frac{z-\sin z}{z^6}=\frac{1}{z^6}\left[z-\left(z-\frac{1}{3!}z^3+\frac{1}{5!}z^5-\cdots\right)\right]$$

$$=\frac{1}{3!z^3}-\frac{1}{5!z}+\cdots$$

所以

$$\operatorname*{Res}_{z=0}\frac{z-\sin z}{z^6}=c_{-1}=-\frac{1}{5!}$$

由此可见，解题的关键在于根据具体问题灵活选择适当而可行的方法，不要拘泥于套用公式.

还应指出，仔细观察公式（7.1.5）的推导过程，不难发现，如果函数 $f(z)$ 的极点 z_0 的阶数不是 m，它的实际阶数比 m 低，这时表达式

$$f(z)=c_{-m}(z-z_0)^{-m}+\cdots+c_{-1}(z-z_0)^{-1}+c_0+c_1(z-z_0)+\cdots$$

的系数 c_{-m}，c_{-m+1}，… 中可能有一个或几个等于零，显然公式仍然成立.

一般来说，在应用公式（7.1.5）时，为了计算方便不要将 m 取得比实际的阶数高. 但是把 m 取得比实际的阶数高反而使计算方便，这样的情况也是有的. 例如在上面的例子中，$z=0$ 实际上是函数 $f(z)=\dfrac{z-\sin z}{z^6}$ 的三阶极点，如果像下面这样计算在 $z=0$ 点的留数，还是比较简便的.

$$\operatorname*{Res}_{z=0} f(z)=\frac{1}{(6-1)!}\lim_{z\to 0}\frac{\mathrm{d}^{(5)}}{\mathrm{d}\,z^{(5)}}\left(z^6\cdot\frac{z-\sin z}{z^6}\right)$$
$$=\frac{1}{5!}\lim_{z\to 0}(-\cos z)=-\frac{1}{5!}.$$

7.1.3　在无穷远点的留数

设函数 $f(z)$ 在圆环域 $R<|z|<+\infty$ 内解析，C 为此圆环域内绕原点的任何一条正向简单闭曲线，那么积分

$$\frac{1}{2\pi\mathrm{i}}\oint_{C^-} f(z)\,\mathrm{d}z$$

的值与 C 无关，我们称此定值为 $f(z)$ 在 ∞ 点的留数，记作

$$\operatorname*{Res}_{z=\infty} f(z)=\frac{1}{2\pi\mathrm{i}}\oint_{C^-} f(z)\,\mathrm{d}z\,. \tag{7.1.8}$$

值得注意的是，这里的积分路径的方向是负的，也就是取顺时针方向，即无穷远点 ∞ 所在区域的区域边界曲线的正方向.

由洛朗定理可知，当 $n=-1$ 时，有

$$c_{-1}=\frac{1}{2\pi\mathrm{i}}\oint_{C} f(z)\,\mathrm{d}z$$

因此，由式（7.1.8）可得

$$\operatorname*{Res}_{z=\infty} f(z)=-c_{-1} \tag{7.1.9}$$

这就是说，$f(z)$ 在 ∞ 点的留数等于 $f(z)$ 在 ∞ 点的去心邻域 $R<|z|<+\infty$ 内洛朗展式中 z^{-1} 的系数的相反数.

在计算留数时常常使用下面的定理.

定理 7.2　如果函数 $f(z)$ 在扩充复平面内只有有限个孤立奇点，那么 $f(z)$ 在所有各奇点（包括 ∞ 点）的留数的总和等于零.

证明　设函数 $f(z)$ 除 ∞ 点外，还有 z_1，z_2，…，z_n 这 n 个有限孤立奇点. 又设 C 是一条绕原点，并将 z_1，z_2，…，z_n 包含在其内的一条正向简单闭曲线，那么根据留数定理（定理 7.1）以及在无穷远点的留数的定义，有

$$\operatorname*{Res}_{z=\infty} f(z)+\sum_{k=1}^{n}\operatorname*{Res}_{z=z_k} f(z)=\frac{1}{2\pi\mathrm{i}}\oint_{C^-} f(z)\,\mathrm{d}z+\frac{1}{2\pi\mathrm{i}}\oint_{C} f(z)\,\mathrm{d}z=0$$

规则Ⅳ

$$\operatorname*{Res}_{z=\infty} f(z) = -\operatorname*{Res}_{z=0}\left(f\left(\frac{1}{z}\right)\cdot\frac{1}{z^2}\right) \tag{7.1.10}$$

事实上，在无穷远点的留数的定义中，取正向简单闭曲线 C 为半径足够大的正向圆周：$|z|=\rho$．令 $z=\dfrac{1}{\xi}$，并设 $z=\rho e^{i\theta}$，$\xi=re^{i\varphi}$，那么 $\rho=\dfrac{1}{r}$，$\theta=-\varphi$．于是有

$$\begin{aligned}\operatorname*{Res}_{z=\infty} f(z) &= \frac{1}{2\pi i}\oint_{C^-} f(z)\,dz = -\frac{1}{2\pi i}\int_0^{2\pi} f(\rho e^{i\theta})\rho i e^{i\theta}\,d\theta \\ &= -\frac{1}{2\pi i}\int_0^{2\pi} f\left(\frac{1}{re^{i\varphi}}\right)\frac{i}{re^{i\varphi}}\,d\varphi \\ &= -\frac{1}{2\pi i}\int_0^{2\pi} f\left(\frac{1}{re^{i\varphi}}\right)\frac{1}{(re^{i\varphi})^2}\,d(re^{i\varphi}) \\ &= -\frac{1}{2\pi i}\oint_{|\xi|=\frac{1}{\rho}} f\left(\frac{1}{\xi}\right)\frac{1}{\xi^2}\,d\xi \quad \left(|\xi|=\frac{1}{\rho}\text{为正向，即逆时针方向}\right)\end{aligned}$$

由于 $f(z)$ 在 $\rho<|z|<+\infty$ 内解析，从而 $f\left(\dfrac{1}{\xi}\right)$ 在 $0<|\xi|<\dfrac{1}{\rho}$ 内解析，因此 $f\left(\dfrac{1}{\xi}\right)\dfrac{1}{\xi^2}$ 在 $|\xi|<\dfrac{1}{\rho}$ 内除 $\xi=0$ 点外没有其他的不解析点．于是，由留数定义和留数定理得

$$\frac{1}{2\pi i}\oint_{|\xi|=\frac{1}{\rho}} f\left(\frac{1}{\xi}\right)\frac{1}{\xi^2}\,d\xi = \operatorname*{Res}_{\xi=0}\left(f\left(\frac{1}{\xi}\right)\frac{1}{\xi^2}\right).$$

所以式（7.1.10）成立．

定理 7.2 和规则Ⅳ为我们计算函数沿闭曲线的积分提供了另一种方法，在很多情况下，此方法比利用前面的方法更为简便．

例 5（承例 3）　计算积分 $\oint_C \dfrac{z}{z^4-1}\,dz$，其中 C 为正向圆周：$|z|=2$．

解　被积函数 $f(z)=\dfrac{z}{z^4-1}$ 在 $|z|=2$ 的外部，除 ∞ 点外没有其他奇点．因此，根据定理 7.2 和规则Ⅳ，有

$$\begin{aligned}\oint_C \frac{z}{z^4-1}\,dz &= -2\pi i\operatorname*{Res}_{z=\infty} f(z) = 2\pi i\operatorname*{Res}_{z=0}\left(f\left(\frac{1}{z}\right)\cdot\frac{1}{z^2}\right) \\ &= 2\pi i\operatorname*{Res}_{z=0}\left(\frac{z}{1-z^4}\right)=0\end{aligned}$$

这种方法比前面简便了许多．

例 6　计算积分 $\oint_C \dfrac{1}{(z+i)^{10}(z-1)(z-3)}\,dz$，其中 C 为正向圆周：$|z|=2$．

解　被积函数 $f(z)$ 在 $|z|=2$ 内有 $-i$ 和 1 两个孤立奇点，在 $|z|=2$ 外只有 ∞ 和 3 两个孤立

奇点. 因此，根据定理 7.2，有

$$\operatorname*{Res}_{z=-i} f(z)+\operatorname*{Res}_{z=1} f(z)+\operatorname*{Res}_{z=3} f(z)+\operatorname*{Res}_{z=\infty} f(z)=0$$

由被积函数 $f(z)$ 的表达式、定理 7.1 和规则Ⅳ，可得

$$\begin{aligned}\oint_C \frac{1}{(z+i)^{10}(z-1)(z-3)}\mathrm{d}z &= 2\pi i\left(\operatorname*{Res}_{z=-i} f(z)+\operatorname*{Res}_{z=1} f(z)\right)\\ &= -2\pi i\left(\operatorname*{Res}_{z=3} f(z)+\operatorname*{Res}_{z=\infty} f(z)\right)\\ &= -2\pi i\left[\frac{1}{2(3+i)^{10}}+0\right]=-\frac{\pi i}{(3+i)^{10}}\end{aligned}$$

由于 $-i$ 是被积函数 $f(z)$ 的十阶极点，如果用前面的方法计算，就会涉及有理分式函数的九阶导数的求解和求导后的极限运算，其计算是相当繁琐的.

7.2 留数在计算实积分上的应用

根据留数定理，可以用留数来计算沿闭曲线的复变函数的积分，如果定积分可以化为沿闭曲线的复变函数的积分，那么留数就是计算定积分的一个有效办法，特别是当被积函数的原函数不易求得时，更加有效. 即使寻常的方法可以计算定积分，但如果用留数，也往往计算更方便. 只是这个方法的使用还受到很大的限制. 首先，被积函数必须要与某个解析函数密切相关. 其次，定积分的积分域是区间，而用留数来计算要牵涉到把问题化为沿闭曲线的复积分. 这是比较困难的一点. 下面我们来阐述怎样利用留数求几种特殊形式的定积分的值.

7.2.1 计算形如 $\int_0^{2\pi} R(\cos\theta,\sin\theta)\mathrm{d}\theta$ 的积分

其中 $R(\cos\theta,\sin\theta)$ 是关于 $\cos\theta$ 与 $\sin\theta$ 的有理函数，且它在 $\theta\in[0,2\pi]$ 上连续. 若令 $z=e^{i\theta}=\cos\theta+i\sin\theta$，则当 θ 取值从 0 变到 2π 时，z 沿圆周 $|z|=1$ 的正方向绕行一周. 此时，$\mathrm{d}z=ie^{i\theta}\mathrm{d}\theta$，则 $\mathrm{d}\theta=\frac{1}{iz}\mathrm{d}z$，且

$$\cos\theta=\frac{1}{2}(e^{i\theta}+e^{-i\theta})=\frac{z^2+1}{2z},\quad \sin\theta=\frac{1}{2i}(e^{i\theta}-e^{-i\theta})=\frac{z^2-1}{2iz}$$

从而，所求积分可以化为沿正向单位圆周 $|z|=1$ 的复变函数的积分：

$$\int_0^{2\pi} R(\cos\theta,\sin\theta)\mathrm{d}\theta=\oint_{|z|=1} R\left(\frac{z^2+1}{2z},\frac{z^2-1}{2iz}\right)\cdot\frac{1}{iz}\mathrm{d}z=\oint_{|z|=1} f(z)\mathrm{d}z$$

其中 $f(z)$ 是关于 z 的有理函数，且在单位圆周 $|z|=1$ 上分母不为零（圆周上无奇点），所以满足留数定理的条件. 根据留数定理可得所求的积分值：

$$\oint_{|z|=1} f(z)\mathrm{d}z=2\pi i\sum_{k=1}^{n}\operatorname*{Res}_{z=z_k} f(z) \tag{7.2.1}$$

其中 $z_k\ (k=1,2,\cdots,n)$ 为包含在单位圆周 $|z|=1$ 内的被积函数 $f(z)$ 的孤立奇点.

注　关键的一步是引进变量代换 $z=e^{i\theta}$，至于被积函数 $R(\cos\theta,\sin\theta)$ 在 $\theta\in[0,2\pi]$ 上的连续性可不必先检验，只要看变换后的被积函数在 $|z|=1$ 上是否有奇点.

根据前两式可得

$$\int_0^{2\pi} R(\cos\theta,\sin\theta)\,d\theta = 2\pi i\sum_{k=1}^{n}\operatorname*{Res}_{z=z_k} f(z)$$

例 1　计算 $I=\int_0^{2\pi}\dfrac{\cos 2\theta}{1-2p\cos\theta+p^2}d\theta\ (0<p<1)$ 的值.

解　由于 $0<p<1$，被积函数的分母 $1-2p\cos\theta+p^2=(p-\cos\theta)^2+(1-\cos^2\theta)$ 在 θ 的取值区间 $[0,2\pi]$ 内不为零，因而积分有意义.

设 $z=e^{i\theta}$，则 $d\theta=\dfrac{1}{iz}dz$，且

$$\cos 2\theta=\frac{1}{2}(e^{2i\theta}+e^{-2i\theta})=\frac{z^2+z^{-2}}{2}，\quad \cos\theta=\frac{1}{2}(e^{i\theta}+e^{-i\theta})=\frac{z+z^{-1}}{2}$$

从而

$$I=\oint_{|z|=1}\frac{z^2+z^{-2}}{2}\cdot\frac{1}{1-2p\cdot\dfrac{z+z^{-1}}{2}+p^2}\cdot\frac{1}{iz}dz$$

$$=\oint_{|z|=1}\frac{1+z^4}{2iz^2(1-pz)(z-p)}dz=\oint_{|z|=1}f(z)dz$$

上面的被积函数 $f(z)$ 有三个不解析点：$z=0,\ z=p,\ z=\dfrac{1}{p}$. 其中只有前两个点在 $|z|=1$ 内，且 $z=0$ 为二阶极点，$z=p$ 为一阶极点，在圆周 $|z|=1$ 上被积函数无奇点. 又

$$\operatorname*{Res}_{z=0} f(z)=\lim_{z\to 0}\frac{d}{dz}\left[z^2\cdot\frac{1+z^4}{2iz^2(1-pz)(z-p)}\right]$$

$$=\lim_{z\to 0}\frac{4z^3(1-pz)(z-p)-(1+z^4)[(-p)(z-p)+(1-pz)]}{2i(1-pz)^2(z-p)^2}$$

$$=-\frac{1+p^2}{2ip^2},$$

$$\operatorname*{Res}_{z=p} f(z)=\lim_{z\to p}\left[(z-p)\cdot\frac{1+z^4}{2iz^2(1-pz)(z-p)}\right]$$

$$=\frac{1+p^4}{2ip^2(1-p^2)}$$

因此

$$I=2\pi i\left[-\frac{1+p^2}{2ip^2}+\frac{1+p^4}{2ip^2(1-p^2)}\right]=\frac{2\pi p^2}{1-p^2}$$

例 2 计算积分 $I=\int_0^{2\pi}\dfrac{\sin^2\theta}{a+b\cos\theta}\mathrm{d}\theta\ (a>b>0)$.

解 设 $z=\mathrm{e}^{\mathrm{i}\theta}$，则

$$I=\oint_{|z|=1}\left[-\frac{(z^2-1)^2}{4z^2}\right]\frac{1}{a+b\left(\dfrac{z^2+1}{2z}\right)}\cdot\frac{1}{\mathrm{i}z}\mathrm{d}z.$$

$$=\frac{\mathrm{i}}{2b}\oint_{|z|=1}\frac{(z^2-1)^2}{z^2\left(z^2+\dfrac{2a}{b}z+1\right)}\mathrm{d}z$$

$$=\frac{\mathrm{i}}{2b}\oint_{|z|=1}\frac{(z^2-1)^2}{z^2(z-\alpha)(z-\beta)}\mathrm{d}z$$

其中 $\alpha=\dfrac{-a+\sqrt{a^2-b^2}}{b}$， $\beta=\dfrac{-a-\sqrt{a^2-b^2}}{b}$ 为实系数二次方程的两个不同的实根. 由根与系数的关系 $\alpha\beta=1$，且 $|\alpha|<|\beta|$，故必有 $|\alpha|<1<|\beta|$.

于是，被积函数 $f(z)$ 在 $|z|=1$ 上无奇点，只有在圆周 $|z|=1$ 内有一个二阶极点 $z=0$ 和一个一阶极点 $z=\alpha$. 由式（7.1.6），有

$$\operatorname*{Res}_{z=0}f(z)=\left[\frac{(z^2-1)^2}{z^2+\dfrac{2a}{b}z+1}\right]'\Bigg|_{z=0}=-\frac{2a}{b},$$

$$\operatorname*{Res}_{z=\alpha}f(z)=\left[\frac{(z^2-1)^2}{z^2(z-\beta)}\right]\Bigg|_{z=\alpha}=\frac{(\alpha^2-1)^2}{\alpha^2(\alpha-\beta)}=\frac{\left(\alpha-\dfrac{1}{\alpha}\right)^2}{\alpha-\beta}$$

$$=\frac{(\alpha-\beta)^2}{\alpha-\beta}=\alpha-\beta=\frac{2\sqrt{a^2-b^2}}{b}$$

因此，由留数定理可得

$$I=\frac{\mathrm{i}}{2b}\cdot2\pi\mathrm{i}\left(-\frac{2a}{b}+\frac{2\sqrt{a^2-b^2}}{b}\right)=\frac{2\pi}{b^2}(a-\sqrt{a^2-b^2})$$

若 $R(\cos\theta,\sin\theta)$ 为 θ 的偶函数，则 $\int_0^{\pi}R(\cos\theta,\sin\theta)\mathrm{d}\theta$ 之值亦可由上述方法求之. 因为此时有

$$\int_0^{\pi}R(\cos\theta,\sin\theta)\mathrm{d}\theta=\frac{1}{2}\int_{-\pi}^{\pi}R(\cos\theta,\sin\theta)\mathrm{d}\theta$$

仍令 $z=\mathrm{e}^{\mathrm{i}\theta}$，与前同法，我们可将实积分 $\int_{-\pi}^{\pi}R(\cos\theta,\sin\theta)\mathrm{d}\theta$ 化为单位圆周 C 上的复积分，从而也可以用留数来计算.

7.2.2 计算形如$\int_{-\infty}^{+\infty} R(x)\,\mathrm{d}x$的积分

被积函数$R(x)$是关于x的有理分式函数，不妨设$R(x)=\dfrac{P(x)}{Q(x)}$，其中

$$P(x)=x^n+a_1x^{n-1}+a_2x^{n-2}+\cdots+a_n\,,$$

$$Q(x)=x^m+b_1x^{m-1}+b_2x^{m-2}+\cdots+b_m$$

且$m-n\geqslant 2$，$Q(x)\neq 0$. 则

$$R(z)=\frac{P(z)}{Q(z)}=\frac{z^n+a_1z^{n-1}+a_2z^{n-2}+\cdots+a_n}{z^m+b_1z^{m-1}+b_2z^{m-2}+\cdots+b_m}$$

在实轴上没有不解析点.

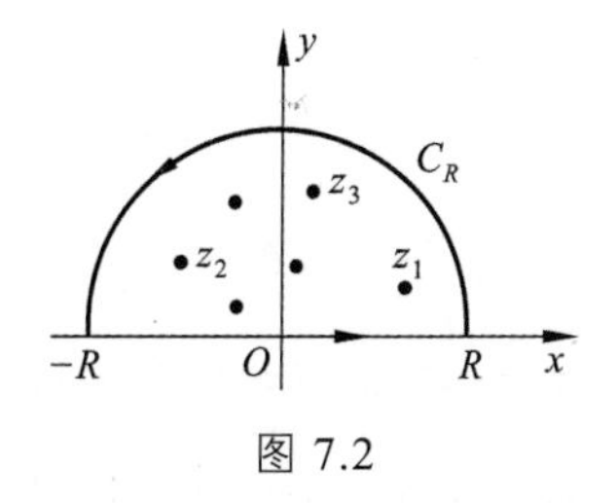

图 7.2

我们取如图 7.2 所示的积分路线，其中C_R是以原点为中心、R为半径的在上半复平面的半圆周. 取R适当大，使$R(z)$在上半复平面内的所有不解析点$z_k(k=1,2,\cdots,n)$都包含在这个半圆周C_R和$[-R,R]$连接而成的闭曲线这条积分路线所围成的区域内. 根据留数定理得

$$\int_{-R}^{R} R(x)\,\mathrm{d}x+\int_{C_R} R(z)\,\mathrm{d}z=2\pi\mathrm{i}\cdot\sum_{k=1}^{n}\operatorname*{Res}_{z=z_k} R(z) \tag{7.2.2}$$

式（7.2.2）不因半圆周C_R的半径R的不断增大而改变.

因为

$$|R(z)|=\frac{1}{|z|^{m-n}}\cdot\frac{|1+a_1z^{-1}+a_2z^{-2}+\cdots+a_nz^{-n}|}{|1+b_1z^{-1}+b_2z^{-2}+\cdots+b_mz^{-m}|}$$

而当$|z|=R$充分大时，特别是当$|z|=R\to\infty$时，有

$$\lim_{z\to\infty}\frac{|1+a_1z^{-1}+a_2z^{-2}+\cdots+a_nz^{-n}|}{|1+b_1z^{-1}+b_2z^{-2}+\cdots+b_mz^{-m}|}=\frac{1+0+\cdots+0}{1+0+\cdots+0}=1$$

故总可以使

$$\frac{|1+a_1z^{-1}+a_2z^{-2}+\cdots+a_nz^{-n}|}{|1+b_1z^{-1}+b_2z^{-2}+\cdots+b_mz^{-m}|}\leqslant 2$$

从而当$m-n\geqslant 2$时，有

$$|R(z)|\leqslant\frac{1}{|z|^{m-n}}\cdot 2\leqslant\frac{2}{|z|^2}$$

因此，在半径R充分大的C_R上，有

$$\left|\int_{C_R} R(z)\,\mathrm{d}z\right|\leqslant\int_{C_R}|R(z)|\,\mathrm{d}s\leqslant\int_{C_R}\frac{2}{R^2}\,\mathrm{d}s=\frac{2}{R^2}\cdot\pi R=\frac{2\pi}{R}$$

所以，当$|z|=R\to\infty$时，有$\int_{C_R} R(z)\,\mathrm{d}z\to 0$，同时有

$$\lim_{R\to\infty}\int_{-R}^{R} R(x)\,\mathrm{d}x=\int_{-\infty}^{+\infty} R(x)\,\mathrm{d}x .$$

故当$|z|=R$充分大时，特别是当$|z|=R\to\infty$时，有

$$\int_{-\infty}^{+\infty} R(x)\,\mathrm{d}x=2\pi\mathrm{i}\cdot\sum_{k=1}^{n}\operatorname*{Res}_{z=z_k} R(z) \tag{7.2.3}$$

如果被积函数$R(x)$是偶函数，则有

$$\int_{0}^{+\infty} R(x)\,\mathrm{d}x=\pi\mathrm{i}\cdot\sum_{k=1}^{n}\operatorname*{Res}_{z=z_k} R(z) \tag{7.2.4}$$

例 3 计算积分$I=\int_{-\infty}^{+\infty}\frac{x^2}{(x^2+a^2)(x^2+b^2)}\mathrm{d}x\ (a>0,b>0)$的值.

解 根据被积函数的表达式可知，此时$n=2,m=4$，满足$m-n\geqslant 2$，且在x轴上$Q(x)=(x^2+a^2)(x^2+b^2)\neq 0$. 设$R(z)=\frac{z^2}{(z^2+a^2)(z^2+b^2)}$，则$R(z)$在$x$轴上没有奇点，在上半复平面有两个一阶极点$a\mathrm{i}$，$b\mathrm{i}$，所求积分满足公式（7.2.3）成立的条件. 故

$$\begin{aligned}I&=\int_{-\infty}^{+\infty}\frac{x^2}{(x^2+a^2)(x^2+b^2)}\mathrm{d}x=2\pi\mathrm{i}(\operatorname*{Res}_{z=a\mathrm{i}}R(z)+\operatorname*{Res}_{z=b\mathrm{i}}R(z))\\&=2\pi\mathrm{i}\left[\left.\frac{z^2}{(z+a\mathrm{i})(z^2+b^2)}\right|_{z=a\mathrm{i}}+\left.\frac{z^2}{(z^2+a^2)(z+b\mathrm{i})}\right|_{z=b\mathrm{i}}\right]\\&=\frac{\pi}{a+b}.\end{aligned}$$

例 4 计算积分$I=\int_{0}^{+\infty}\frac{1}{x^4+a^4}\mathrm{d}x\ (a>0)$的值.

解 根据被积函数的表达式可知，此时$n=0,m=4$，满足$m-n\geqslant 2$，且在x轴上$Q(x)=x^4+a^4\neq 0$. 设$R(z)=\frac{1}{z^4+a^4}$，则$R(z)$在x轴上没有奇点，在上半复平面有两个一阶极点$a\mathrm{e}^{\frac{\pi}{4}\mathrm{i}}$，$a\mathrm{e}^{\frac{3\pi}{4}\mathrm{i}}$，所求积分满足公式（7.2.4）成立的条件. 故

$$\begin{aligned}I&=\int_{0}^{+\infty}\frac{1}{x^4+a^4}\mathrm{d}x=\pi\mathrm{i}\left(\operatorname*{Res}_{z=a\mathrm{e}^{\frac{\pi}{4}\mathrm{i}}}R(z)+\operatorname*{Res}_{z=a\mathrm{e}^{\frac{3\pi}{4}\mathrm{i}}}R(z)\right)\\&=\pi\mathrm{i}\left[\left.\frac{1}{(z^4+a^4)'}\right|_{z=a\mathrm{e}^{\frac{\pi}{4}\mathrm{i}}}+\left.\frac{1}{(z^4+a^4)'}\right|_{z=a\mathrm{e}^{\frac{3\pi}{4}\mathrm{i}}}\right]\\&=\frac{\pi}{2\sqrt{2}a^3}.\end{aligned}$$

7.2.3 计算形如$\int_{-\infty}^{+\infty}R(x)\mathrm{e}^{\mathrm{i}\alpha x}\,\mathrm{d}x(\alpha>0)$的积分

被积函数中的$R(x)$和前面第 2 种积分$\int_{-\infty}^{+\infty}R(x)\mathrm{d}x$中的$R(x)$一样，是关于$x$的有理分式函

数，且分母分子的最高次幂满足 $m-n\geqslant 1$，$Q(x)\neq 0$．则

$$R(z)=\frac{P(z)}{Q(z)}=\frac{z^n+a_1z^{n-1}+a_2z^{n-2}+\cdots+a_n}{z^m+b_1z^{m-1}+b_2z^{m-2}+\cdots+b_m}$$

在实轴上没有不解析点．

和前面的处理办法一样．我们取图 7.2 所示的积分路线 $\Gamma=C_R+[-R,R]$，让 R 足够大，大到使 $R(z)$ 在上半复平面内的所有不解析点 $z_k(k=1,2,\cdots,n)$ 都包含在 Γ 这条积分路线围成的区域内．且和前面的分析一样，易得 $|R(z)|<\dfrac{2}{|z|}$．同理，在半径 R 充分大的 C_R 上，有

$$\left|\int_{C_R}R(z)\mathrm{e}^{\mathrm{i}\alpha z}\,\mathrm{d}z\right|\leqslant\int_{C_R}|R(z)||\mathrm{e}^{\mathrm{i}\alpha z}|\,\mathrm{d}s$$

设 C_R 上的 $z=R\mathrm{e}^{\mathrm{i}\theta}=R(\cos\theta+\mathrm{i}\sin\theta)$，则 $\mathrm{e}^{\mathrm{i}\alpha z}=\mathrm{e}^{\mathrm{i}\alpha R\mathrm{e}^{\mathrm{i}\theta}}=\mathrm{e}^{\mathrm{i}\alpha R(\cos\theta+\mathrm{i}\sin\theta)}$，从而 $\left|\mathrm{e}^{\mathrm{i}\alpha z}\right|=\mathrm{e}^{-\alpha R\sin\theta}$．于是，由若尔当不等式

$$\frac{2\theta}{\pi}\leqslant\sin\theta\leqslant\theta\left(0\leqslant\theta\leqslant\frac{\pi}{2}\right)$$

可以把上面的积分式化为

$$\begin{aligned}\left|\int_{C_R}R(z)\mathrm{e}^{\mathrm{i}\alpha z}\,\mathrm{d}z\right|&\leqslant\int_{C_R}|R(z)||\,\mathrm{e}^{\mathrm{i}\alpha z}\,|\,\mathrm{d}s\leqslant\int_{C_R}\frac{2}{R}\mathrm{e}^{-\alpha R\sin\theta}\,\mathrm{d}s\\&=2\int_0^{\pi}\mathrm{e}^{-\alpha R\sin\theta}\,\mathrm{d}\theta=4\int_0^{\frac{\pi}{2}}\mathrm{e}^{-\alpha R\sin\theta}\,\mathrm{d}\theta<4\int_0^{\frac{\pi}{2}}\mathrm{e}^{-\alpha R\frac{2\theta}{\pi}}\,\mathrm{d}\theta\\&=\frac{2\pi}{\alpha R}(1-\mathrm{e}^{-\alpha R})\end{aligned}$$

所以，当 $|z|=R\to\infty$ 时，有 $\int_{C_R}R(z)\mathrm{e}^{\mathrm{i}\alpha z}\,\mathrm{d}z\to 0$，同时有

$$\lim_{R\to\infty}\int_{-R}^{R}R(x)\mathrm{e}^{\mathrm{i}\alpha x}\,\mathrm{d}x=\int_{-\infty}^{+\infty}R(x)\mathrm{e}^{\mathrm{i}\alpha x}\,\mathrm{d}x\,.$$

故当 $|z|=R$ 充分大时，特别是当 $|z|=R\to\infty$ 时，再结合留数定理，有

$$\int_{-\infty}^{+\infty}R(x)\mathrm{e}^{\mathrm{i}\alpha x}\,\mathrm{d}x=2\pi\mathrm{i}\cdot\sum_{k=1}^{n}\operatorname*{Res}_{z=z_k}\left(R(z)\mathrm{e}^{\mathrm{i}\alpha z}\right)\qquad(7.2.5)$$

或

$$\begin{aligned}\int_{+\infty}^{-\infty}R(x)\mathrm{e}^{\mathrm{i}\alpha x}\mathrm{d}x&=\int_{+\infty}^{-\infty}R(x)\cos\alpha x\,\mathrm{d}x+\mathrm{i}\int_{+\infty}^{-\infty}R(x)\sin\alpha x\,\mathrm{d}x\\&=2\pi\mathrm{i}\sum_{k=1}^{n}\operatorname*{Res}_{z=z_k}\left(R(z)\mathrm{e}^{\mathrm{i}\alpha z}\right)\end{aligned}\qquad(7.2.6)$$

例 5　计算积分 $I=\int_0^{+\infty}\dfrac{\cos mx}{1+x^2}\,\mathrm{d}x\ (m>0)$ 的值．

解　被积函数为偶函数，则

$$I=\int_0^{+\infty}\frac{\cos mx}{1+x^2}\mathrm{d}x=\frac{1}{2}\int_{-\infty}^{+\infty}\frac{\cos mx}{1+x^2}\mathrm{d}x$$

设 $f(z)=\dfrac{\mathrm{e}^{\mathrm{i}mz}}{1+z^2}$，且 $f(z)$ 满足式（7.2.5）、式（7.2.6）成立的条件，从而

$$\int_{-\infty}^{+\infty}\frac{\mathrm{e}^{\mathrm{i}mx}}{1+x^2}\mathrm{d}x=2\pi\mathrm{i}\operatorname*{Res}_{z=\mathrm{i}}f(z)=2\pi\mathrm{i}\left.\frac{\mathrm{e}^{\mathrm{i}mz}}{z+\mathrm{i}}\right|_{z=\mathrm{i}}=\pi\mathrm{e}^{-m}$$

故
$$I=\int_0^{+\infty}\frac{\cos mx}{1+x^2}\mathrm{d}x=\frac{1}{2}\int_{-\infty}^{+\infty}\frac{\cos mx}{1+x^2}\mathrm{d}x=\frac{1}{2}\mathrm{Re}\left(\int_{-\infty}^{+\infty}\frac{\mathrm{e}^{\mathrm{i}mx}}{1+x^2}\mathrm{d}x\right)=\frac{\pi}{2}\mathrm{e}^{-m}$$

例 6 计算积分 $I=\int_{-\infty}^{+\infty}\dfrac{x\cos x}{x^2-2x+10}\mathrm{d}x$ 的值.

解 设 $f(z)=\dfrac{z\,\mathrm{e}^{\mathrm{i}z}}{z^2-2z+10}$，易知 $z_1=1+3\mathrm{i}$，$z_2=1-3\mathrm{i}$ 为 $f(z)$ 的一阶极点，且 $f(z)$ 满足式（7.2.5）、式（7.2.6）成立的条件，从而

$$\int_{-\infty}^{+\infty}\frac{x\,\mathrm{e}^{\mathrm{i}x}}{x^2-2x+10}\mathrm{d}x=2\pi\mathrm{i}\operatorname*{Res}_{z=1+3\mathrm{i}}f(z)=2\pi\mathrm{i}\left[\frac{z\,\mathrm{e}^{\mathrm{i}z}}{z-1+3\mathrm{i}}\right]_{z=z_1}$$

$$=2\pi\mathrm{i}\frac{(1+3\mathrm{i})\,\mathrm{e}^{\mathrm{i}(1+3\mathrm{i})}}{6\mathrm{i}}=\frac{\pi}{3}\mathrm{e}^{-3}(1+3\mathrm{i})(\cos 1+\mathrm{i}\sin 1)$$

故
$$\int_{-\infty}^{+\infty}\frac{x\cos x}{x^2-2x+10}\mathrm{d}x=\mathrm{Re}\left(\int_{-\infty}^{+\infty}\frac{x\,\mathrm{e}^{\mathrm{i}x}}{x^2-2x+10}\mathrm{d}x\right)=\frac{\pi}{3}\mathrm{e}^{-3}(\cos 1-3\sin 1)$$

同理可得

$$\int_{-\infty}^{+\infty}\frac{x\sin x}{x^2-2x+10}\mathrm{d}x=\mathrm{Im}\left(\int_{-\infty}^{+\infty}\frac{x\,\mathrm{e}^{\mathrm{i}x}}{x^2-2x+10}\mathrm{d}x\right)=\frac{\pi}{3}\mathrm{e}^{-3}(\sin 1+3\cos 1)$$

在上面提到的第 2、3 种类型的积分中，要求被积函数 $R(z)$ 在实轴上没有孤立奇点. 至于不满足这个条件的积分应如何计算，我们结合例 7 来看看.

例 7 计算积分 $\int_0^{+\infty}\dfrac{\sin x}{x}\mathrm{d}x$ 的值.

解 因为被积函数为偶函数，所以

$$\int_0^{+\infty}\frac{\sin x}{x}\mathrm{d}x=\frac{1}{2}\int_{-\infty}^{+\infty}\frac{\sin x}{x}\mathrm{d}x$$

上式右端的积分与例 5 类似，故可以从 $\dfrac{\mathrm{e}^{\mathrm{i}z}}{z}$ 沿一条闭曲线的积分计算上式右端的积分. 但是，$\dfrac{\mathrm{e}^{\mathrm{i}z}}{z}$ 在实轴上有 $z=0$ 这个一阶极点. 为了使积分的路线不通过这个孤立奇点，我们取图 7.3 所示的路线. 由柯西-古萨基本定理，有

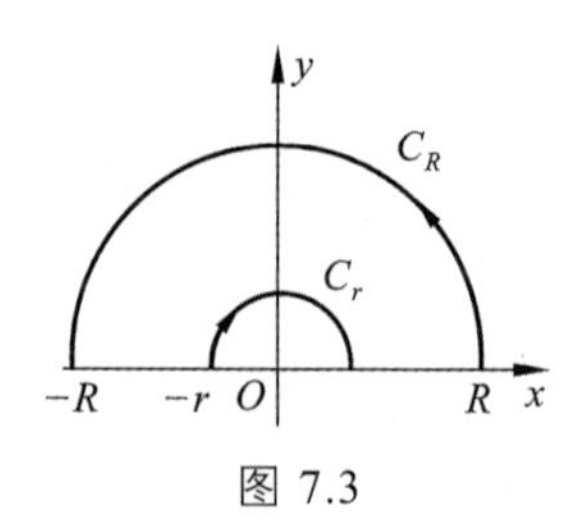

图 7.3

$$\int_{C_R}\frac{e^{iz}}{z}dz+\int_{-R}^{-r}\frac{e^{ix}}{x}dx+\int_{C_r}\frac{e^{iz}}{z}dz+\int_{r}^{R}\frac{e^{ix}}{x}dx=0$$

令 $x=-t$，则有

$$\int_{-R}^{-r}\frac{e^{ix}}{x}dx=\int_{R}^{r}\frac{e^{-it}}{t}dt=-\int_{r}^{R}\frac{e^{-ix}}{x}dx$$

所以

$$\int_{r}^{R}\frac{e^{ix}-e^{-ix}}{x}dx+\int_{C_R}\frac{e^{iz}}{z}dz+\int_{C_r}\frac{e^{iz}}{z}dz=0$$

即

$$2i\int_{r}^{R}\frac{\sin x}{x}dx+\int_{C_R}\frac{e^{iz}}{z}dz+\int_{C_r}\frac{e^{iz}}{z}dz=0 \tag{7.2.7}$$

又

$$\left|\int_{C_R}\frac{e^{iz}}{z}dz\right|\leqslant\int_{C_R}\frac{|e^{iz}|}{|z|}ds=\frac{1}{R}\int_{C_R}e^{-R\sin\theta}ds$$

$$=\int_{0}^{\pi}e^{-R\sin\theta}d\theta=2\int_{0}^{\frac{\pi}{2}}e^{-R\sin\theta}d\theta\leqslant2\int_{0}^{\frac{\pi}{2}}e^{-R\frac{2\theta}{\pi}}d\theta$$

$$=\frac{\pi}{R}(1-e^{-R})$$

所以，当 $|z|=R\to\infty$ 时，有

$$\int_{C_R}\frac{e^{iz}}{z}dz\to0 \tag{7.2.8}$$

又

$$\frac{e^{iz}}{z}=\frac{1}{z}+i-\frac{z}{2!}+\cdots+\frac{i^n z^{n-1}}{n!}+\cdots=\frac{1}{z}+\varphi(z)$$

其中 $\varphi(z)=i-\frac{z}{2!}+\cdots+\frac{i^n z^{n-1}}{n!}+\cdots$ 在 $z=0$ 点解析，且 $\varphi(0)=i$，因而根据函数连续的定义知，当 $|z|$ 充分小时，可以使 $|\varphi(z)|\leqslant2$．由于

$$\int_{C_r}\frac{e^{iz}}{z}dz=\int_{C_r}\frac{1}{z}dz+\int_{C_r}\varphi(z)dz$$

从而

$$\int_{C_r}\frac{1}{z}dz=\int_{\pi}^{0}\frac{ire^{i\theta}}{re^{i\theta}}d\theta=-i\pi$$

且在 C_r 上，当 $|z|=r$ 充分小时，有

$$\left|\int_{C_r}\varphi(z)dz\right|\leqslant\int_{C_r}|\varphi(z)|ds\leqslant\int_{C_r}2ds=2\pi r$$

从而当 $|z|=r\to0$ 时，有 $\int_{C_r}\varphi(z)dz\to0$．因此得到

$$\lim_{r\to 0}\int_{C_r}\frac{e^{iz}}{z}dz=-\pi i \tag{7.2.9}$$

所以，由式（7.2.7）~（7.2.9）可得

$$2i\int_0^{+\infty}\frac{\sin x}{x}dx=\pi i$$

即
$$\int_0^{+\infty}\frac{\sin x}{x}dx=\frac{\pi}{2}$$

这个积分常常用在研究阻尼振动中.

例 8 计算积分 $\int_0^{+\infty}\sin x^2 dx$ 及 $\int_0^{+\infty}\cos x^2 dx$ 的值.（已知泊松积分 $\int_0^{+\infty}e^{-x^2}dx=\frac{\sqrt{\pi}}{2}$）

解 考察辅助函数

$$f(z)=e^{iz^2}$$

它是在整个复平面上处处解析的整函数，取图 7.4 所示的积分路线闭曲线 C_R.

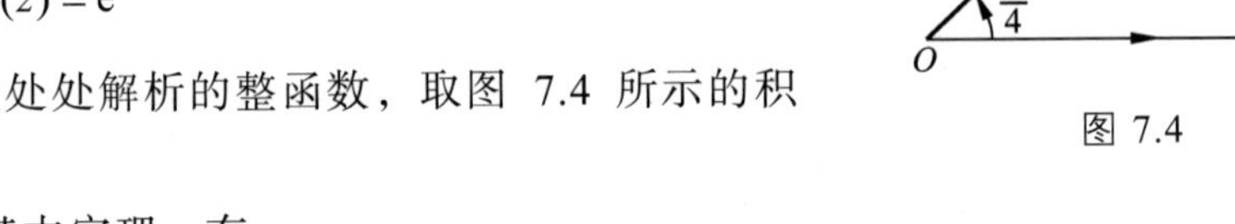

图 7.4

根据柯西-古萨基本定理，有

$$\oint_{C_R}e^{iz^2}dz=0$$

即
$$0=\int_0^R e^{ix^2}dx+\int_{\Gamma_R}e^{iz^2}dz+\int_R^0 e^{ir^2e^{i\frac{\pi}{2}}}e^{i\frac{\pi}{4}}dr$$

或
$$\int_0^R(\cos x^2+i\sin x^2)dx=e^{\frac{\pi}{4}i}\int_0^R e^{-r^2}dr-\int_0^{\frac{\pi}{4}}e^{iR^2\cos 2\theta-R^2\sin 2\theta}iRe^{i\theta}d\theta$$

当 $R\to\infty$ 时，上式右边的第一个积分为

$$\lim_{R\to\infty}e^{\frac{\pi}{4}i}\int_0^R e^{-r^2}dr=e^{\frac{\pi}{4}i}\int_0^{\infty}e^{-r^2}dr=\frac{1}{2}\left(\sqrt{\frac{\pi}{2}}+i\sqrt{\frac{\pi}{2}}\right)$$

而右边的第二个积分的绝对值满足

$$\left|\int_0^{\frac{\pi}{4}}e^{iR^2\cos 2\theta-R^2\sin 2\theta}iRe^{i\theta}d\theta\right|\leqslant\int_0^{\frac{\pi}{4}}e^{-R^2\sin 2\theta}Rd\theta\leqslant R\int_0^{\frac{\pi}{4}}e^{-\frac{4}{\pi}R^2\theta}d\theta$$

$$=\frac{\pi}{4R}(1-e^{-R^2})$$

由此可知，当 $R\to\infty$ 时，第二个积分趋于 0，从而有

$$\int_0^{\infty}(\cos x^2+i\sin x^2)dx=\frac{1}{2}\left(\sqrt{\frac{\pi}{2}}+i\sqrt{\frac{\pi}{2}}\right)$$

由此可得，上式两边的实部和虚部分别对应相等，即

$$\int_0^{\infty}\cos x^2\,\mathrm{d}x=\frac{1}{2}\sqrt{\frac{\pi}{2}}\text{，}\int_0^{\infty}\sin x^2\,\mathrm{d}x=\frac{1}{2}\sqrt{\frac{\pi}{2}}$$

这两个积分称为弗莱聂耳（Frensnel）积分. 它们常常用在光学的研究中.

7.3 对数留数与幅角原理

在前一节中已经介绍了利用留数理论来计算实积分. 在这一节中，我们仍以留数理论为依据来介绍对数留数与辐角原理，它们有助于判断一个方程 $f(z)=0$ 各个根所在的范围，这对研究运动的稳定性往往很实用.

7.3.1 对数留数

我们把具有下列形式的积分

$$\frac{1}{2\pi \mathrm{i}}\oint_C \frac{f'(z)}{f(z)}\mathrm{d}z$$

称为 $f(z)$ 的对数留数（这个名称来源于 $\frac{f'(z)}{f(z)}=\frac{\mathrm{d}}{\mathrm{d}z}(\ln f(z))$）. 事实上，$f(z)$ 的对数留数就是 $\ln f(z)$ 的导数 $\frac{f'(z)}{f(z)}$ 在曲线 C 内的孤立奇点处的留数的代数和.

关于对数留数，有下面的一个重要定理.

定理 7.3 如果 $f(z)$ 在简单闭曲线 C 上解析且不为零，在 C 的内部除去有限个极点外处处解析，那么

$$\frac{1}{2\pi \mathrm{i}}\oint_C \frac{f'(z)}{f(z)}\mathrm{d}z=N(f,C)-P(f,C) \tag{7.3.1}$$

其中，$N(f,C)$ 为 $f(z)$ 在 C 内零点的总个数，$P(f,C)$ 为 $f(z)$ 在 C 内极点的总个数，且 C 取正向. 在计算零点与极点的个数时，m 阶的零点或极点对应地算作 m 个零点或极点.

证明 设 $f(z)$ 在 C 内有一个 n_k 阶的零点 a_k，那么在 a_k 的邻域 $|z-a_k|<\delta$ 内，有

$$f(z)=(z-a_k)^{n_k}\varphi(z)$$

其中，$\varphi(z)$ 在 a_k 的邻域 $|z-a_k|<\delta$ 内解析，且 $\varphi(a_k)\neq 0$，从而根据解析函数零点的孤立性知，在这个邻域内 $\varphi(z)\neq 0$. 所以

$$f'(z)=n_k(z-a_k)^{n_k-1}\varphi(z)+(z-a_k)^{n_k}\varphi'(z)$$

故在 $0<|z-a_k|<\delta$ 内，有

$$\frac{f'(z)}{f(z)}=\frac{n_k}{z-a_k}+\frac{\varphi'(z)}{\varphi(z)}$$

$\varphi(z)$ 在 $|z-a_k|<\delta$ 内解析，因而 $\varphi'(z)$ 也解析，且 $\varphi(z)\neq 0$，所以 $\frac{\varphi'(z)}{\varphi(z)}$ 也是这一邻域内的解析

函数．由上式可知，a_k 是 $\dfrac{f'(z)}{f(z)}$ 的一阶极点，且 $\dfrac{f'(z)}{f(z)}$ 在 a_k 的留数是 n_k．

同样地，设 $f(z)$ 在 C 内有一个 p_k 阶的极点 b_k，那么在 b_k 的邻域 $|z-b_k|<\delta'$ 内，有

$$f(z)=\frac{1}{(z-b_k)^{p_k}}\psi(z)$$

其中，$\psi(z)$ 在 b_k 的邻域 $|z-b_k|<\delta'$ 内解析，且 $\psi(b_k)\neq 0$，从而根据解析函数零点的孤立性知，在这个邻域内 $\psi(z)\neq 0$．所以

$$f'(z)=-p_k(z-b_k)^{-p_k-1}\psi(z)+(z-b_k)^{-p_k}\psi'(z)$$

故在 $0<|z-b_k|<\delta'$ 内，有

$$\frac{f'(z)}{f(z)}=\frac{-p_k}{z-b_k}+\frac{\psi'(z)}{\psi(z)}$$

$\psi(z)$ 在 $|z-b_k|<\delta'$ 内解析，因而 $\psi'(z)$ 也解析，且 $\psi(z)\neq 0$，所以 $\dfrac{\psi'(z)}{\psi(z)}$ 也是这一邻域内的解析函数．由上式可知，b_k 是 $\dfrac{f'(z)}{f(z)}$ 的一阶极点，且 $\dfrac{f'(z)}{f(z)}$ 在 b_k 的留数是 $-p_k$．

综上分析可知，如果解析函数 $f(z)$ 在 C 内有 l 个阶数分别为 $n_1,n_2,\cdots,n_l$ 的零点 $a_1,a_2,\cdots,a_l$ 和 m 个阶数分别为 $p_1,p_2,\cdots,p_m$ 的极点 $b_1,b_2,\cdots,b_m$，那么根据留数定理可得

$$\frac{1}{2\pi\mathrm{i}}\oint_C\frac{f'(z)}{f(z)}\mathrm{d}z=\sum_{k=1}^{l}\operatorname*{Res}_{z=a_k}\left(\frac{f'(z)}{f(z)}\right)+\sum_{k=1}^{m}\operatorname*{Res}_{z=b_k}\left(\frac{f'(z)}{f(z)}\right)$$

即
$$\frac{1}{2\pi\mathrm{i}}\oint_C\frac{f'(z)}{f(z)}\mathrm{d}z=(n_1+n_2+\cdots+n_l)-(p_1+p_2+\cdots+p_m)$$

或
$$\frac{1}{2\pi\mathrm{i}}\oint_C\frac{f'(z)}{f(z)}\mathrm{d}z=N(f,C)-P(f,C)$$

7.3.2　幅角原理

式（7.3.1）的左端是 $f(z)$ 的对数留数，它有简单的几何意义．为了说明这个意义，我们将它写成

$$\frac{1}{2\pi\mathrm{i}}\oint_C\frac{f'(z)}{f(z)}\mathrm{d}z=\frac{1}{2\pi\mathrm{i}}\oint_C\frac{\mathrm{d}}{\mathrm{d}z}(\ln f(z))\mathrm{d}z=\frac{1}{2\pi\mathrm{i}}\oint_C\mathrm{d}\ln f(z)$$
$$=\frac{1}{2\pi\mathrm{i}}\left(\oint_C\mathrm{d}\ln|f(z)|+\mathrm{i}\oint_C\mathrm{d}\arg f(z)\right)$$

函数 $\ln|f(z)|$ 是 z 的单值函数，当 z 从 z_0 起沿线 C 绕行一周回到 z_0 时，有

$$\oint_C\mathrm{d}\ln|f(z)|=\ln|f(z_0)|-\ln|f(z_0)|=0．$$

另外，当 z 从 z_0 起沿周线 C 的正方向绕行一周回到 z_0 时，函数 $\arg f(z)$ 的值可能改变．如

图 7.5 所示，对应的 $w=f(z)$ 从 $w_0=f(z_0)$ 起围绕原点二周后又回到起点 $w_0=f(z_0)$．显然，$\arg f(z)$ 的终值 φ_1 与始值 φ_0 相差 4π．于是得

$$\frac{1}{2\pi \mathrm{i}}\oint_C \frac{f'(z)}{f(z)}\mathrm{d}z=\frac{\mathrm{i}(\varphi_1-\varphi_0)}{2\pi \mathrm{i}}=\frac{\Delta_C \arg f(z)}{2\pi}$$

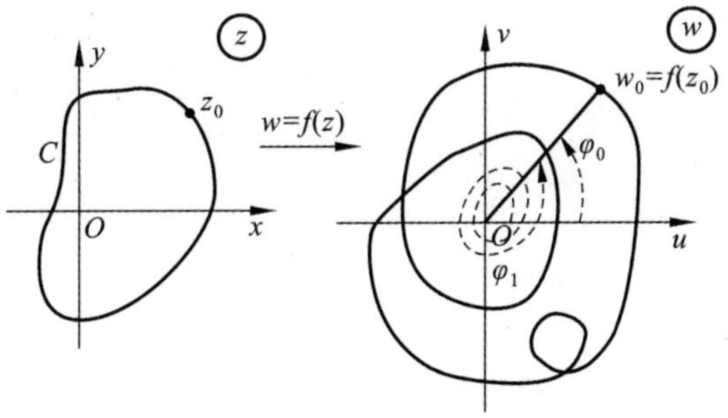

图 7.5

式中，$\Delta_C \arg f(z)$ 表示 z 沿周线 C 的正方向绕行一周后 $\arg f(z)$ 的改变量．它一定是 2π 的整数倍．

这样，我们可以把定理 7.3 改写成定理 7.4．

定理 7.4（辐角原理） 在定理 7.3 的条件下，$f(z)$ 在周线 C 内部的零点个数与极点个数之差，等于当 z 沿 C 的正向绕行一周后 $\arg f(z)$ 的改变量 $\Delta_C \arg f(z)$ 除以 2π，即

$$N(f,C)-P(f,C)=\frac{\Delta_C \arg f(z)}{2\pi} \tag{7.3.2}$$

特别地，如 $f(z)$ 在周线 C 上及周线 C 内部均解析，且 $f(z)$ 在 C 上不为零，则

$$N(f,C)=\frac{\Delta_C \arg f(z)}{2\pi} \tag{7.3.3}$$

例 1 设 $f(z)=(z-1)(z-2)^2(z-4)$，$C:|z|=3$，试验证辐角原理．

解 $f(z)$ 在 z 平面上处处解析，在 C 上无零点，且在 C 的内部只有一阶零点 $z=1$ 和二阶零点 $z=2$．所以，一方面有

$$N(f,C)=1+2=3.$$

另一方面，当 z 沿 C 的正方向绕行一周时，有

$$\begin{aligned}\Delta_C \arg f(z)&=\Delta_C \arg(z-1)+\Delta_C \arg(z-2)^2+\Delta_C \arg(z-4)\\&=\Delta_C \arg(z-1)+2\Delta_C \arg(z-2)\\&=2\pi+4\pi=6\pi\end{aligned}$$

于是，式（7.3.3）成立．

注 若定理 7.4 的条件“$f(z)$ 在简单闭曲线 C 上解析且不为零”减弱为“$f(z)$ 连续到边界 C，且在 C 上 $f(z)$ 不为零”，则辐角原理中式（7.3.2）（特别是当 $f(z)$ 在 C 内解析时的式（7.3.3））仍然成立．

事实上，首先取一条全含于 C 内部的周线 C'，使 C' 的内部包含 C 内部的全部零点和极

点，则对此周线 C'，根据复合闭路定理有

$$N(f,C)-P(f,C)=N(f,C')-P(f,C')=\frac{\Delta_{C'}\arg f(z)}{2\pi}$$

然后过渡到 $C\to C'$，利用函数 $f(z)$ 的连续性即可得到.

例 2 设 n 次多项式

$$P(z)=a_0z^n+a_1z^{n-1}+\cdots+a_{n-1}z+a_n\ (a_0\neq 0)$$

在虚轴上没有零点，试证明：它的零点全在左半平面 $\mathrm{Re}\,z<0$ 内部的充要条件是

$$\Delta\underset{y(-\infty\to+\infty)}{\arg}P(\mathrm{i}y)=n\pi$$

即当点 z 自下而上沿虚轴从点 ∞ 走向点 ∞ 的过程中，$P(z)$ 绕原点转了 $\dfrac{n}{2}$ 圈.

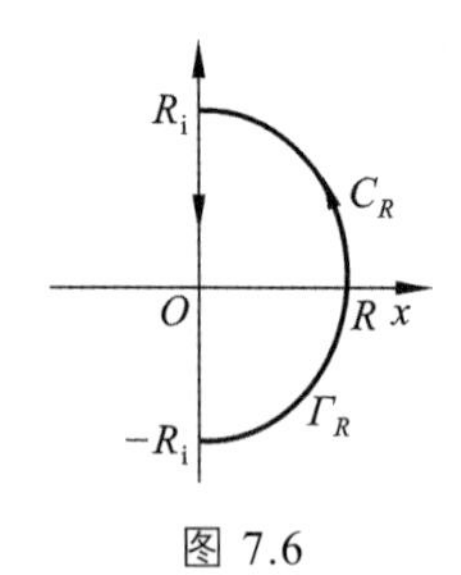

图 7.6

证明　令周线 C_R 是右半圆周 $\Gamma_R:z=R\mathrm{e}^{\mathrm{i}\theta}\left(-\dfrac{\pi}{2}\leqslant\theta\leqslant\dfrac{\pi}{2}\right)$ 以及虚轴上从 $R\mathrm{i}$ 到 $-R\mathrm{i}$ 的有向线段围成的闭曲线（见图 7.6），于是 $P(z)$ 的零点全在左半平面的充要条件是 $N(P,\ C_R)=0$ 对任意的 R 均成立. 由式（7.3.3）可知，此条件可改写成

$$0=\lim_{R\to+\infty}\Delta_{C_R}\arg P(z)=\lim_{R\to+\infty}\Delta_{\Gamma_R}\arg P(z)-\lim_{R\to+\infty}\Delta_{y(-\infty\to+\infty)}\arg P(\mathrm{i}y)\qquad(7.3.4)$$

但是我们有

$$\begin{aligned}\Delta_{\Gamma_R}\arg P(z)&=\Delta_{\Gamma_R}\arg a_0z^n(1+g(z))\\&=\Delta_{\Gamma_R}\arg a_0z^n+\Delta_{\Gamma_R}\arg(1+g(z))\end{aligned}$$

其中 $g(z)=\dfrac{a_1z^{n-1}+\cdots+a_{n-1}z+a_n}{a_0z^n}$，在 $R\to+\infty$ 时，$g(z)$ 沿 Γ_R 一致趋于零.

由此可知

$$\lim_{R\to+\infty}\Delta_{\Gamma_R}\arg(1+g(z))=0\,.$$

又有

$$\Delta_{\Gamma_R}\arg a_0z^n=\Delta_{\theta\left[-\frac{\pi}{2}\to\frac{\pi}{2}\right]}\arg a_0R^n\,\mathrm{e}^{\mathrm{i}n\theta}=n\pi\,.$$

则结合式（7.3.4），就得到了我们要证明的充要条件：

$$\Delta\underset{y(-\infty\to+\infty)}{\arg}P(\mathrm{i}y)=n\pi\,.$$

注　在自动控制中，若干物理和技术装置的稳定性问题可转化为求常系数线性微分方程

$$a_0\frac{\mathrm{d}^ny}{\mathrm{d}x^n}+a_1\frac{\mathrm{d}^{n-1}y}{\mathrm{d}x^{n-1}}+\cdots+a_ny=f(x)$$

的解的稳定性问题. 此问题要求微分方程的特征多项式

$$P(z)=a_0z^n+a_1z^{n-1}+\cdots+a_n$$

的根全在左半平面. 例 2 给出了此问题的一个判断依据.

下面的定理是辐角原理的一个推论，在考察函数零点的分布时，运用很方便.

7.3.3 儒歇（Rouché）定理

定理 7.5（**儒歇定理**） 设 C 是一条周线，函数 $f(z)$ 及 $\varphi(z)$ 满足条件：

（1）它们在 C 的内部均解析，在 C 上连续；

（2）在 C 上，$|f(z)|>|\varphi(z)|$，

则 $f(z)$ 与 $f(z)+\varphi(z)$ 在 C 的内部有同样多（几阶零点对应地算作几个零点）的零点，即

$$N(f,C)=N(f+\varphi,C).$$

证明 由假设知，$f(z)$ 与 $f(z)+\varphi(z)$ 在 C 的内部解析，在 C 上连续，且在 C 上，有 $|f(z)|>0$，$|f(z)+\varphi(z)|>|f(z)|-|\varphi(z)|>0$.

因此，这两个函数 $f(z)$ 及 $f(z)+\varphi(z)$ 都满足定理 7.4 及其注的条件. 于是，由式（7.3.3），只需证明

$$\Delta_C\arg(f(z)+\varphi(z))=\Delta_C\arg f(z) \tag{7.3.4}$$

由关系式

$$f(z)+\varphi(z)=f(z)\left(1+\frac{\varphi(z)}{f(z)}\right)$$

$$\Delta_C\arg\big(f(z)+\varphi(z)\big)=\Delta_C\arg f(z)+\Delta_C\arg\left(1+\frac{\varphi(z)}{f(z)}\right) \tag{7.3.5}$$

根据条件（2），当 z 沿 C 变动时，$\left|\dfrac{\varphi(z)}{f(z)}\right|<1$. 借助函数 $\eta=1+\dfrac{\varphi(z)}{f(z)}$ 将 z 平面上的周线 C 变成 η 平面上的闭曲线 $\varGamma$. 于是，$\varGamma$ 全在圆周 $|\eta-1|=1$ 的内部（见图 7.7），而原点 $\eta=0$ 又不在此圆周的内部. 也就是说，点 η 不会围绕原点 $\eta=0$ 绕行. 故

$$\Delta_C\arg\left(1+\frac{\varphi(z)}{f(z)}\right)=0$$

由式（7.3.5）可知式（7.3.4）成立.

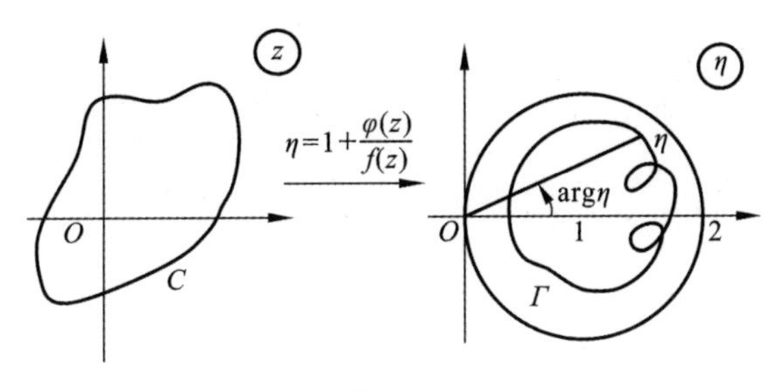

图 7.7

例 3 试证方程

$$a_0 z^n + a_1 z^{n-1} + \cdots + a_{n-1} z + a_n = 0(a_0 \neq 0)$$

有 n 个根.

证明 设 $f(z) = a_0 z^n$，$\varphi(z) = a_1 z^{n-1} + \cdots + a_{n-1} z + a_n$，那么

$$\left|\frac{\varphi(z)}{f(z)}\right| = \left|\frac{a_1 z^{n-1} + \cdots + a_{n-1} z + a_n}{a_0 z^n}\right|$$

$$\leqslant \left|\frac{a_1}{a_0}\right| \cdot \frac{1}{|z|} + \left|\frac{a_2}{a_0}\right| \cdot \frac{1}{|z|^2} + \cdots + \left|\frac{a_n}{a_0}\right| \cdot \frac{1}{|z|^n}$$

取 $|z| \geqslant R$，R 充分大，可使 $\left|\frac{\varphi(z)}{f(z)}\right| < 1$，即在圆 $|z| = R$ 上和圆外关系式 $|f(z)| > |\varphi(z)|$ 成立. 显然，$f(z)$ 与 $\varphi(z)$ 在圆 $|z| = R$ 上与圆内都是解析的. 根据儒歇定理，$f(z) = a_0 z^n$ 和 $f(z) + \varphi(z) = a_0 z^n + a_1 z^{n-1} + \cdots + a_{n-1} z + a_n$ 在圆内具有相同个数的零点，而 $f(z)$ 在圆内的零点个数是 n，所以 $f(z) + \varphi(z)$ 在圆内的零点个数也是 n. 又由于在圆上和在圆外 $|f(z)| > |\varphi(z)|$ 成立，则在圆上和在圆外 $f(z) + \varphi(z) = 0$ 不能有根，不然，将有 $|f(z)| = |\varphi(z)|$，与上述条件 $|f(z)| > |\varphi(z)|$ 相矛盾. 因此，原方程有 n 个根.

例 4 求函数 $f(z) = \dfrac{1+z^2}{1-\cos 2\pi z}$ 关于圆周 $|z| = \pi$ 的对数留数.

解 令 $1 + z^2 = 0$，得到函数 $f(z)$ 的一阶零点 i 与 $-$i. 再令 $\varphi(z) = 1 - \cos 2\pi z = 0$，可得函数 $\varphi(z)$ 的无穷多个零点 $z_n = n\ (n = 0, \pm 1, \pm 2, \cdots)$. 由于 $\varphi'(z) = 2\pi \sin 2\pi z$，且 $\varphi''(z) = 4\pi^2 \cos 2\pi z$，从而 $\varphi'(n) = 0$，$\varphi''(n) = 4\pi^2 \neq 0$，所以这些零点都是二阶零点，从而是 $f(z)$ 的二阶极点.

在圆周 $|z| = \pi$ 的内部 $f(z)$ 有两个一阶零点 i，$-$i，7 个二阶极点 0，± 1，± 2，± 3，故由对数留数公式（7.3.1）得

$$\frac{1}{2\pi \mathrm{i}} \oint_{|z|=\pi} \frac{f'(z)}{f(z)} \mathrm{d}z = 2 - 7 \times 2 = -12 .$$

习题 7

1. 求下列各函数在有限奇点处的留数.

（1）$\dfrac{1}{(z-1)(z-2)}$；　　（2）$\dfrac{1-\mathrm{e}^{2z}}{z^4}$；

（3）$\dfrac{\mathrm{e}^z}{z^2-1}$；　　（4）$\dfrac{1}{(z^2+1)(z-2)}$；

（5）$\dfrac{1}{z \sin z}$；　　（6）$\mathrm{e}^{\frac{1}{1-z}}$；

（7）$\dfrac{1}{\cos(1-z)}$；（8）$\dfrac{\operatorname{sh} z}{\operatorname{ch} z}$.

2. 求下列函数在指定点的留数.

（1）$\dfrac{1}{(z^2+1)^2}$，$-\mathrm{i}$；（2）$\dfrac{1}{z^2(z-\mathrm{i})}$，$\mathrm{i}$.

3. 利用留数计算下列各函数的积分 $\oint_C f(z)\mathrm{d}z$（其中 C 为 $|z|=3$ 的正向圆周）.

（1）$f(z)=\dfrac{1}{z(z+2)}$；（2）$f(z)=\dfrac{z+2}{(z+1)z}$；

（3）$f(z)=\dfrac{1}{z(z+1)^2}$；（4）$f(z)=\dfrac{z}{(z+1)(z+2)}$.

4. 判断 $z=0$ 是下列函数的什么类型的奇点，若是孤立奇点，求函数在该点处的留数.

（1）$\tan\dfrac{1}{z}$；（2）$\mathrm{e}^{\frac{1}{z}}$；（3）$\dfrac{1}{\sin z}$.

5. 下列各函数有哪些奇点（包括无穷远点 ∞）？若是孤立奇点，求此函数在该点处的留数.

（1）$\dfrac{z-1}{z(z^2+4)^2}$；（2）$\dfrac{\sin z}{z^3}$；

（3）$\dfrac{1}{z^2(\mathrm{e}^z-1)}$；（4）$\dfrac{1}{\sin z+\cos z}$；

（5）$\dfrac{1-\cos z}{z^2}$；（6）$\dfrac{1}{\mathrm{e}^z-1}-\dfrac{1}{z}$.

6. 求 $\operatorname*{Res}\limits_{z=\infty} f(z)$ 的值.

（1）$f(z)=\dfrac{\mathrm{e}^z}{z^2-1}$；（2）$f(z)=\dfrac{1}{z(z+1)^4(z-4)}$.

7. 计算下列积分：

（1）$\displaystyle\int_0^{2\pi}\frac{1}{2+\operatorname{coc}\theta}\mathrm{d}\theta$；

（2）$\displaystyle\int_0^{2\pi}\frac{1}{5+3\sin\theta}\mathrm{d}\theta$；

（3）$\displaystyle\int_0^{\pi}\tan(\theta+\mathrm{i}a)\mathrm{d}\theta$（$a$ 为实数且 $a\neq 0$）；

（4）$\displaystyle\int_0^{2\pi}\frac{\sin^2\theta}{3+2\cos\theta}\mathrm{d}\theta$.

8. 计算下列积分：

（1）$\displaystyle\int_0^{+\infty}\frac{x^2}{(x^2+1)(x^2+4)}\mathrm{d}x$；（2）$\displaystyle\int_{-\infty}^{+\infty}\frac{1}{(x^2+1)^2}\mathrm{d}x$；

（3）$\displaystyle\int_{-\infty}^{+\infty}\frac{\cos x}{(x^2+1)(x^2+9)}\mathrm{d}x$；（4）$\displaystyle\int_0^{+\infty}\frac{x\sin x}{x^2+1}\mathrm{d}x$.

9. 试用图 7.8 所示的积分路线，求例 7 中的积分：$\int_0^{+\infty}\frac{\sin x}{x}\mathrm{d}x$.

*10. 利用式（7.3.1）计算下列积分：

（1）$\oint_{|z|=3}\frac{1}{z}\mathrm{d}z$；

（2）$\oint_{|z|=3}\frac{z}{z^2-1}\mathrm{d}z$；

（3）$\oint_{|z|=3}\frac{1}{z(z+1)}\mathrm{d}z$.

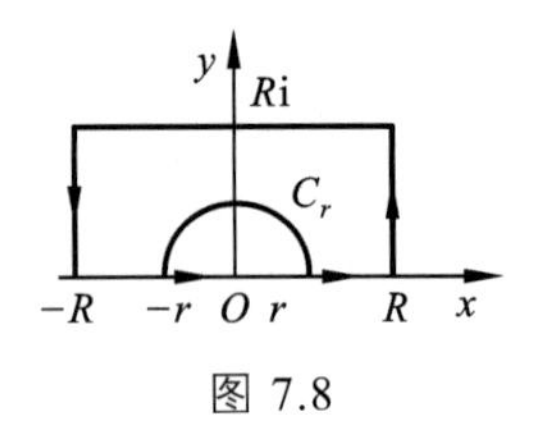

图 7.8

*11. 设 C 为区域 D 内的一条正向简单闭曲线，z_0 为 C 内一点. 如果 $f(z)$ 在 D 内解析，且 $f(z_0)=0$，$f'(z_0)\neq 0$. 在 C 内 $f(z)$ 无其他零点. 试证：

$$\frac{1}{2\pi\mathrm{i}}\oint_C\frac{zf'(z)}{f(z)}\mathrm{d}z=z_0 .$$

*12. 设 $\varphi(z)$ 在 C（$|z|=1$）上及 C 内部解析，且在 C 上 $|\varphi(z)|<1$. 证明：在 C 内只有一个点 z_0 使 $\varphi(z_0)=z_0$.

*13. 证明：当 $|a|>\mathrm{e}$ 时，方程 $\mathrm{e}^z-az^n=0$ 在单位圆 $|z|=1$ 内有 n 个根.

*14. 证明方程 $z^7-z^3+12=0$ 的根都在圆环域 $1\leqslant|z|\leqslant 2$ 内.

第8章　共形映射

在第 1 章、第 2 章我们学习了复数和复变函数的相关概念、性质及其计算等，从第 3 章开始我们学习了导数、积分、级数以及它们的性质与运算，并着重讨论了解析函数的性质和应用. 我们知道，复变函数 $w=f(z)$ 在几何上可以看作是把 z 平面上的一个点集 G（定义域集合）变到 w 平面上的一个点集 G^*（函数值集合）的映射（或变换）. 而解析函数对应的映射在实际问题中，例如在流体力学、电学中都有重要的应用. 因此，对解析函数所构成的映射须作一些具体的研究.

在本章我们将从几何的角度来对解析函数的性质和应用进行讨论. 首先分析解析函数所构成的映射的特性，由此引出共形映射这一重要概念. 共形映射能把在比较复杂区域上所讨论的问题转到在比较简单区域上去讨论，由此讨论共形映射. 然后，进一步研究分式线性函数和几个初等函数所构成的共形映射的性质. 最后，简要介绍施瓦茨-克里斯托费尔映射及拉普拉斯方程的边值问题，为相关专业的应用提供一种选择.

8.1　共形映射的概念

z 平面内的一条有向连续曲线 C 可用

$$z=z(t)\ (\alpha\leqslant t\leqslant\beta)$$

表示，它的正向取为 t 增大时点 z 移动的方向，$z(t)$ 是关于 t 的连续函数.

如果 $z'(t_0)\neq 0$，$\alpha<t_0<\beta$，那么 $z'(t_0)$ 表示的向量（起点取 $z_0=z(t_0)$，以下就不一一说明了）与 C 相切于点 z_0（见图 8.1）.

事实上，如果规定：通过 C 上两点 P_0 与 P 的割线 P_0P 的正向对应于参数 t 增大的方向，那么这个方向与表示

$$\frac{z(t_0+\Delta t)-z(t_0)}{\Delta t}$$

的向量的方向相同，这里 $z(t_0+\Delta t)$ 与 $z(t_0)$ 分别为 P_0 与 P 所对应的复数（见图 8.1）. 我们知道，当点 P 沿曲线 C 无限趋向于点 P_0 时，割线 P_0P 的极限位置就是 C 上 P_0 处的切线. 因此，

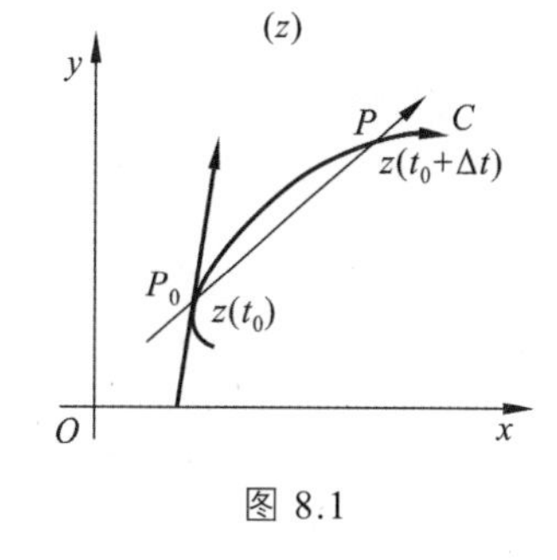

图 8.1

$$z'(t_0)=\lim_{\Delta t\to 0}\frac{z(t_0+\Delta t)-z(t_0)}{\Delta t}$$

表示的向量与 C 相切于点 $z_0=z(t_0)$，且方向与 C 的正向一致. 如果规定这个向量的方向作为

C 上点 z_0 处的切线的正向，那么有

（1）$\operatorname{Arg} z'(t_0)$ 就是在 C 上点 z_0 处切线的正向与 x 轴正向之间的夹角；

（2）相交于一点的两条曲线 C_1 与 C_2 正向之间的夹角就是 C_1 与 C_2 在交点处的两条切线正向之间的夹角.

下面，我们将应用上述的论断和规定来讨论解析函数的导数的几何意义，并由此引出共形映射这一重要概念.

8.1.1　解析函数的导数的几何意义

设函数 $w=f(z)$ 在区域 D 内解析，z_0 为 D 内一点，且 $f(z_0)\neq 0$. 又设 C 为 z 平面内通过点 z_0 的一条有向光滑曲线（见图 8.2（a）），它的参数方程是

$$z=z(t),\alpha\leqslant t\leqslant\beta,$$

它的正向对应于参数 t 增大的方向，且 $z_0=z(t_0)$，$z'(t_0)\neq 0$，$\alpha<t_0<\beta$. 这样，映射 $w=f(z)$ 就将曲线 C 映射成 w 平面内通过点 z_0 的对应点 $w_0=f(z_0)$ 的一条有向曲线 $\varGamma$（见图 8.2（b）），它的参数方程是

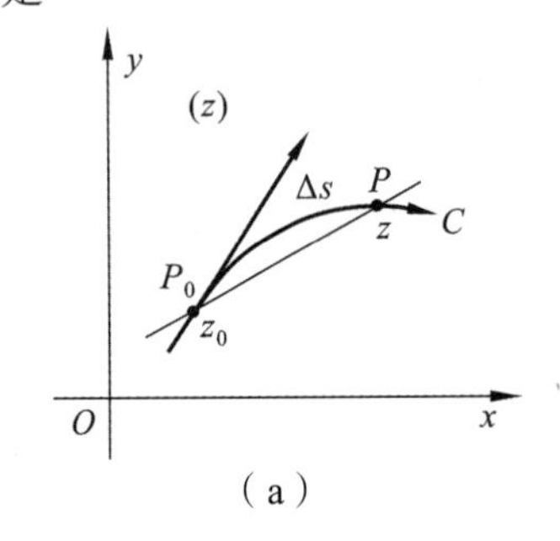

（a）

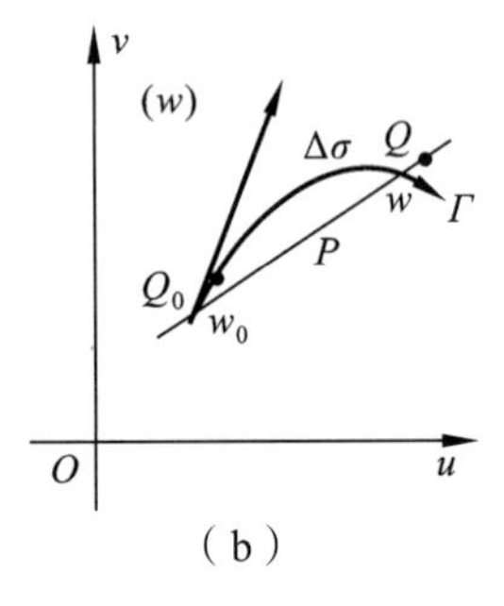

（b）

图 8.2

$$w=w(t)=f(z(t))\ (\alpha\leqslant t\leqslant\beta)$$

它的正向也是对应于参数 t 增加的方向.

根据复合函数求导法则，有

$$w'(t_0)=f'(z_0)z'(t_0)\neq 0$$

因此，根据前面的规定及得到的对应的论断（1）可知，在 $\varGamma$ 上点 w_0 处切线存在，且切线的正向与 u 轴正向之间的夹角是

$$\operatorname{Arg} w'(t_0)=\operatorname{Arg} f'(z_0)+\operatorname{Arg} z'(t_0)$$

从而有

$$\operatorname{Arg} w'(t_0)-\operatorname{Arg} z'(t_0)=\operatorname{Arg} f'(z_0)\tag{8.1.1}$$

如果假定图 8.2 中的 x 轴与 u 轴，y 轴与 v 轴的正方向相同，而且将原来的切线的正向与映射过后的切线的正向之间的夹角理解为曲线 C 经过 $w=f(z)$ 映射后在 z_0 处的转动角，那么式（8.1.1）表明：

（1）导数 $f'(z_0)\neq 0$ 的辐角 $\operatorname{Arg} f'(z_0)$ 是曲线 C 经过 $w=f(z)$ 映射后在 z_0 处的转动角；

（2）转动角的大小和方向与曲线 C 的形状和方向无关.
所以这种映射具有转动角的不变性.

现在假设曲线 C_1 与 C_2 相交于点 z_0，它们的参数方程分别是 $z=z_1(t)$ 与 $z=z_2(t)$，$\alpha\leqslant t\leqslant\beta$；并且 $z_0=z_1(t_0)=z_2(t_0')$，$z_1'(t_0)\neq 0,\ z_2'(t_0')\neq 0$，$\alpha<t_0<\beta,\ \alpha<t_0'<\beta$．又设映射 $w=f(z)$ 将曲线 C_1 与 C_2 分别映射为相交于点 $w_0=f(z_0)$ 的曲线 $\varGamma_1$ 与 $\varGamma_2$，它们的参数方程分别是 $w=w_1(t)$ 与 $w=w_2(t)$，$\alpha\leqslant t\leqslant\beta$．由式（8.1.1），有

$$\operatorname{Arg} w_1'(t_0)-\operatorname{Arg} z_1'(t_0)=\operatorname{Arg} w_2'(t_0')-\operatorname{Arg} z_2'(t_0')$$

即

$$\operatorname{Arg} w_2'(t_0')-\operatorname{Arg} w_1'(t_0)=\operatorname{Arg} z_2'(t_0')-\operatorname{Arg} z_1'(t_0) \tag{8.1.2}$$

上式两端分别是曲线 $\varGamma_1$ 与 $\varGamma_2$ 以及曲线 C_1 与 C_2 之间的夹角，因此，式（8.1.2）表明：相交于点 z_0 的任何两条曲线 C_1 与 C_2 之间的夹角，其大小和方向都等同于经过 $w=f(z)$ 映射后与 C_1 与 C_2 对应的曲线 $\varGamma_1$ 与 $\varGamma_2$ 之间的夹角（见图 8.3）. 所以，这种映射具有保持两曲线间夹角的大小与方向不变的性质. 这种性质称为保角性.

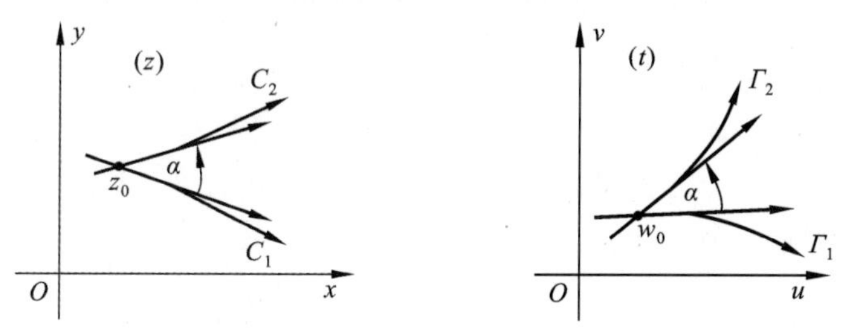

图 8.3

我们再来看看函数 $w=f(z)$ 在 z_0 的导数的模 $\left|f(z_0)\right|$ 的几何意义.

设 $z-z_0=re^{i\theta},w-w_0=\rho e^{i\varphi}$，且曲线 C 上点 z_0 与 z 之间的弧长记作 Δs，曲线 C 上的点 z_0 与 z 被函数 $w=f(z)$ 映射到 w 平面上对应的曲线 $\varGamma$ 上的点 w_0 与 w，w_0 与 w 之间的弧长记作 $\Delta\sigma$（见图 8.2）. 由

$$\frac{w-w_0}{z-z_0}=\frac{f(z)-f(z_0)}{z-z_0}=\frac{\rho\mathrm{e}^{\mathrm{i}\varphi}}{r\mathrm{e}^{\mathrm{i}\theta}}=\frac{\Delta\sigma}{\Delta s}\cdot\frac{\rho}{\Delta\sigma}\cdot\frac{\Delta s}{r}\mathrm{e}^{\mathrm{i}(\varphi-\theta)}$$

且 $\lim\limits_{z\to z_0}\dfrac{\rho}{\Delta\sigma}=1,\lim\limits_{z\to z_0}\dfrac{\Delta s}{r}=1$，可得

$$|f'(z_0)|=\lim_{z\to z_0}\frac{\Delta\sigma}{\Delta s} \tag{8.1.3}$$

这个极限值称为曲线 C 在 z_0 的伸缩率. 因此，式（8.1.3）表明：$|f'(z_0)|$ 是经过 $w=f(z)$ 映射后通过点 z_0 的任何曲线 C 在 z_0 的伸缩率，它与曲线 C 的形状与方向无关. 所以这种映射又具有伸缩率不变性.

综上所述，我们有下面的定理.

定理 8.1 设函数 $w=f(z)$ 在区域 D 内解析，z_0 为 D 内的一点，且 $f'(z_0)\neq 0$，那么映射 $w=f(z)$ 在 z_0 具有两个性质：

（1）保角性，即通过 z_0 的两条曲线之间的夹角与经过映射后所得的两曲线之间的夹角在大小和方向上保持不变.

（2）伸缩率不变性，即通过 z_0 的任何一条曲线的伸缩率均为 $|f'(z_0)|$，与曲线的形状和方向无关.

8.1.2　共形映射的概念

定义 8.1　设函数 $w=f(z)$ 是在 z_0 的邻域内的一一映射，在 z_0 具有保角性和伸缩率不变性，那么称映射 $w=f(z)$ 在 z_0 是共形的，或称 $w=f(z)$ 在 z_0 是**共形映射**. 如果映射 $w=f(z)$ 在区域 D 内的每一点都是共形的，那么称 $w=f(z)$ 是 D 内的共形映射.

根据前面的讨论以及定理 8.1 和定义 8.1，我们有下面的定理.

定理 8.2　如果函数 $w=f(z)$ 在 z_0 解析，且 $f'(z_0)\neq 0$，那么映射 $w=f(z)$ 在 z_0 是共形的，而且 $\operatorname{Arg} f'(z_0)$ 表示这个映射在 z_0 的转动角，$|f'(z_0)|$ 表示伸缩率.

如果解析函数 $w=f(z)$ 在区域 D 内处处有 $f'(z_0)\neq 0$，那么映射 $w=f(z)$ 是 D 内的共形映射.

下面我们来阐释定理 8.1 的几何意义.

设函数 $w=f(z)$ 在区域 D 内解析，z_0 是 D 内的点，$w_0=f(z_0)$，$f'(z_0)\neq 0$. 在 D 内作一个以 z_0 为其顶点的小三角形，在映射作用下，得到一个以 w_0 为其顶点的小曲边三角形. 定理 8.1 告诉我们，这两个小三角形的对应角相等，对应边长度比近似地等于 $|f'(z_0)|$，所以这两个小三角形近似地相似.

又因为伸缩率 $|f'(z_0)|$ 是比值 $\dfrac{w-w_0}{z-z_0}=\dfrac{f(z)-f(z_0)}{z-z_0}$ 的极限，所以 $|f'(z_0)|$ 可近似地表示为 $\dfrac{w-w_0}{z-z_0}$，由此可以看出，映射 $w=f(z)$ 也将很小的圆 $|z-z_0|=\delta$ 近似地映射成圆 $|w-w_0|=|f'(z_0)|\delta$. 这就是共形映射的**保域性**，即区域被映射成区域.

这就是函数 $w=f(z)$ 在满足区域 D 内解析，$\forall z_0\in D$，$w_0=f(z_0)$，$f'(z_0)\neq 0$ 的条件下称为共形映射的原因.

以上所定义的共形映射，不仅要求映射保持曲线间夹角的大小不变，而且方向也不变. 如果映射 $w=f(z)$ 具有伸缩率不变性，但仅保持夹角的绝对值不变而方向相反，那么称此映射为第二类共形映射. 相对地，前面讲的共形映射称为第一类共形映射.

8.2　分式线性变换

8.2.1　分式线性变换的定义

分式线性变换是共形映射中比较简单的，却很重要的一类映射. 分式线性变换是由下列分式函数来定义的：

$$w=\frac{az+b}{cz+d}\ (ad-bc\neq 0) \tag{8.2.1}$$

其中，a, b, c, d 均为常数.

$ad-bc\neq 0$ 是为了保证映射的保角性. 如若不然，由于

$$\frac{\mathrm{d}w}{\mathrm{d}z}=\frac{ad-bc}{(cz+d)^2}$$

将有 $\frac{\mathrm{d}w}{\mathrm{d}z}=0$，这时 $w\equiv$常数，它将整个 z 平面映射成 w 平面上的一个点.

分式线性变换又称**双线性变换**，德国数学家莫比乌斯（MÖbius）对它做过大量的研究，在许多文献中又称**莫比乌斯变换**.

由式（8.2.1）可以求得其逆变换：

$$z=\frac{-dw+b}{cw-a}\quad((-a)(-d)-bc\neq 0)$$

所以分式线性变换的逆变换也是一个分式线性变换.

分式线性变换（8.2.1）总可以分解成下述简单类型变换的复合：

（Ⅰ）$w=kz+h\,(k\neq 0)$；

（Ⅱ）$w=\frac{1}{z}$.

事实上，当 $c=0$ 时，式（8.2.1）已经是Ⅰ型变换

$$w=\frac{a}{d}z+\frac{b}{d}$$

当 $c\neq 0$ 时，式（8.2.1）可以改写为

$$w=\frac{a}{c}+\frac{bc-ad}{c(cz+d)}=\frac{bc-ad}{c}\cdot\frac{1}{cz+d}+\frac{a}{c}\qquad(8.2.1)'$$

它就是下面三个形如Ⅰ型和Ⅱ型变换的复合：

$$\xi=cz+d\ ,$$

$$\eta=\frac{1}{\xi}\ ,$$

$$w=\frac{bc-ad}{c}\eta+\frac{a}{c}$$

因此，弄清楚Ⅰ型和Ⅱ型变换的几何性质，就可以弄清楚一般的分式线性变换（8.2.1）的性质.

下面，我们来考察Ⅰ型和Ⅱ型变换的几何意义.

Ⅰ型变换 $w=kz+h$（$k\neq 0$）可称为**整线性变换**. 如果 $k=\rho\mathrm{e}^{\mathrm{i}\alpha}$（$\rho>0,\alpha$ 为实数），则

$$w=\rho\mathrm{e}^{\mathrm{i}\alpha}z+h$$

由此可见，此变换可以分解成三个更简单的变换：**旋转**、**伸缩**和**平移**. 也就是先将 z 旋转角度 α，然后作一个以原点为中心的伸缩变换（按比例系数 ρ），最后平移一个向量 h（见图 8.4，此图是将原像与像画在同一平面上）. 就是说，在整线性变换之下，原像与像相似. 不过，这种变换不是

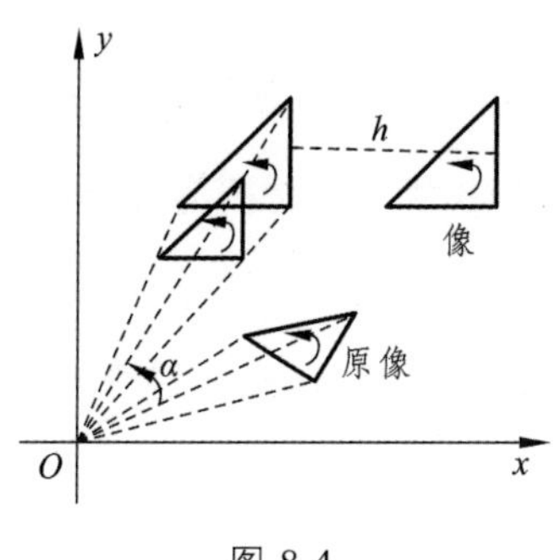

图 8.4

任意的相似变换，而是不改变图形方向的相似变换（见图 8.4，原像三角形的顶点顺序如果是逆时针方向的，则其像三角形的像顶点顺序也应是逆时针方向的）.

Ⅱ型变换 $w=\dfrac{1}{z}$ 可称为反演变换. 它可以分解成下面两个更简单变换的复合：

$$w_1=\frac{1}{\bar{z}},$$

$$w=\bar{w}_1 \tag{8.2.2}$$

前者称为关于单位圆的对称变换，并称 z 与 w_1 是关于单位圆周的对称点；后者称为关于实轴的对称变换，并称 w_1 与 w 是关于实轴的对称点.

下面我们用几何方法来看看 z 是怎么变换到 w 的.

先来研究所谓关于一已知圆周的一对对称点. 设 C 为以原点为中心、r 为半径的圆周. 在以圆心为起点的一条半直线上，如果有两点 P 与 P' 满足关系式

$$OP\cdot OP'=r^2$$

那么就称 P 与 P' 这两点为关于这个圆周的对称点.

设 P 在 C 外，从 P 作圆周 C 的切线 PT，由 T 作 OP 的垂线 TP'，与 OP 交于 P'，那么 P 与 P' 即互为对称点（见图 8.5（a））.

事实上，$\triangle OP'T\backsim\triangle OTP$. 因此，$OP':OT=OT:OP$，即 $OP'\cdot OP=OT^2=r^2$.

我们规定，无穷远点的对称点是圆心 O.

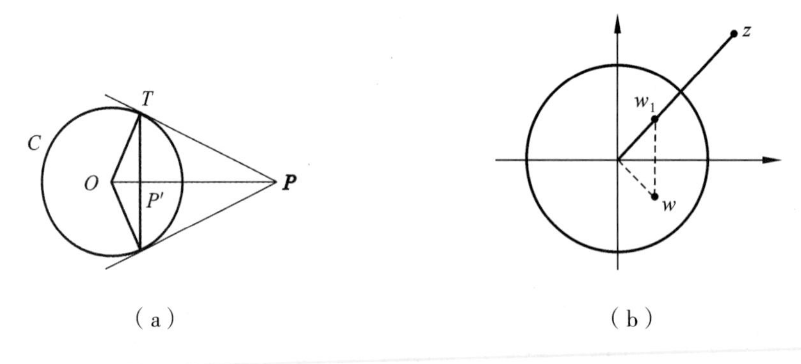

图 8.5

如果设 $z=r\mathrm{e}^{\mathrm{i}\theta}$，那么 $w_1=\dfrac{1}{\bar{z}}=\dfrac{1}{r}\mathrm{e}^{\mathrm{i}\theta}$，$w=\overline{w_1}=\dfrac{1}{r}\mathrm{e}^{-\mathrm{i}\theta}$，从而 $|w_1||z|=1$. 由此可知，z 与 w_1 是关于单位圆周 $|z|=1$ 的对称点，w_1 与 w 是关于实轴的对称点，因此，要从 z 作出 $w=\dfrac{1}{z}$，应先作出点 z 关于圆周 $|z|=1$ 对称的点 w_1，然后再作出点 w_1 关于实轴对称的点，即得 w（见图 8.5（b））.

8.2.2 分式线性变换的性质

以上我们讨论了如何从 z 作出Ⅰ、Ⅱ型变换的对应点 w. 下面先就这两种变换讨论它们的性质，从而得出一般分式线性变换的性质.

1. **保角性**

首先，讨论变换 $w=\frac{1}{z}$. 根据第 1 章规定的关于∞的四则运算知，这个变换将 $z=\infty$ 变换成 $w=0$，也就是说，当 $z=\infty$ 时，$w=0$. 如果 $w=\frac{1}{z}$ 把改写成 $z=\frac{1}{w}$，可知当 $w=\infty$ 时，$z=0$. 由此可见，在扩充复平面上变换 $w=\frac{1}{z}$ 是一一对应的. $|z|<1$ 时，$|w|>1$；$|z|>1$ 时，$|w|<1$；$|z|=1$ 时，$|w|=1$；$\arg z=\theta$ 时，$\arg w=-\theta$. 这就是变换 $w=\frac{1}{z}$ 通常称为反演变换的原因. 又因为 $w'=\left(\frac{1}{z}\right)'=-\frac{1}{z^2}$，当 $z\neq\infty$ ($z\neq 0$) 时 $w'\neq 0$ ($w'\neq\infty$)，所以除去 $z=0$ 与 $z=\infty$，变换 $w=\frac{1}{z}$ 是共形的. 至于在 $z=0$ 与 $z=\infty$ 处是否共形的问题，就关系到我们如何理解两条曲线在无穷远点处夹角的含义问题. 如果规定：两条伸向无穷远的曲线在无穷远点处的夹角，等于它们在变换 $\xi=\frac{1}{z}$ 下所变换成的通过原点 $\xi=0$ 的两条像曲线的夹角，那么变换 $w=\frac{1}{z}=\xi$ 在 $\xi=0$ 处解析，且 $w'(\xi)\big|_{\xi=0}=1\neq 0$，所以变换 $w=\xi$ 在 $\xi=0$ 处，即变换 $w=\frac{1}{z}$ 在 $z=\infty$ 处是共形的. 再由 $z=\frac{1}{w}$ 知，在 $w=\infty$ 处变换 $w=\frac{1}{z}$ 是共形的，也就是说在 $z=0$ 处变换 $w=\frac{1}{z}$ 是共形的. 所以变换 $w=\frac{1}{z}$ 在扩充复平面上是处处共形的，是一共形映射.

其次，讨论I型变换 $w=kz+h$ ($k\neq 0$). 显然，这个变换在扩充复平面上是一一对应的，又因为 $w'=(kz+h)'=k\neq 0$（$k\neq 0$），所以当 $z\neq\infty$ 时，变换是共形的. 为了证明在 $z=\infty$ 处它也是共形的，令

$$\xi=\frac{1}{z},\quad \eta=\frac{1}{w}.$$

这时变换 $w=kz+h$ 成为

$$\eta=\frac{\xi}{k+h\xi}$$

它在 $\xi=0$ 处解析，且

$$\eta'(\xi)=\left(\frac{\xi}{k+h\xi}\right)'\Bigg|_{\xi=0}=\frac{1}{k}\neq 0$$

因而在 $\xi=0$ 处是共形的，即 $w=kz+h$ 在 $z=\infty$ 处是共形的. 所以，变换 $w=kz+h$ ($k\neq 0$) 在扩充复平面上是处处共形的，是一共形变换.

由于分式线性变换是由上述两种变换复合而成的，因此，我们有下面的定理.

定理 8.3 分式线性变换在扩充复平面上是一一对应的，具有保角性.

2. **保圆性**

我们还要指出，变换 $w=kz+h\,(k\neq 0)$与 $w=\dfrac{1}{z}$都具有将圆周变换成圆周的性质.

根据前面的讨论知，变换 $w=kz+h\,(k\neq 0)$是将 z 平面内的一点通过旋转、伸缩和平移而得到像点 w. 因此，z 平面内的一个圆周或一条直线经过变换 $w=kz+h$ 所得到的像曲线显然仍然是一个圆周或一条直线. 如果我们把直线看成是半径为无穷大的圆周，那么这个变换是在扩充复平面上将圆周变换成圆周. 这个性质称为**保圆性**.

下面来看看 $w=\dfrac{1}{z}$的保圆性. 为此，令

$$z=x+\mathrm{i}y,\quad w=\frac{1}{z}=u+\mathrm{i}v.$$

将 $z=x+\mathrm{i}y$ 代入 $w=\dfrac{1}{z}$，得

$$u=\frac{x}{x^2+y^2},\quad v=\frac{-y}{x^2+y^2},$$

或

$$x=\frac{u}{u^2+v^2},\quad y=\frac{-v}{u^2+v^2}$$

因此，变换 $w=\dfrac{1}{z}$将方程

$$a(x^2+y^2)+bx+cy+d=0$$

变为方程

$$d(u^2+v^2)+bu-cv+a=0$$

由此可知，变换可能是将圆周变换成圆周（当 $a\neq 0$，$d\neq 0$时）；可能是将圆周变换成直线（当 $a\neq 0$，$d=0$时）；可能是将直线变换成圆周（当 $a=0, d\neq 0$时），以及将直线变换成直线（当 $a=0$，$d=0$时）. 这就是说，变换 $w=\dfrac{1}{z}$把圆周变换成圆周，或者说，变换 $w=\dfrac{1}{z}$具有保圆性. 所以有以下定理.

定理 8.4 分式线性变换将扩充 z 平面上的圆周变换成扩充 w 平面上的圆周，即具有保圆性.

根据保圆性容易推知，在分式线性变换下，如果给定的圆周或直线上没有点映射成无穷远点，那么它就变换成半径为有限的圆周；如果有一个点映射成无穷远点，那么它就变换成直线.

3. **保对称性**

分式线性变换除具有保角性与保圆性外，还具有保持对称点不变的性质，简称保对称性.

下面我们来阐释这个重要的性质，即 z_1,z_2 是关于圆周 $C:|z-z_0|=R$ 的一对对称点的充要条件是经过 z_1,z_2 的任何圆周 Γ 与 C 正交（见图 8.6）. 过 z_0 作 Γ 的切线，设切点为 z'. 由平面几何知，这条切线长度的平方 $|z'-z_0|^2$ 等于 Γ 的割线长度 $|z_2-z_0|$ 和割线在圆外面长度

$|z_1-z_0|$的乘积；而这个乘积根据 z_1，z_2 是关于圆周 C 的对称点的定义知，它又等于 R^2，所以 $|z'-z_0|=R$. 这表明 z' 在圆周 C 上，而 Γ 的切线就是 C 的半径，因此 Γ 与 C 正交.

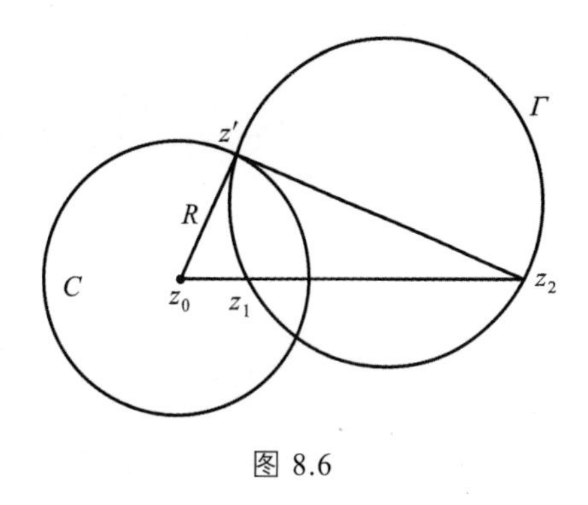

图 8.6

反过来，设 Γ 是经过 z_1，z_2 与 C 正交的任一圆周，那么连接 z_1，z_2 的直线作为 Γ 的特殊情形（半径为无穷大）必与 C 正交，因而必过 z_0. 又 Γ 与 C 于交点 z' 处正交，因而 C 的半径 z_0z' 就是 Γ 的切线. 所以有

$$|z_1-z_0||z_2-z_0|=R^2$$

即 z_1 与 z_2 是关于圆周 C 的一对对称点.

定理 8.5 设点 z_1,z_2 是关于圆周 C 的一对对称点，那么在分式线性变换下，它们的像点 w_1 与 w_2 也是关于 C 的像曲线 Γ 的一对对称点.

证 设经过 w_1 与 w_2 的任一圆周 Γ' 是经过 z_1 与 z_2 的圆周 Γ 由分式线性变换变换而来的. 由于 Γ 与 C 正交，而分式线性变换具有保角性，所以 Γ' 与 C'（C 的像）也必正交. 因此，w_1 与 w_2 是一对关于 C' 的对称点.

8.2.3 分式线性变换的应用

由前面的讨论知，分式线性变换具有保角性、保圆性与保对称性，并且可以推出在分式线性变换下，有

（1）当二圆周上没有点映射成无穷远点时，这二圆周的弧所围成的区域变换成二圆弧所围成的区域；

（2）当二圆周上有一个点变换成无穷远点时，这二圆周的弧所围成的区域变换成一圆弧与一直线所围成的区域；

（3）当二圆周交点中的一个变换成无穷远点时，这二圆周的弧所围成的区域变换成角形区域.

因此，在处理边界由圆周、圆弧、直线、直线段所组成的区域的共形映射问题时，分式线性变换起着十分重要的作用. 下面举几个例子.

例 1 把上半 z 平面共形映射成上半 w 平面的分式线性变换可以写成

$$w=\frac{az+b}{cz+d}$$

其中 a,b,c,d 是实数，且满足条件

$$ad-bc>0 \tag{8.2.3}$$

事实上，所给变换将实轴变换成实轴，且当 z 为实数时

$$\frac{\mathrm{d}w}{\mathrm{d}z}=\frac{ad-bc}{(cz+d)^2}>0$$

即实轴变换成实轴是同向的（见图 8.7），因此上半 z 平面共形映射成上半 w 平面.

当然，这也可以直接从下面的推导看出：

$$\begin{aligned}\operatorname{Im} w&=\frac{1}{2\mathrm{i}}(w-\overline{w})=\frac{1}{2\mathrm{i}}\left(\frac{az+b}{cz+d}-\frac{a\overline{z}+b}{c\overline{z}+d}\right)\\&=\frac{1}{2\mathrm{i}}\cdot\frac{ad-bc}{|cz+d|^2}(z-\overline{z})=\frac{ad-bc}{|cz+d|^2}\operatorname{Im} z\end{aligned}$$

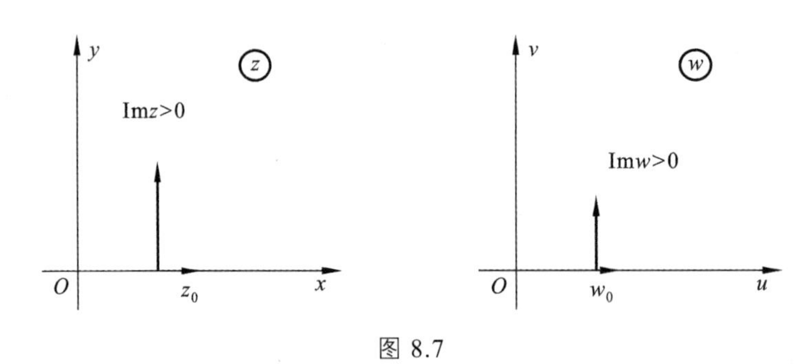

图 8.7

注　满足条件（8.2.3）的分式线性变换也可将下半 z 平面共形映射成下半 w 平面.

例 2　求出将上半平面 $\operatorname{Im} z>0$ 共形映射成单位圆周 $|w|<1$ 的分式线性变换，并使上半平面一点 $z=a(\operatorname{Im} a>0)$ 变为 $w=0$.

解　根据分式线性变换保对称点的性质，点 a 关于实轴的对称点 $\overline{a}$ 应该变为 $w=0$ 关于单位圆周的对称点 $w=\infty$. 因此，这个变换应当具有如下形式：

$$w=k\frac{z-a}{z-\overline{a}} \tag{8.2.4}'$$

其中 k 是常数. k 的确定可使实轴上的一点（例如 $z=0$ ）变到单位圆周上的一点：

$$w=k\frac{a}{\overline{a}}$$

于是

$$1=|k|\left|\frac{a}{\overline{a}}\right|=|k|$$

所以，可以令 $k=\mathrm{e}^{\mathrm{i}\beta}$ （ β 为实数），最后得到所求的变换为

$$w=\mathrm{e}^{\mathrm{i}\beta}\frac{z-a}{z-\overline{a}}\ (\operatorname{Im} a>0) \tag{8.2.4}$$

在变换（8.2.4）中，即使给定 a ，还有一个实参数 β 需要确定. 为了确定此 β ，要指出实轴上一点与单位圆周上某点的对应关系，或者指出在 $z=a$ 处的旋转角 $\arg w'(a)$.（读者可以验证在 $z=a$ 处的旋转角 $\arg w'(a)=\beta-\dfrac{\pi}{2}$ ）

由此可见，同心族 $|w|=k(k<1)$ 的原像是圆周族

$$\left|\frac{z-a}{z-\overline{a}}\right|=k$$

这是上半 z 平面内以 a ， $\overline{a}$ 为对称点的圆周族. 又根据保对称性可知，单位圆 $|w|<1$ 内的直

径的原像是过 a，$\bar{a}$ 的圆周在上半 z 平面内的半圆弧.

例 3 求出将单位圆 $|z|<1$ 共形映射成单位圆周 $|w|<1$ 的分式线性变换，并使一点 $z=a(|a|<1)$ 变为 $w=0$.

解 根据分式线性变换保对称点的性质，点 a（不妨假设 $a\neq 0$）关于单位圆周 $|z|=1$ 的对称点 $a^*=\dfrac{1}{\bar{a}}$，应该变为 $w=0$ 关于单位圆周 $|w|=1$ 的对称点 $w=\infty$. 因此，所求变换应当具有形式

$$w=k\frac{z-a}{z-\dfrac{1}{\bar{a}}} \tag{8.2.5}'$$

整理得

$$w=k_1\frac{z-a}{1-\bar{a}z}$$

其中 k_1 是常数. 选择 k_1，使得 $z=1$ 变为单位圆周 $|w|=1$ 上的一点，于是

$$|k_1|\left|\frac{1-a}{1-\bar{a}}\right|=1$$

即 $|k_1|=1$. 所以，可以令 $k_1=\mathrm{e}^{\mathrm{i}\beta}$（$\beta$ 为实数），最后得到所求的变换为

$$w=\mathrm{e}^{\mathrm{i}\beta}\frac{z-a}{1-\bar{a}z}(|a|<1) \tag{8.2.5}$$

实参数 β 的确定还需要附加条件，如例 2 一样.（读者可以验证，对于变换（8.2.5），有 $\arg w'(a)=\beta$）

由此可见，同心族 $|w|=k(k<1)$ 的原像是圆周族

$$\left|\frac{z-a}{1-\bar{a}z}\right|=k$$

这是 z 平面上单位圆内以 a，$\dfrac{1}{\bar{a}}$ 为对称点的圆周族：

$$\left|\frac{z-a}{z-\dfrac{1}{\bar{a}}}\right|=|a|k$$

而单位圆 $|w|<1$ 内的直径的原像是过 a 与 $\dfrac{1}{\bar{a}}$ 的圆周在单位圆 $|z|<1$ 内的圆弧.

例 4 求将上半 z 平面共形映射成上半 w 平面的分式线性变换 $w=L(z)$，使符合条件：

$$1+\mathrm{i}=L(\mathrm{i}),\quad 0=L(0)$$

解 设所求分式线性变换 $w=L(z)$ 为

$$w=\frac{az+b}{cz+d}$$

其中，a,b,c,d 是实数，且满足条件 $ad-bc>0$.

由于 $0=L(0)$，可得 $b=0$，从而 $a\neq 0$，则分式线性变换 $w=L(z)$ 又可变为

$$w=\frac{z}{ez+f}$$

其中 $e=\dfrac{c}{a}, f=\dfrac{d}{a}$ 都是实数. 再由条件 $1+\mathrm{i}=L(\mathrm{i})$，即

$$1+\mathrm{i}=\frac{\mathrm{i}}{e\mathrm{i}+f}$$

亦即
$$(f-e)+\mathrm{i}(f+e)=\mathrm{i}$$

解得
$$f=e=\frac{1}{2}$$

故所求分式线性变换为

$$w=\frac{z}{\frac{1}{2}z+\frac{1}{2}}，\ 即\ w=\frac{2z}{z+1}$$

例 5　求出将上半平面 $\mathrm{Im}\,z>0$ 共形映射成单位圆 $|w-w_0|<R$ 的分式线性变换 $w=L(z)$，使符合条件：

$$L(\mathrm{i})=w_0,\ L'(\mathrm{i})>0$$

解　首先，作分式线性变换

$$\xi=\frac{w-w_0}{R}$$

将圆 $|w-w_0|<R$ 共形映射成单位圆 $|\xi|<1$.

其次，作出上半平面 $\mathrm{Im}\,z>0$ 到单位圆 $|\xi|<1$ 的共形映射，使 $z=\mathrm{i}$ 变成 $\xi=0$，此分式线性变换为（见图 8.8）

$$\xi=\mathrm{e}^{\mathrm{i}\theta}\frac{z-\mathrm{i}}{z+\mathrm{i}}$$

（为了能应用前面三个特殊例子的结果，我们在 z 平面与 w 平面间插入一个“中间”平面——ξ 平面.）

复合上述两个分式线性变换，得

$$\frac{w-w_0}{R}=\mathrm{e}^{\mathrm{i}\theta}\frac{z-\mathrm{i}}{z+\mathrm{i}}$$

它将上半 z 平面共形映射成圆 $|w-w_0|<R$，i 变成 w_0. 再由条件 $L'(\mathrm{i})>0$，先求得

$$\frac{1}{R}\cdot\frac{\mathrm{d}w}{\mathrm{d}z}\bigg|_{z=\mathrm{i}}=\mathrm{e}^{\mathrm{i}\theta}\frac{z+\mathrm{i}-z+\mathrm{i}}{(z+\mathrm{i})^2}\bigg|_{z=\mathrm{i}}=\mathrm{e}^{\mathrm{i}\theta}\frac{1}{2\mathrm{i}}$$

即
$$L'(\mathrm{i})=R\mathrm{e}^{\mathrm{i}\theta}\cdot\frac{1}{2\mathrm{i}}=\frac{R}{2}\mathrm{e}^{\mathrm{i}\left(\theta-\frac{\pi}{2}\right)}$$

于是

$$\theta-\frac{\pi}{2}=0,\theta=\frac{\pi}{2},\mathrm{e}^{\mathrm{i}\theta}=\mathrm{i}$$

故所求分式线性变换为

$$w=R\mathrm{i}\frac{z-\mathrm{i}}{z+\mathrm{i}}+w_0$$

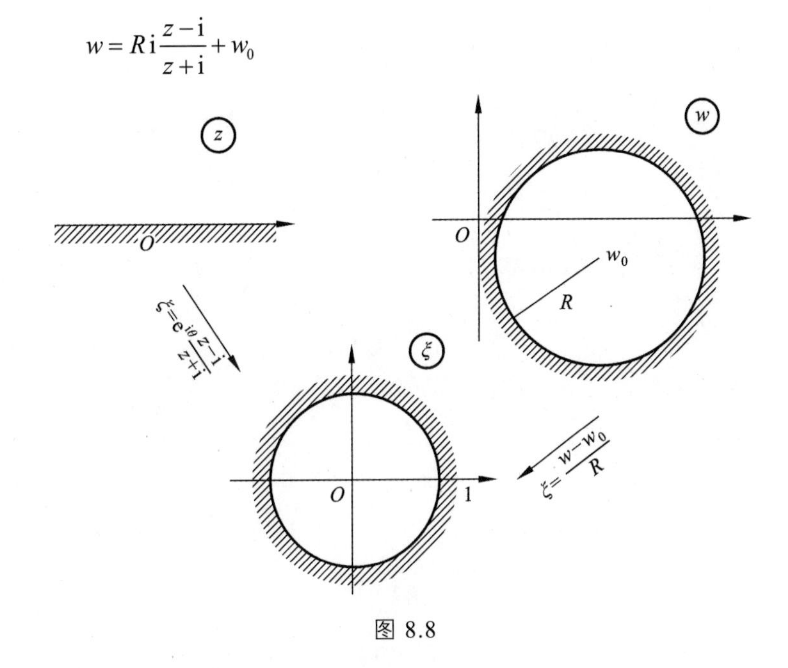

图 8.8

8.3 几个初等函数所构成的共形映射

初等函数构成的共形映射对今后研究比较复杂的共形映射有很大的作用.

8.3.1 幂函数与根式函数

幂函数 $w=z^n$（$n\geqslant 2$，为自然数），它在 z 平面内处处可导，它的导数是

$$\frac{\mathrm{d}w}{\mathrm{d}z}=nz^{n-1}$$

因而当 $z\neq 0$ 时，

$$\frac{\mathrm{d}w}{\mathrm{d}z}\neq 0$$

所以，在 z 平面内除去原点外，由 $w=z^n$ 所构成的映射是处处共形的.

为了讨论这个映射在 $z=0$ 处的性质，令

$$z=r\mathrm{e}^{\mathrm{i}\theta}, \quad w=\rho\mathrm{e}^{\mathrm{i}\phi}$$

那么

$$\rho=r^n, \quad \varphi=n\theta \tag{8.3.1}$$

由此可见，在 $w=z^n$ 映射下，z 平面上的圆周 $|z|=r$ 映射成 w 平面上的圆周 $|w|=r^n$. 特别地，单位圆周 $|z|=1$ 映射成单位圆周 $|w|=1$；射线 $\theta=\theta_0$ 映射成射线 $\varphi=n\theta_0$；正实轴 $\theta=0$ 映射成正实轴 $\varphi=0$；角形区域 $0<\theta<\theta_0\left(<\dfrac{2\pi}{n}\right)$ 映射成角形区域 $0<\varphi<n\theta_0(<2\pi)$（见图 8.9（a））. 从这里可以看出，在 $z=0$ 处角形区域的张角经过这一映射后变成了原来的 n 倍. 因此，当 $n\geqslant 2$ 时，映射 $w=z^n$ 在 $z=0$ 处没有保角性.

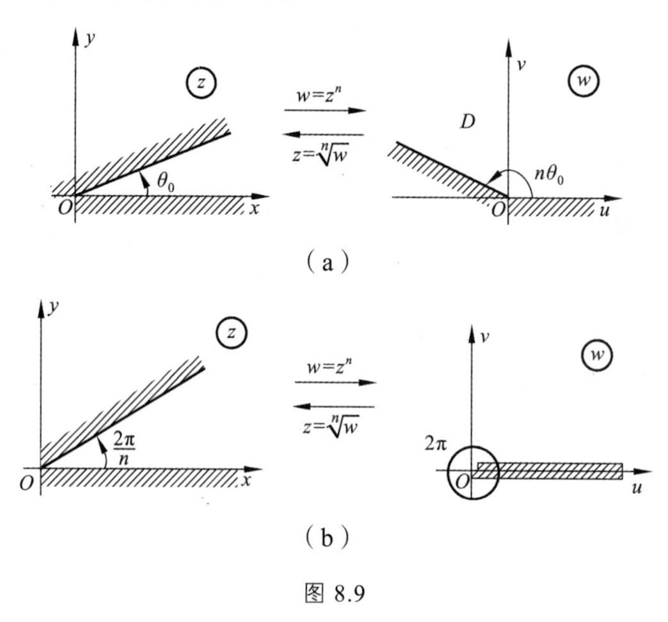

图 8.9

明显地，角形区域 $0<\theta<\dfrac{2\pi}{n}$ 映射成沿正实轴剪开的 w 平面上的角形区域 $0<\varphi<2\pi$（见图 8.9（b）)，它的一边 $\theta=0$ 映射成 w 平面正实轴的上岸 $\varphi=0$，另一边 $\theta=\dfrac{2\pi}{n}$ 映射成 w 平面正实轴的下岸 $\varphi=2\pi$. 在这样两个角形区域上的点在所给的映射 $w=z^n$（或 $z=\sqrt[n]{w}$）下是一一对应的.

综上，幂函数 $w=z^n$ 所构成的映射具有这些特点：把以原点为顶点的角形区域映射成以原点为顶点的角形区域，但张角变成了原来的 n 倍. 因此，如果要把角形区域映射成角形区域，经常要利用幂函数.

例 1 求把角形区域 $0<\arg z<\dfrac{\pi}{4}$ 映射成单位圆 $|w|<1$ 的一个映射.

解 由式（8.3.1）知，$\xi=z^4$ 可以将角形区域 $0<\arg z<\dfrac{\pi}{4}$（见图 8.10（a））映射成上半平面 $\mathrm{Im}\,\xi>0$（见图 8.10（b））. 又由前一节的例 5 知，映射 $w=\dfrac{\xi-\mathrm{i}}{\xi+\mathrm{i}}$ 可以将上半平面映射成单位圆 $|w|<1$（见图 8.10（c））. 因此，所求映射为

$$w=\frac{z^4-\mathrm{i}}{z^4+\mathrm{i}}.$$

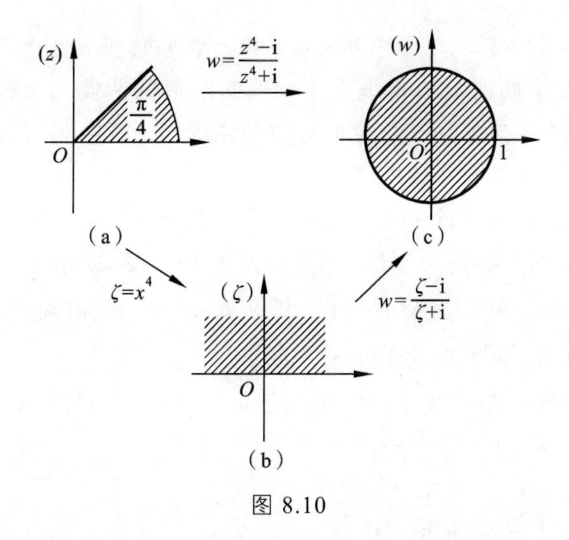

图 8.10

例 2　求把图 8.11 中圆弧 C_1 与 C_2 所围成的交角为 α 的月牙区域（见图 8.11（a））映射成角形区域 $\varphi_0<\arg w<\varphi_0+\alpha$ 的一个映射.

解　先求出把 C_1，C_2 的交点 i 与 –i 分别映射成 ξ 平面中的 $\xi=0$ 与 $\xi=\infty$，并使月牙区域（见图 8.11（a））映射成角形区域 $0<\arg\xi<\alpha$（见图 8.11（b））；再把这个角形区域通过映射 $w=\mathrm{e}^{\mathrm{i}\varphi_0}\xi$ 转过一角度 φ_0，即得把所给月牙区域映射成所给角形区域的映射（见图 8.11（c））.

将所给月牙区域映射成 ξ 平面中角形区域的映射，具有以下形式的分式线性函数：

$$\xi=k\cdot\frac{z-\mathrm{i}}{z+\mathrm{i}}$$

其中 k 为待定的复常数. 这个映射把 C_1 上的点 $z=1$ 映射成 $\xi=k\cdot\dfrac{1-\mathrm{i}}{1+\mathrm{i}}=-\mathrm{i}k$. 取 $k=\mathrm{i}$，使 $\xi=1$，这样，映射 $\xi=\mathrm{i}\cdot\dfrac{1-\mathrm{i}}{1+\mathrm{i}}$ 就把 C_1 映射成 ξ 平面上的正实轴. 根据保角性，它把所给的月牙区域映射成角形区域 $0<\arg\xi<\alpha$. 由此可得所求映射为

$$w=\mathrm{i}\mathrm{e}^{\mathrm{i}\varphi_0}\cdot\frac{z-\mathrm{i}}{z+\mathrm{i}}=\mathrm{e}^{\mathrm{i}\left(\varphi_0+\frac{\pi}{2}\right)}\cdot\frac{z-\mathrm{i}}{z+\mathrm{i}}.$$

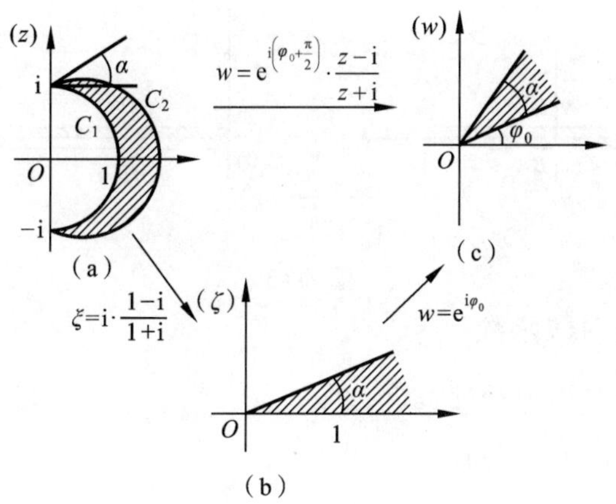

图 8.11

例 3 求把具有割痕 $\mathrm{Re}\,z=a$，$0\leqslant \mathrm{Im}\,z\leqslant h$ 的上半平面映射成上半平面的一个映射.

解 本题的关键在于如何设法将垂直于 x 轴的割痕的两侧与 x 轴之间的夹角展平. 我们知道，映射 $w=z^2$ 能将顶点在原点处的角度增大到两倍，所以利用这个映射可以达到将割痕展平的目的. 则（具体地，如图 8.12 所示）

（1）把上半 z 平面向左作一个距离为 a 的平移，即 $z_1=z-a$，得 z_1 平面上的图形；

（2）利用映射 $z_2=z_1^{\,2}$，得到一个具有割痕 $-h^2\leqslant \mathrm{Re}\,z_2<+\infty, \mathrm{Im}\,z_2=0$ 的 z_2 平面；

（3）把 z_2 平面向右作一距离为 h^2 的平移，即 $z_3=z_2+h^2$，便得到去掉了正实轴的 z_3 平面；

（4）通过映射 $z_4=\sqrt{z_3}$，便得到上半 z_4 平面；

（5）把 z_4 平面向右作一距离为 a 的平移，即 $w=z_4+a$，便得到 w 平面中的上半平面.

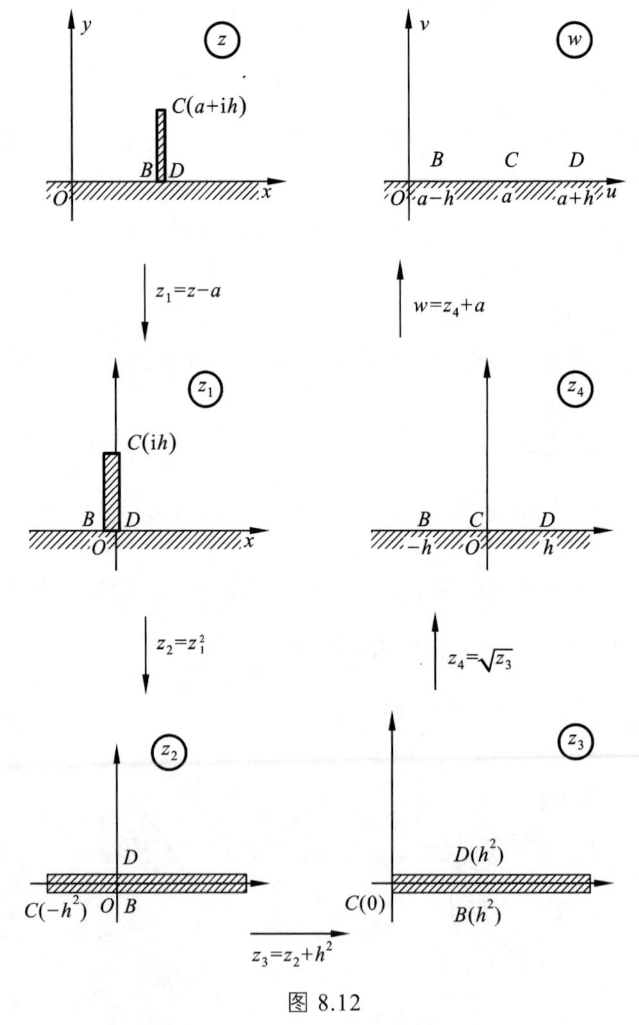

图 8.12

8.3.2 指数函数与对数函数

指数函数 $w=\mathrm{e}^z$ 在 z 平面内处处解析，且

$$w'=(\mathrm{e}^z)'=\mathrm{e}^z\neq 0$$

所以，由 $w=\mathrm{e}^z$ 构成的映射是一个全平面上的共形映射. 设 $z=x+\mathrm{i}\,y, w=\rho \mathrm{e}^{\mathrm{i}\varphi}$，那么

$$\rho = e^x, \quad \varphi = y \tag{8.3.2}$$

由此可知，z 平面上的直线 $x=$ 常数被映射成 w 平面上的圆周 $\rho=$ 常数；而直线 $y=$ 常数被映射成射线 $\varphi=$ 常数.

当实轴 $y=0$ 平行移动到直线 $y=h(0<h\leqslant 2\pi)$ 时，带形区域 $0<\operatorname{Im} z<h$ 映射成角形区域 $0<\arg w<h$. 特别地，带形区域 $0<\operatorname{Im} z<2\pi$ 映射成沿正实轴剪开的 w 平面：$0<\arg w<2\pi$（见图 8.13），它们之间的点是一一对应的.

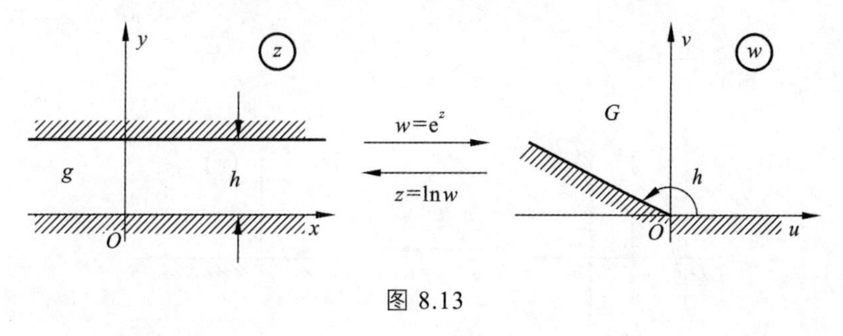

图 8.13

指数函数 $w=e^z$ 的逆变换

$$z=\ln w$$

将图 8.13 所示的 w 平面上的角形区域 G：$0<\operatorname{Arg} w<h\ (0<h\leqslant 2\pi)$ 共形映射成 z 平面上的带形区域 g：$0<\operatorname{Im} z<h$.（这里的 $\ln w$ 是 G 内的一个单值解析分支，它的值完全由区域 g 确定）

综上分析，将水平的带形区域映射成角形区域，常常要用到指数函数.

例 4 求将带形区域 $0<\operatorname{Im} z<\pi$ 共形映射成单位圆 $|w|<1$ 的一个变换.

解 根据前面的分析可知，变换 $\xi=e^z$ 可以将所给的带形区域映射成 ξ 平面的上半平面 $\operatorname{Im}\xi>0$ 这个特殊的角形区域. 再根据前面所讲的一些特殊的分式线性变换知，变换 $w=\dfrac{\xi-i}{\xi+i}$ 可以将 ξ 的上半平面映射成单位圆 $|w|<1$（见图 8.14）. 因此，所求的变换为

$$w=\frac{e^z-i}{e^z+i}.$$

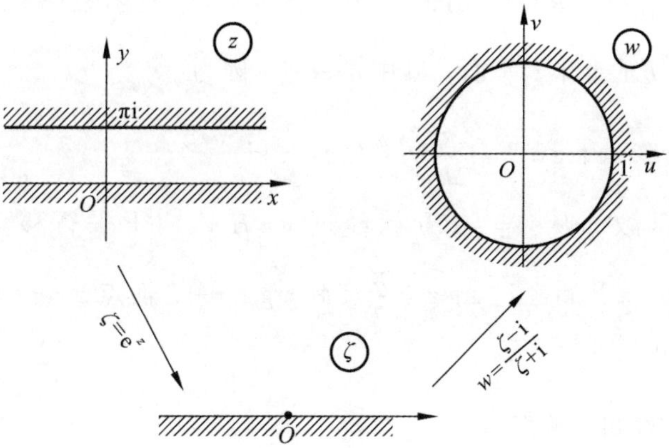

图 8.14

例 5 求将带形区域 $a < \mathrm{Re}\, z < b$ 映射成上半平面 $\mathrm{Im}\, w > 0$ 的一个变换.

解 带形区域 $a < \mathrm{Re}\, z < b$ 经过平移、伸缩以及旋转变换

$$\xi = \frac{\pi \mathrm{i}}{b-a}(z-a)$$

后可映射成带形区域 $0 < \mathrm{Im}\,\xi < \pi$（见图 8.15），再用变换 $w = \mathrm{e}^{\xi}$ 就可以把带形区域 $0 < \mathrm{Im}\,\xi < \pi$ 映射成上半平面 $\mathrm{Im}\, w > 0$（见图 8.15）．因此，所求的变换为

$$w = \mathrm{e}^{\frac{\pi \mathrm{i}}{b-a}(z-a)}.$$

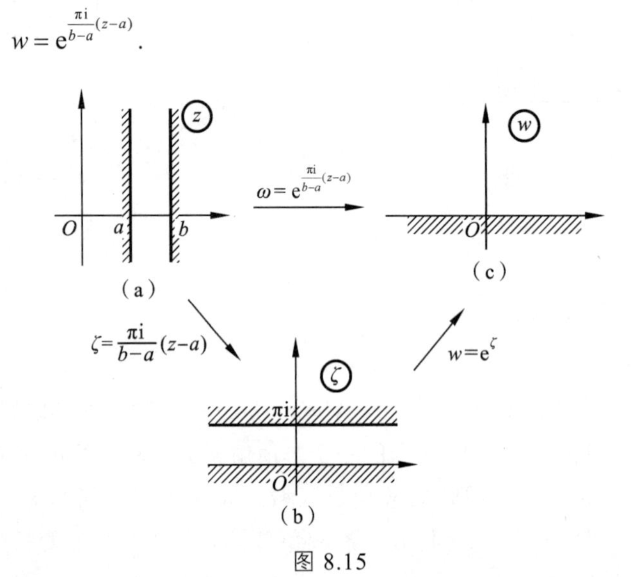

图 8.15

例 6 求将具有割痕：$-\infty < \mathrm{Re}\, z \leqslant a, \mathrm{Im}\, z = H$ 的带形区域 $0 < \mathrm{Im}\, z < 2H$ 映射成带形区域 $0 < \mathrm{Im}\, w < 2H$ 的一个变换.

解 不难验证，函数

$$z_1 = \mathrm{e}^{\frac{\pi z}{2H}}$$

把 z 平面内具有割痕：$-\infty < \mathrm{Re}\, z \leqslant a, \mathrm{Im}\, z = H$ 的带形区域（见图 8.16（a））映射成去掉了虚轴上一线段 $0 < \mathrm{Im}\, z < b$ 的上半 z_1 平面，其中 $b = \mathrm{e}^{\frac{a\pi}{2H}}$．因为

$$\arg z_1 = \arg \mathrm{e}^{\frac{a\pi}{2H}} = \frac{\pi}{2H} y \text{（设 } z = x + \mathrm{i} y \text{）}.$$

所以，当直线 $y =$ 常数，从 $y = 2H$ 开始经过 $y = H$，向下平行移动到 $y = 0$ 时，射线 $\arg z_1 = \frac{\pi}{2H} y$ 从 $\arg z_1 = \pi$ 开始经过 $\arg z_1 = \frac{\pi}{2}$ 变到 $\arg z_1 = 0$．而点 $z = a + H\mathrm{i}$ 被 $z_1 = \mathrm{e}^{\frac{\pi z}{2H}}$ 映射成点 $z_1 = \mathrm{i}\,\mathrm{e}^{\frac{a\pi}{2H}} = \mathrm{i} b$.

又依据本节例 3 可知，映射

$$z_2 = \sqrt{z_1^{\,2} + b^2}$$

把去掉了虚轴上一线段 $0<\operatorname{Im} z<b$ 的上半 z_1 平面映射成上半 z_2 平面. 再利用对数函数

$$w=\frac{2H}{\pi}\ln z_2$$

便可以得到所求的变换为

$$w=\frac{2H}{\pi}\ln\sqrt{e^{\frac{\pi z}{H}}+e^{\frac{a\pi}{H}}}$$

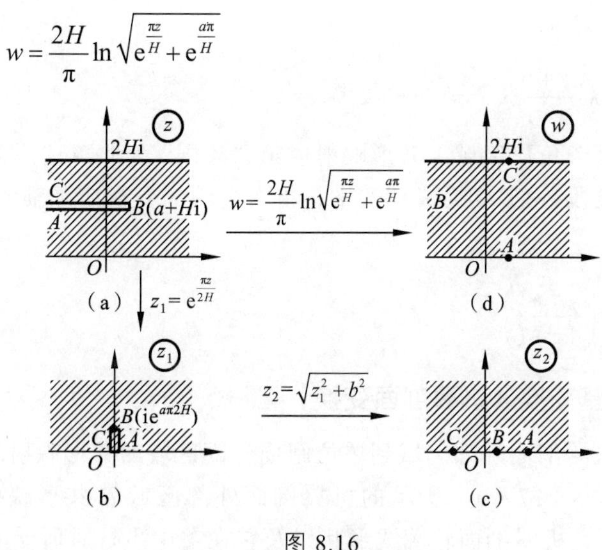

图 8.16

8.3.3 由圆弧构成的两角形区域的共形映射

根据前面所讲的分式线性函数以及幂函数或指数函数对应的变换性质，借助于它们复合而得到的对应的复合变换，将二圆弧或直线段所构成的两角形区域共形映射成一个标准区域，比如上半平面等.

由于分式线性变换具有保圆性，所以它可以把已给的两角形区域共形映射成同样形状的区域，或弓形区域，或角形区域. 只要已给的圆周（或直线）上有一个点变为 $w=\infty$，则此圆周（或直线）就变成直线. 如果它上面没有点变为 $w=\infty$，则它就变为有限半径的圆周. 所以，若二圆弧的一个公共点变为 $w=\infty$，则此二圆弧所围成的两角形区域就共形映射成角形区域.

例 7 试把交角为 $\frac{\pi}{n}$ 的两圆弧所围成的区域共形映射成上半平面.

解 用 a,b 表示两圆弧的交点. 先设法将两圆弧变换成从原点出发的两条射线. 为此，先作分式线性变换

$$\xi=k\cdot\frac{z-a}{z-b}\quad（k\text{ 是一常数}）$$

选择适当的 k 值，就可以把所给的区域共形映射成角形区域

$$0<\xi<\frac{\pi}{n}$$

再通过幂函数

$$w=\xi^n$$

就可以共形映射成上半平面了，且此时的变换为

$$w=\left(k\cdot\frac{z-a}{z-b}\right)^n.$$

例 8 试把上半单位圆共形映射成上半平面.

解 先作分式线性变换

$$\xi=k\cdot\frac{z+1}{z-1}\ （k\text{是一常数}）$$

将上半单位圆（看作两个角形区域）共形映射成第一象限. 为此，选择 $k=-1$ 就可以了. 事实上，此变换可以将线段 $[-1,1]$ 变换成正实轴，将上半圆周变换成虚轴的上半轴. 故此时所用到的变换为.

$$w=\left(-\frac{z+1}{z-1}\right)^2.$$

8.3.4 儒可夫斯基变换（机翼剖面变换）

下面我们来研究机翼剖面外部区域到单位圆周外部区域的共形映射.

为什么要研究把图 8.17（a）所示的机翼剖面外部区域 D 共形映射成单位圆周外部 $G:|w|>1$ 呢？因为若研究机翼剖面轮廓线形状以及它在空中飞行时所受的阻力、升力等，按 8.17（a）所示进行运算相对复杂且困难. 因此，往往把它共形映射成单位圆（见图 8.17（b）），研究它在单位圆周外部的相应条件. 而在复变函数中，我们知道对于单位圆周的外部是比较好处理的.

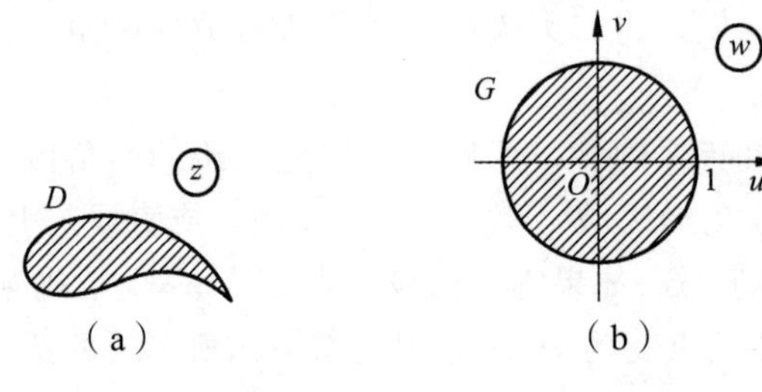

图 8.17

为了便于研究，我们先考虑比较特殊的形状，并把它们放到坐标系中，如图 8.18、图 8.19 所示. 下面分几步来作出机翼剖面函数及其反函数所构成的共形映射.

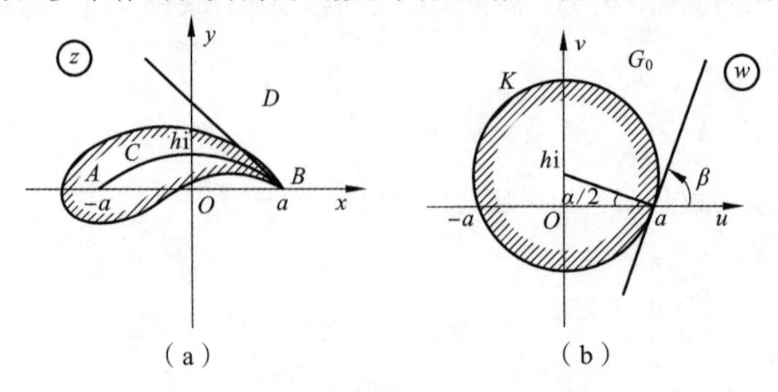

图 8.18

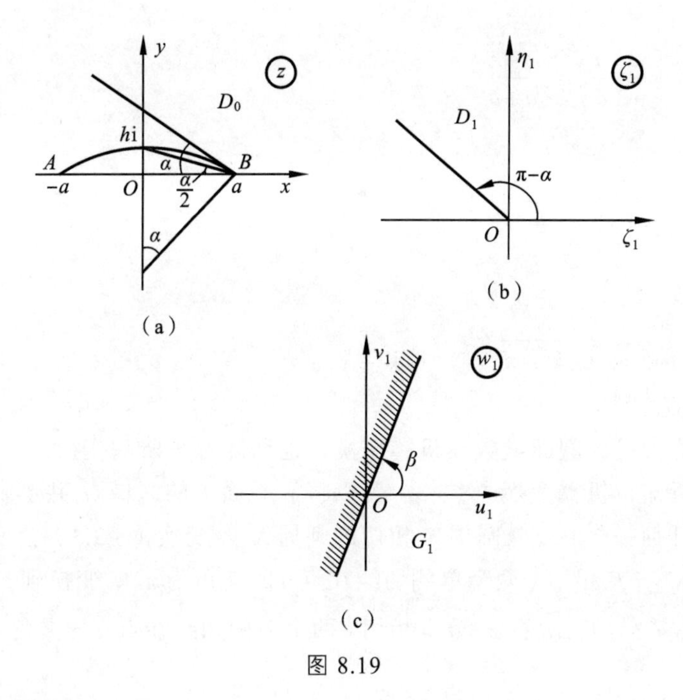

图 8.19

① 分式线性变换：

$$\zeta_1 = \frac{z-a}{z+a}$$

将 z 平面上的圆弧 $\overset{\frown}{AB}$ 外部区域 D_0 共形映射成 ζ_1 平面上去掉射线

$$\arg \zeta_1 = \pi - \alpha$$

所成区域 D_1，其中

$$\alpha = 2\arctan\frac{h}{a}$$

如图 8.19（a）、（b）所示.

② 分式线性变换：

$$w_1 = \frac{w-a}{w+a}$$

将 w 平面上的圆周 K 外部的区域 G_0（见图 8.19（b））共形映射成 w_1 平面上的半平面区域

$$G_1 : \beta - \pi < \arg w_1 < \beta$$

其中 $\beta = \frac{\pi}{2} - \frac{\alpha}{2}$（见图 8.19（c））. 而圆周 K 以 hi 为心，过 $-a, a$ 两点且在点 a 有切线倾角 β.

③ 变换：

$$\zeta_1 = w_1^{\ 2}$$

将区域 G_1 共形映射成区域 D_1，这是因为 $2\beta = \pi - \alpha$. 于是

$$\left(\frac{w-a}{w+a}\right)^2=\frac{z-a}{a+a}$$

解得

$$z=\frac{1}{2}\left(w+\frac{a^2}{w}\right) \tag{8.3.3}$$

其反函数为

$$w=z+\sqrt{z^2-a^2}$$

将 D_0 共形映射成 G_0.

式（8.3.3）称为**机翼剖面函数**或**机翼变换**，也称**儒可夫斯基变换**.

由前面的分析知，机翼变换（8.3.3）可以将 w 平面上的区域 G_0 共形映射成 z 平面上的区域 D_0. 那么，任何一个在 a 与圆周 K 相切的圆周 K' 经变换（8.3.3）会变成 z 平面上的什么曲线呢？由于 K' 与 K 相切（两个单侧切线在点 a 的夹角为 π），变换到 z 平面时，设 K' 变成曲线 C'，则曲线 C' 与弧 $\overset{\frown}{AB}$ 在 $z=a$ 也相切（两个单侧切线在点 a 的夹角为 2π），如图 8.20 所示.

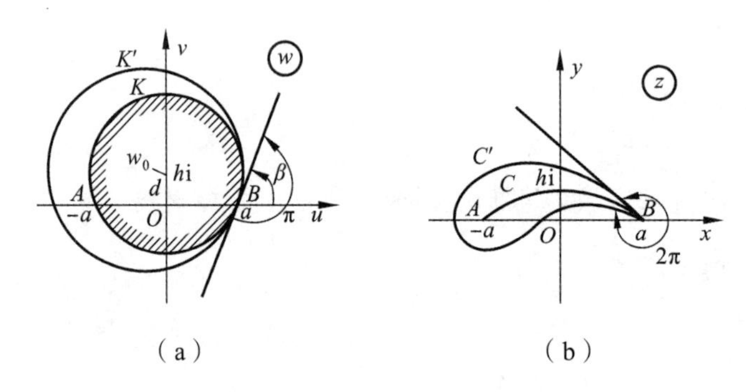

（a）　　　　（b）

图 8.20

闭曲线 K 包含在闭曲线 K' 的内部，相应地，K 的像曲线 C 对应地也包含在 K' 的像曲线 C' 的内部（见图 8.20（b）），且在 B 点有一个尖点. 而 C' 的形状就好像飞机机翼的截线（翼型），这就是儒可夫斯基最先采用的机翼断面的周线. 这里 K' 的圆心到 $h\mathrm{i}$ 的距离 d，以及最前面的 a,h 这三项称为机翼的**翼型参数**. a,h,d 分别反映了机翼剖面的宽度、弯度和厚度、当这三个参数选择好之后，一个翼型也就大致被确定了.

习题 8

1. 求 $w=z^2$ 在 $z=\mathrm{i}$ 处的伸缩率和转动角. 问：此变换将经过点 $z=\mathrm{i}$ 且平行于实轴正向的曲线的切线方向映射成 w 平面上哪一个方向？并作图.

2. 一个解析函数所构成的映射，在什么条件下具有伸缩率和转动角的不变性？映射 $w=z^2$ 在 z 平面上每一点都具有这个性质吗？

3. 在整线性变换 $w=\mathrm{i}z$ 下，下列图形映射成什么图形？

（1）以 $z_1=\mathrm{i}, z_2=-1, z_3=1$ 为顶点的三角形；

（2）圆域 $|z-1|\leqslant 1$.

4. 下列各题中，给出了三对对应点 $z_1\leftrightarrow w_1, z_2\leftrightarrow w_2, z_3\leftrightarrow w_3$ 的具体数值. 请写出相应的分式线性变换，并指出此变换把通过 z_1,z_2,z_3 的圆周的内部，或直线左边（按 z_1,z_2,z_3 的顺序观察）变换成什么区域？

（1）$1\leftrightarrow 1, \mathrm{i}\leftrightarrow 0, -\mathrm{i}\leftrightarrow -1$；

（2）$1\leftrightarrow \infty, \mathrm{i}\leftrightarrow -1, -1\leftrightarrow 0$；

（3）$\infty\leftrightarrow 0, \mathrm{i}\leftrightarrow \mathrm{i}, 0\leftrightarrow \infty$；

（4）$\infty\leftrightarrow 0, 0\leftrightarrow 1, 1\leftrightarrow \infty$.

5. 试证：在变换 $w=\mathrm{e}^{\mathrm{i}z}$ 下，互相正交的直线 $\operatorname{Re}z=c_1$ 与 $\operatorname{Im}z=c_2$ 依次变换成互相正交的直线族 $v=u\tan c_1$ 与圆族 $u^2+v^2=\mathrm{e}^{-2c_2}$.

6. z 平面上有三个互相外切的圆周，切点之一在原点，函数 $w=\dfrac{1}{z}$ 将三个圆周所围成的区域变换成 w 平面上的什么区域？

7. 变换 $w=z^2$ 把上半圆域 $|z|<R, \operatorname{Im}z>0$ 映射成什么图形？

8. 下列区域在指定的变换下映射成什么图形？

（1）$\operatorname{Re}z>0, w=\mathrm{i}z+\mathrm{i}$；

（2）$\operatorname{Re}z>0, 0<\operatorname{Im}z<1, w=\dfrac{\mathrm{i}}{z}$；

（3）$0<\operatorname{Im}z<\dfrac{1}{2}, w=\dfrac{1}{z}$；

（4）$\operatorname{Im}z>0, w=(1+\mathrm{i})z$.

9. 如果分式线性变换 $w=\dfrac{az+b}{cz+d}$ 将 z 平面的上半平面 $\operatorname{Im}z>0$ 映射成：① w 平面的上半平面 $\operatorname{Im}w>0$；② w 平面的下半平面 $\operatorname{Im}w<0$. 那么，a,b,c,d 应满足什么条件？

10. 求把上半平面 $\operatorname{Im}z>0$ 映射成单位圆 $|w|<1$ 的分式线性变换 $w=f(z)$，使满足条件：

（1）$f(\mathrm{i})=0, f(-1)=1$；

（2）$f(\mathrm{i})=0, \arg f'(\mathrm{i})=0$；

（3）$f(1)=1, f(\mathrm{i})=\dfrac{1}{\sqrt{5}}$.

11. 求出将圆 $|z-4\mathrm{i}|<2$ 变换成半平面 $v>u$ 的共形映射，使得圆心 $4\mathrm{i}$ 变换成 -4，而圆周上的点 $2\mathrm{i}$ 变换成 $w=0$.

12. 求出将上半 z 平面 $\operatorname{Im}z>0$ 映射成圆 $|w|<R$ 的分式线性变换 $w=L(z)$，使符合 $L(\mathrm{i})=0$；如果再要求 $L'(\mathrm{i})=1$，此变换是否存在？

13. 设 $w=\mathrm{e}^{\mathrm{i}\varphi}\left(\dfrac{z-a}{1-\bar{a}z}\right)$，试证：$\varphi=\arg w'(a)$.

14. 试求把下列由直线段、圆弧所围成的区域（除去阴影部分）映射成上半 w 平面的一个共形映射.

（1）$|z+\mathrm{i}|<2, \operatorname{Im} z>0$（见图 8.21（a））;

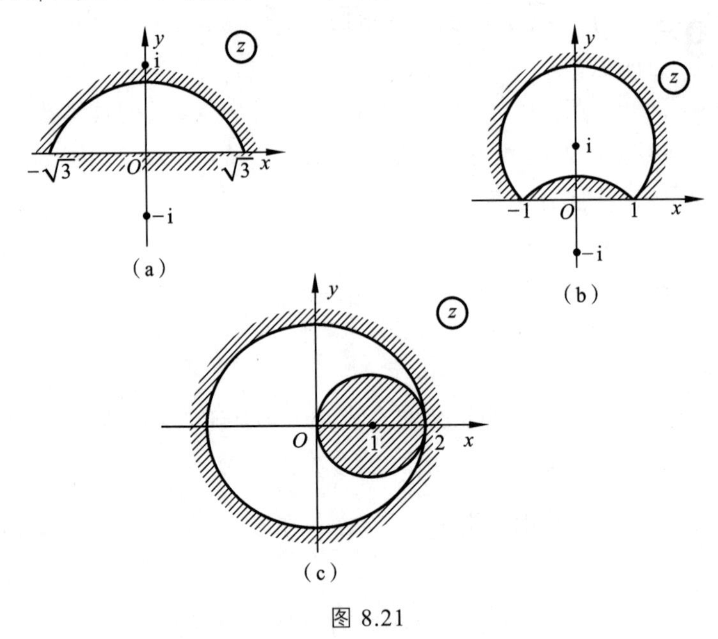

图 8.21

（2）$|z+\mathrm{i}|>\sqrt{2}, |z-\mathrm{i}|<\sqrt{2}$（见图 8.21（b））;

（3）$|z|<2, |z-1|>1$（见图 8.21（c））.

15. 将一个从中心起沿实轴上的半径割开了的单位圆共形映射成单位圆，使符合条件：割缝上岸的1变换成1，割缝下岸的1变换成 -1，0变换成 $-\mathrm{i}$.

第9章 傅里叶变换

在工程等领域中经常会碰到一些比较复杂的实际问题，为了能够把问题变得简单和易于解决，人们常常采取某种手段将问题转换为简单的问题，并把简单问题求解的结果放回到原来复杂的实际问题中，从而得到相应的结果，以达到解决实际问题的目的. 本章将要介绍的傅里叶（Fourier）变换，就是一种对连续时间函数的积分变换，它通过某种积分运算把一个函数化为另一个函数，通过求解另一个函数得到相应的结果. 同时，傅里叶变换具有对应的逆变换，又可以把得到的结果再变换到原来的实际问题中，从而达到解决原实际问题的目的. 傅里叶变换既能简化计算，如求解微分方程、化卷积为乘积等，又具有非常特殊的物理意义，因而在许多领域中都被广泛地应用，且在此基础上发展起来的离散傅里叶变换，在数字时代的当今更具重要性.

9.1 傅里叶变换的概念

在讨论傅里叶变换之前，我们首先来回顾傅里叶级数和傅里叶展式.

9.1.1 傅里叶级数

傅里叶级数在数学与工程技术中有着广泛的应用，它是由三角函数列生成的一类函数项级数. 傅里叶 1804 年首次提出“在有限区间上由任意形状定义的任意函数都可以表示为单纯的正弦与余弦之和”. 法国数学家狄利克雷（Dirichlet）于 1829 年证明了下面的定理，为傅里叶级数奠定了理论基础.

定理 9.1 设函数 $f(t)$ 是以 T 为周期的实值函数，且在 $\left[-\frac{T}{2},\frac{T}{2}\right]$ 上满足狄利克雷条件（简称狄氏条件），即 $f(t)$ 在 $\left[-\frac{T}{2},\frac{T}{2}\right]$ 上满足：

（1）连续或只有有限个第一类间断点；

（2）只有有限个极值点，

则 $f(t)$ 在连续点有

$$f(t)=\frac{a_0}{2}+\sum_{n=0}^{+\infty}(a_n\cos n\omega t+b_n\sin n\omega t) \tag{9.1.1}$$

其中

$$\omega=\frac{2\pi}{T},$$

$$a_n=\frac{2}{T}\int_{-\frac{T}{2}}^{\frac{T}{2}}f(t)\cos n\omega t\,\mathrm{d}t(n=0,1,2,\cdots),$$

$$b_n=\frac{2}{T}\int_{-\frac{T}{2}}^{\frac{T}{2}}f(t)\sin n\omega t\,\mathrm{d}t(n=0,1,2,\cdots)$$

$f(t)$在间断点t_0处，式（9.1.1）左端为$\frac{1}{2}(f(t_0+0)+f(t_0-0))$.

式（9.1.1）将周期函数$f(t)$表示成正余弦函数类的和，此式就称为$f(t)$的傅里叶展式，右边的级数就是傅里叶级数.

由于正余弦函数可以用指数函数来统一表示，我们可以把式（9.1.1）化为更简洁的形式. 根据欧拉公式

$$\cos t=\frac{\mathrm{e}^{\mathrm{i}t}+\mathrm{e}^{-\mathrm{i}t}}{2}$$

$$\sin \mathrm{t}=\frac{\mathrm{e}^{\mathrm{i}t}-\mathrm{e}^{-\mathrm{i}t}}{2\mathrm{i}}=-\mathrm{i}\frac{\mathrm{e}^{\mathrm{i}t}-\mathrm{e}^{-\mathrm{i}t}}{2}$$

式（9.1.1）可以表示为

$$\begin{aligned}f(t)&=\frac{a_0}{2}+\sum_{n=1}^{+\infty}\left(a_n\frac{\mathrm{e}^{\mathrm{i}n\omega t}+\mathrm{e}^{-\mathrm{i}n\omega t}}{2}+b_n\frac{\mathrm{e}^{\mathrm{i}n\omega t}-\mathrm{e}^{-\mathrm{i}n\omega t}}{2\mathrm{i}}\right)\\&=\frac{a_0}{2}+\sum_{n=1}^{+\infty}\left(\frac{a_n-\mathrm{i}b_n}{2}\mathrm{e}^{\mathrm{i}n\omega t}+\frac{a_n+\mathrm{i}b_n}{2}\mathrm{e}^{-\mathrm{i}n\omega t}\right)\end{aligned}$$

记

$$c_0=\frac{a_0}{2}=\frac{1}{T}\int_{-\frac{T}{2}}^{\frac{T}{2}}f(t)\,\mathrm{d}t,$$

$$\begin{aligned}c_n=\frac{a_n-\mathrm{i}b_n}{2}&=\frac{1}{T}\left(\int_{-\frac{T}{2}}^{\frac{T}{2}}f(t)\cos n\omega t\,\mathrm{d}t-\mathrm{i}\int_{-\frac{T}{2}}^{\frac{T}{2}}f(t)\sin n\omega t\,\mathrm{d}t\right)\\&=\frac{1}{T}\left(\int_{-\frac{T}{2}}^{\frac{T}{2}}f(t)(\cos n\omega t-\mathrm{i}\sin n\omega t)\,\mathrm{d}t\right)\\&=\frac{1}{T}\int_{-\frac{T}{2}}^{\frac{T}{2}}f(t)\mathrm{e}^{-\mathrm{i}n\omega t}\,\mathrm{d}t(n=0,1,2,\cdots),\end{aligned}$$

$$\begin{aligned}c_{-n}=\frac{a_n+\mathrm{i}b_n}{2}&=\frac{1}{T}\left(\int_{-\frac{T}{2}}^{\frac{T}{2}}f(t)\cos n\omega t\,\mathrm{d}t+\mathrm{i}\int_{-\frac{T}{2}}^{\frac{T}{2}}f(t)\sin n\omega t\,\mathrm{d}t\right)\\&=\frac{1}{T}\int_{-\frac{T}{2}}^{\frac{T}{2}}f(t)\mathrm{e}^{\mathrm{i}n\omega t}\,\mathrm{d}t\ (n=0,1,2,\cdots)\end{aligned}$$

将上述三式统一并写成

$$c_n=\frac{1}{T}\int_{-\frac{T}{2}}^{\frac{T}{2}}f(t)\mathrm{e}^{-\mathrm{i}n\omega t}\,\mathrm{d}t\ (n=0,\pm1,\pm2,\cdots)\tag{9.1.2}$$

则式（9.1.1）可表示成复指数形式：

$$f(t)=c_0+\sum_{n=1}^{\infty}(c_n\,\mathrm{e}^{\mathrm{i}n\omega t}+c_{-n}\,\mathrm{e}^{-\mathrm{i}n\omega t})$$

$$=\sum_{n=-\infty}^{+\infty}c_n\,\mathrm{e}^{\mathrm{i}n\omega t}\,. \qquad (9.1.3)$$

这就是**傅里叶级数的指数形式**，式（9.1.1）称为**傅里叶级数的三角形式**.

傅里叶级数有非常明显的物理意义. 在式（9.1.1）中，令

$$A_0=\frac{a_0}{2},\ A_n=\sqrt{a_n{}^2+b_n{}^2},\ \cos\theta_n=\frac{a_n}{A_n},\ \sin\theta_n=\frac{-b_n}{A_n}\,(n=1,2,\cdots)$$

则式（9.1.1）可变为

$$f(t)=A_0+\sum_{n=1}^{+\infty}A_n(\cos\theta_n\cos n\omega t-\sin\theta_n\sin n\omega t)$$

$$=A_0+\sum_{n=1}^{+\infty}A_n\cos(n\omega t+\theta_n)$$

如果 $f(t)$ 代表信号，则上式可以阐释为：一个周期为 T 的信号可以分解为简谐波之和. 这些简谐波的（角）频率分别为一个基频 ω 的倍数. 换言之，信号 $f(t)$ 并不含有各种频率成分，而仅由一系列具有离散频率的简谐波所构成. 其中，A_n 反映的是频率为 $n\omega$ 的简谐波在 $f(t)$ 中所占的份额，称为**振幅**；θ_n 反映的是频率为 $n\omega$ 的简谐波沿时间轴移动的大小，称为**相位**. 它们完全刻画了信号 $f(t)$ 的性态，是两个重要的指标.

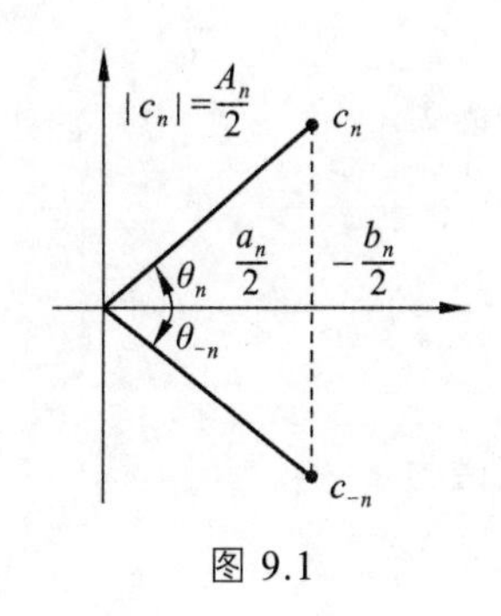

图 9.1

再来看式（9.1.3），由 c_n 与 a_n 及 b_n 的关系可得（见图 9.1）

$$c_0=A_0,\ \operatorname{Arg}c_n=-\operatorname{Arg}c_{-n}=\theta_n,$$

$$|c_n|=|c_{-n}|=\frac{1}{2}\sqrt{a_n{}^2+b_n{}^2}=\frac{A_n}{2}\,(n=1,2,\cdots)$$

由此可知，复数 c_n 的模与辐角恰好反映了信号 $f(t)$ 中频率为 $n\omega$ 的简谐波的振幅和相位，其中振幅 A_n 被平均分配到正负频率上，而负频率的出现则完全是为了数学表示的方便，它与正频率一起构成同一个简谐波. 由此可见，仅由系数 c_n 就可以刻画信号 $f(t)$ 的频率特性. 因此，称 c_n 为周期函数 $f(t)$ 的**离散频谱**，$|c_n|$ 为 $f(t)$ 的**离散振幅谱**，$\arg c_n$ 为 $f(t)$ 的**离散相位谱**.

例 1　求以 T 为周期的函数

$$f(t)=\begin{cases}0, & -T/2<t<0\\ 2, & 0<t<T/2\end{cases}$$

的离散频谱和它的傅里叶级数的指数形式.

解　令 $\omega=\dfrac{2\pi}{T}$.

当 $n=0$ 时,

$$c_0=\frac{1}{T}\int_{-\frac{T}{2}}^{\frac{T}{2}}f(t)\,\mathrm{d}t=\frac{1}{T}\int_0^{\frac{T}{2}}2\,\mathrm{d}t=1$$

当 $n\neq 0$ 时,

$$\begin{aligned}c_n&=\frac{1}{T}\int_{-\frac{T}{2}}^{\frac{T}{2}}f(t)\mathrm{e}^{-\mathrm{i}n\omega t}\,\mathrm{d}t=\frac{1}{T}\int_0^{\frac{T}{2}}2\mathrm{e}^{-\mathrm{i}n\omega t}\,\mathrm{d}t\\&=\frac{2}{T}\cdot\frac{1}{-\mathrm{i}n\omega}\mathrm{e}^{-\mathrm{i}n\omega t}\Big|_0^{\frac{T}{2}}=\frac{2}{-\mathrm{i}n\omega T}(\mathrm{e}^{-\mathrm{i}n\omega\frac{T}{2}}-1)\\&=\frac{\mathrm{i}}{n\pi}(\mathrm{e}^{-\mathrm{i}n\pi}-1)=\begin{cases}0, & n\text{为偶数}\\-\dfrac{2\mathrm{i}}{n\pi}, & n\text{为奇数}\end{cases}\end{aligned}$$

所以, $f(t)$ 的傅里叶级数的复指数形式为

$$f(t)=1+\sum_{n=-\infty}^{+\infty}\frac{-2\mathrm{i}}{(2n-1)\pi}\mathrm{e}^{\mathrm{i}(2n-1)\omega t}$$

振幅谱为

$$|c_n|=\begin{cases}1, & n=0\\0, & n=\pm2,\pm4,\cdots\\\dfrac{2}{|n|\pi}, & n=\pm1,\pm3,\cdots\end{cases}$$

相位谱为

$$\operatorname{Arg}c_n=\begin{cases}0, & n=0,\pm2,\pm4,\cdots\\-\dfrac{\pi}{2}, & n=1,3,5,\cdots\\\dfrac{\pi}{2}, & n=-1,-3,-5,\cdots\end{cases}$$

其图形如图 9.2 所示.

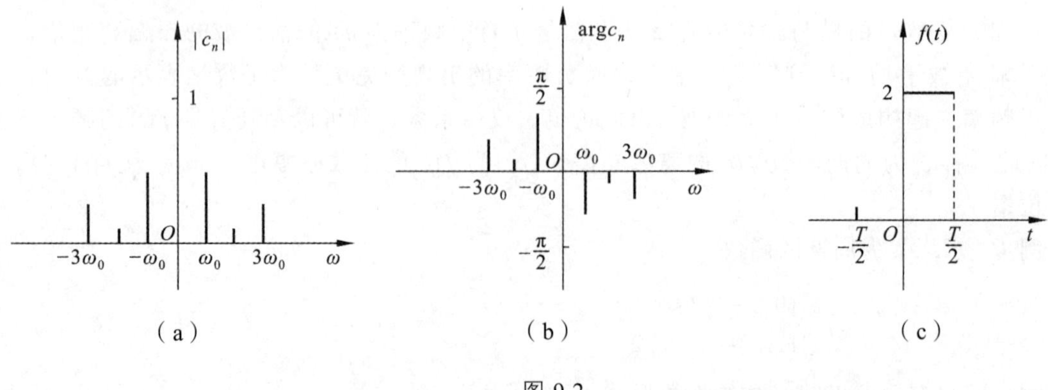

图 9.2

9.1.2　傅里叶变换

下面我们研究非周期函数的一个类似的表示问题. 为了方便，不妨假设函数 $f(t)$ 在区间 $(-\infty,+\infty)$ 内连续且绝对可积. 先考虑区间 $\left[-\frac{T}{2},\frac{T}{2}\right]$，由式（9.1.3）可得函数 $f(t)$ 在此区间上的傅里叶级数的复指数形式为

$$f(t)=\sum_{n=-\infty}^{+\infty}c_n\,\mathrm{e}^{\mathrm{i}n\omega t}\left(\frac{-T}{2}<t<\frac{T}{2}\right) \tag{9.1.4}$$

其中系数为

$$c_n=\frac{1}{T}\int_{-\frac{T}{2}}^{\frac{T}{2}}f(t)\mathrm{e}^{-\mathrm{i}n\omega t}\,\mathrm{d}t\ \ (n=0,\pm1,\pm2,\cdots)$$

式(9.1.4)右端定义了一个周期为 T 的周期函数 $f_T(t)$，$f_T(t)$ 在区间 $\left[-\frac{T}{2},\frac{T}{2}\right]$ 内等于 $f(t)$，$f_T(t)$ 在区间的左右端点处的值可能等于 $f(t)$ 在这两点的平均值（见图 9.3）.

这样，在区间长度为 T 的一个区间上，我们就得到了函数 $f(t)$ 的一个正弦函数类表示式. 当周期 T 越大时，$f_T(t)$ 与 $f(t)$ 相等的区间也会越来越大，特别是当 $T\to\infty$ 时，周期函数 $f_T(t)$ 的极限就可能是函数 $f(t)$，即

$$\lim_{T\to\infty}f_T(t)=f(t)$$

如果上式成立，那么我们就得到了函数 $f(t)$ 在区间 $(-\infty,+\infty)$ 上的正弦函数表示式，即对任意的 $t\in\mathbf{R}$，有

$$f(t)=\lim_{T\to\infty}\sum_{n=-\infty}^{+\infty}c_n\,\mathrm{e}^{\mathrm{i}n\omega t}\,.$$

下面讨论当 $T\to\infty$ 时，式（9.1.4）右端的极限. 注意到 $\omega=\frac{2\pi}{T}$，令 $g_n=c_nT$，则有

$$f_T(t)=\frac{1}{2\pi}\sum_{n=-\infty}^{+\infty}g_n\,\mathrm{e}^{\frac{\mathrm{i}n2\pi t}{T}}\frac{[(n+1)-n]2\pi}{T}$$

其中

$$g_n=c_nT=\int_{-\frac{T}{2}}^{\frac{T}{2}}f(t)\mathrm{e}^{-\frac{\mathrm{i}n2\pi t}{T}}\,\mathrm{d}t$$

记 $\omega_n=\frac{n2\pi}{T}$，有

$$f_T(t)=\frac{1}{2\pi}\sum_{n=-\infty}^{+\infty}F_T(\omega_n)\mathrm{e}^{\mathrm{i}\omega_n t}(\omega_{n+1}-\omega_n) \tag{9.1.5}$$

其中对实数 ω，函数 $F_T(\omega)$ 定义为

$$F_T(\omega)=\int_{-\frac{T}{2}}^{\frac{T}{2}}f(t)\mathrm{e}^{-\mathrm{i}\omega t}\,\mathrm{d}t$$

当 $T\to\infty$ 时，$F_T(\omega)$ 趋于一个函数 $F(\omega)$，$F(\omega)$ 则称为函数 $f(t)$ 的傅里叶变换，记作 $\mathscr{F}(f(t))$，即

$$F(\omega)=\mathscr{F}(f(t))=\int_{-\infty}^{+\infty} f(t)\mathrm{e}^{-\mathrm{i}\omega t}\,\mathrm{d}t \tag{9.1.6}$$

又当 $T\to\infty$ 时，$\Delta\omega=\omega_{n+1}-\omega_n\to 0$，而 ω_n 所对应的点均匀地分布在整个数轴上，且取值从 $-\infty$ 到 $+\infty$，所以式（9.1.5）可以看成是积分

$$\frac{1}{2\pi}\int_{-\infty}^{+\infty} F(\omega)\mathrm{e}^{\mathrm{i}\omega t}\,\mathrm{d}\omega$$

的黎曼积分和，因此可以导出等式

$$f(t)=\frac{1}{2\pi}\int_{-\infty}^{+\infty} F(\omega)\mathrm{e}^{\mathrm{i}\omega t}\,\mathrm{d}\omega$$

其中，$F(\omega)$ 由式（9.1.6）定义，上式称为 $F(\omega)$ 的傅里叶逆变换，记作 $\mathscr{F}^{-1}(F(\omega))$，即

$$f(t)=\mathscr{F}^{-1}(F(\omega))=\frac{1}{2\pi}\int_{-\infty}^{+\infty} F(\omega)\mathrm{e}^{\mathrm{i}\omega t}\,\mathrm{d}\omega \tag{9.1.7}$$

式（9.1.6）和式（9.1.7）是傅里叶变换的基本公式，其中涉及的积分是柯西意义下的主值积分，即

$$F(\omega)=\mathscr{F}(f(t))=\int_{-\infty}^{+\infty} f(t)\mathrm{e}^{-\mathrm{i}\omega t}\,\mathrm{d}t=\lim_{N\to\infty}\int_{-N}^{N} f(t)\mathrm{e}^{-\mathrm{i}\omega t}\,\mathrm{d}t$$

和

$$f(t)=\mathscr{F}^{-1}(F(\omega))=\frac{1}{2\pi}\int_{-\infty}^{+\infty} F(\omega)\mathrm{e}^{\mathrm{i}\omega t}\,\mathrm{d}\omega$$

这样，$f(t)$ 与 $F(\omega)$ 构成了一个傅里叶变换对，有着明显的物理意义. 式（9.1.7）说明非周期函数与周期函数一样，也是由许多不同频率的正余弦函数分量合成. 所不同的是，非周期函数包含从零到无穷大的所有频率分量，而 $F(\omega)$ 是 $f(t)$ 中各频率分量的分布密度. 因此，$F(\omega)$ 称为频率密度函数（简称频谱或连续频谱），$|F(\omega)|$ 称为振幅谱，$\arg F(\omega)$ 称为相位谱. 由于傅里叶变换有这种特殊的物理意义，因而它在实际的工程技术中得到了广泛的应用.

根据上面的分析，可得下述定理.

定理 9.2 若函数 $f(t)$ 在区间 $(-\infty,+\infty)$ 上满足下列条件：

（1）$f(t)$ 在 $(-\infty,+\infty)$ 内的任何有限区间上连续或只有有限个第一类间断点；

（2）$f(t)$ 在 $(-\infty,+\infty)$ 内的任何有限区间上只有有限个极值点；

（3）$f(t)$ 在区间 $(-\infty,+\infty)$ 上绝对可积，即积分 $\int_{-\infty}^{+\infty}|f(t)|\,\mathrm{d}t$ 收敛，

则 $f(t)$ 的傅里叶变换 $F(\omega)$ 存在，且有

$$\frac{1}{2\pi}\int_{-\infty}^{+\infty} F(\omega)\mathrm{e}^{\mathrm{i}\omega t}\,\mathrm{d}\omega=\begin{cases} f(t), & \text{当}f(t)\text{连续时} \\ \dfrac{f(t+0)+f(t-0)}{2}, & \text{其他情形} \end{cases}$$

例 2 求矩形脉冲函数

$$f(t)=\begin{cases} 1, & |t|\leqslant\delta \\ 0, & |t|>\delta \end{cases}\quad(\delta>0)$$

的傅里叶变换及其傅里叶逆变换（傅里叶积分表示式）.

解　由式（9.1.6）有

$$F(\omega)=\mathscr{F}(f(t))=\int_{-\infty}^{+\infty}f(t)\mathrm{e}^{-\mathrm{i}\omega t}\,\mathrm{d}t=\int_{-\delta}^{\delta}\mathrm{e}^{-\mathrm{i}\omega t}\,\mathrm{d}t$$

$$=\frac{1}{-\mathrm{i}\omega}\mathrm{e}^{-\mathrm{i}\omega t}\bigg|_{-\delta}^{\delta}=-\frac{1}{\mathrm{i}\omega}(\mathrm{e}^{-\mathrm{i}\omega\delta}-\mathrm{e}^{\mathrm{i}\omega\delta})$$

$$=2\frac{\sin\delta\omega}{\omega}=2\delta\frac{\sin\delta\omega}{\delta\omega}$$

振幅谱为

$$|F(\omega)|=2\delta\left|\frac{\sin\delta\omega}{\delta\omega}\right|$$

相位谱为

$$\arg F(\omega)=\begin{cases}0, & \dfrac{2n\pi}{\delta}\leqslant|\omega|\leqslant\dfrac{(2n+1)\pi}{\delta}\\ \pi, & \dfrac{(2n+1)\pi}{\delta}<|\omega|<\dfrac{(2n+2)\pi}{\delta}\end{cases}\quad(n=0,1,2,\cdots)$$

其图形如图 9.3 所示.

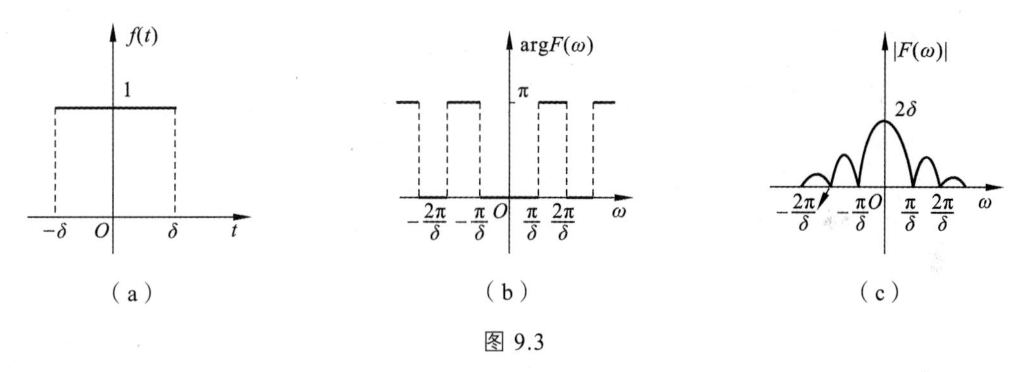

图 9.3

再根据式（9.1.7）可得傅里叶逆变换，即函数的傅里叶积分表示式为

$$f(t)=\mathscr{F}^{-1}(F(\omega))=\frac{1}{2\pi}\int_{-\infty}^{+\infty}\frac{2\sin\delta\omega}{\omega}\mathrm{e}^{\mathrm{i}\omega t}\,\mathrm{d}\omega$$

$$=\frac{1}{2\pi}\int_{-\infty}^{+\infty}\frac{2\sin\delta\omega}{\omega}\cos\omega t\,\mathrm{d}\omega+\frac{\mathrm{i}}{2\pi}\int_{-\infty}^{+\infty}\frac{2\sin\delta\omega}{\omega}\sin\omega t\,\mathrm{d}\omega$$

$$=\frac{2}{\pi}\int_{0}^{+\infty}\frac{\sin\delta\omega}{\omega}\cos\omega t\,\mathrm{d}\omega=\begin{cases}1, & |t|<\delta\\ \dfrac{1}{2}, & |t|=\delta\\ 0, & |t|>\delta\end{cases}$$

令上式中的 $t=0$，可得重要的积分公式

$$\int_{0}^{+\infty}\frac{\sin x}{x}\,\mathrm{d}x=\frac{\pi}{2}.$$

例 3　已知 $f(t)$ 的频谱为

$$F(\omega)=\begin{cases}0, & |\omega|>\alpha\\ 1, & |\omega|<\alpha\end{cases}\quad(\alpha>0)$$

求 $f(t)$.

解　由式（9.1.7）可得

$$\begin{aligned}f(t)&=\mathscr{F}^{-1}(F(\omega))=\frac{1}{2\pi}\int_{-\infty}^{+\infty}F(\omega)\mathrm{e}^{\mathrm{i}\omega t}\,\mathrm{d}\omega\\&=\frac{1}{2\pi}\int_{-\alpha}^{+\alpha}\mathrm{e}^{\mathrm{i}\omega t}\,\mathrm{d}\omega=\frac{\sin\alpha t}{\pi t}\\&=\frac{\alpha}{\pi}\cdot\frac{\sin\alpha t}{\alpha t}\end{aligned}$$

记 $S_\alpha(t)=\dfrac{\sin t}{t}$，则 $f(t)=\dfrac{\alpha}{\pi}\cdot S_\alpha(\alpha t)$. 当 $t=0$ 时，定义 $f(0)=\dfrac{\alpha}{\pi}$. 信号 $\dfrac{\alpha}{\pi}\cdot S_\alpha(\alpha t)$（或 $S_\alpha(\alpha t)$）称为**抽样信号**. 由于它具有非常特殊的频谱形式，因而在连续时间信号的离散化、离散时间信号的恢复以及信号滤波中发挥了重要的作用.

其图形如图 9.4 所示.

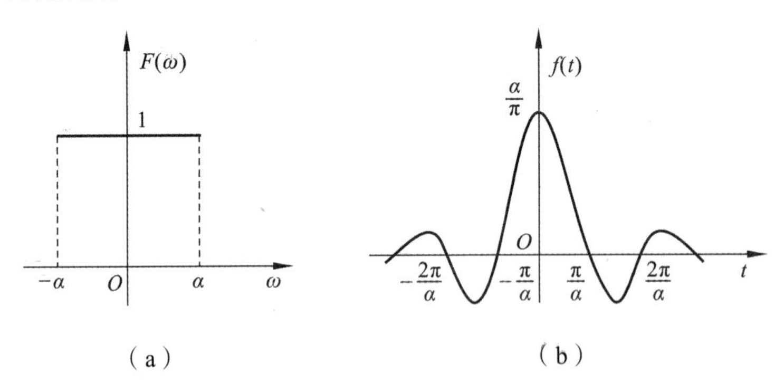

图 9.4

例 4　求单边指数衰减函数

$$f(t)=\begin{cases}0, & t<0\\ \mathrm{e}^{-\beta t}, & t\geqslant 0\end{cases}\quad(\beta>0)$$

的傅里叶变换及其傅里叶逆变换的积分表达式.（此函数是工程技术中常见函数之一）

解　由式（9.1.6）可得 $f(t)$ 的傅里叶变换：

$$\begin{aligned}F(\omega)&=\mathscr{F}(f(t))=\int_{-\infty}^{+\infty}f(t)\mathrm{e}^{-\mathrm{i}\omega t}\,\mathrm{d}t\\&=\int_{-\infty}^{+\infty}\mathrm{e}^{-(\beta+\mathrm{i}\omega)t}\,\mathrm{d}t=\frac{1}{\beta+\mathrm{i}\omega}\\&=\frac{\beta-\mathrm{i}\omega}{\beta^2+\omega^2}\end{aligned}$$

上式最后一行的表达式就是单边衰减函数 $f(t)$ 的傅里叶变换. 由式（9.1.7）可得 $f(t)$ 的傅里叶逆变换：

$$f(t)=\mathscr{F}^{-1}(F(\omega))=\frac{1}{2\pi}\int_{-\infty}^{+\infty}\frac{\beta-\mathrm{i}\omega}{\beta^2+\omega^2}\mathrm{e}^{\mathrm{i}\omega t}\,\mathrm{d}\omega$$

$$=\frac{1}{2\pi}\int_{-\infty}^{+\infty}\frac{\beta\cos\omega t+\omega\sin\omega t}{\beta^2+\omega^2}\mathrm{d}\omega$$

$$=\frac{1}{\pi}\int_{0}^{+\infty}\frac{\beta\cos\omega t+\omega\sin\omega t}{\beta^2+\omega^2}\mathrm{d}\omega$$

例 5 求 $f(t)=A\mathrm{e}^{-\beta t^2}$ 的傅里叶变换和傅里叶积分表达式，其中 $A,\beta>0$.（此函数称为钟形函数，又称高斯（Gauss）函数，是工程技术中常见函数之一.）

解 由式（9.1.6）可得 $f(t)$ 的傅里叶变换：

$$F(\omega)=\mathscr{F}(f(t))=\int_{-\infty}^{+\infty}f(t)\mathrm{e}^{-\mathrm{i}\omega t}\,\mathrm{d}t$$

$$=A\int_{-\infty}^{+\infty}\mathrm{e}^{-\beta\left(t^2+\frac{\mathrm{i}\omega}{\beta}t\right)}\,\mathrm{d}t=A\mathrm{e}^{-\frac{\omega^2}{4\beta}}\int_{-\infty}^{+\infty}\mathrm{e}^{-\beta\left(t+\frac{\mathrm{i}\omega}{2\beta}\right)^2}\,\mathrm{d}t$$

令 $t+\dfrac{\mathrm{i}\omega}{2\beta}=s$，则上式中积分变为一个复变函数的积分，即

$$\int_{-\infty}^{+\infty}\mathrm{e}^{-\beta\left(t+\frac{\mathrm{i}\omega}{2\beta}\right)^2}\,\mathrm{d}t=\int_{-\infty+\frac{\mathrm{i}\omega}{2\beta}}^{+\infty+\frac{\mathrm{i}\omega}{2\beta}}\mathrm{e}^{-\beta s^2}\,\mathrm{d}s$$

又因为 $\mathrm{e}^{-\beta s^2}$ 为 s 复平面上的解析函数，取图 9.5 所示的闭曲线 Γ 为积分路线，则由柯西积分定理可得

$$0=\oint_{\Gamma}\mathrm{e}^{-\beta s^2}\,\mathrm{d}s=\int_{AB}\mathrm{e}^{-\beta s^2}\,\mathrm{d}s+\int_{BC}\mathrm{e}^{-\beta s^2}\,\mathrm{d}s+\int_{CD}\mathrm{e}^{-\beta s^2}\,\mathrm{d}s+\int_{DA}\mathrm{e}^{-\beta s^2}\,\mathrm{d}s$$

而当 $R\to\infty$ 时，有

$$\int_{AB}\mathrm{e}^{-\beta s^2}\,\mathrm{d}s=\int_{-R}^{R}\mathrm{e}^{-\beta t^2}\,\mathrm{d}t\to\int_{-\infty}^{+\infty}\mathrm{e}^{-\beta t^2}\,\mathrm{d}t=\sqrt{\frac{\pi}{\beta}}$$

$$\left|\int_{BC}\mathrm{e}^{-\beta s^2}\,\mathrm{d}s\right|=\left|\int_{R}^{R+\frac{\mathrm{i}\omega}{2\beta}}\mathrm{e}^{-\beta s^2}\,\mathrm{d}s\right|$$

$$=\left|\int_{0}^{\frac{\omega}{2\beta}}\mathrm{e}^{-\beta(R+\mathrm{i}u)^2}\,\mathrm{d}(R+\mathrm{i}u)\right|$$

$$\leqslant\mathrm{e}^{-\beta R^2}\int_{0}^{\frac{\omega}{2\beta}}\left|\mathrm{e}^{(\beta u^2-\mathrm{i}2R\beta u)}\right|\mathrm{d}u\to 0$$

同理可得，当 $R\to\infty$ 时，有 $\left|\int_{DA}\mathrm{e}^{-\beta s^2}\,\mathrm{d}s\right|\to 0$.

故有

$$\lim_{R\to\infty}\int_{CD}\mathrm{e}^{-\beta s^2}\,\mathrm{d}s+\sqrt{\frac{\pi}{\beta}}=\lim_{R\to\infty}\left(-\int_{DC}\mathrm{e}^{-\beta s^2}\,\mathrm{d}s\right)+\sqrt{\frac{\pi}{\beta}}=0$$

即
$$\int_{-\infty+\frac{\mathrm{i}\omega}{2\beta}}^{+\infty+\frac{\mathrm{i}\omega}{2\beta}} \mathrm{e}^{-\beta s^2}\,\mathrm{d}s=\sqrt{\frac{\pi}{\beta}}$$

因此，高斯函数的傅里叶变换为

$$F(\omega)=\sqrt{\frac{\pi}{\beta}}A\,\mathrm{e}^{-\frac{\omega^2}{4\beta}}$$

根据式（9.1.7），高斯函数的傅里叶逆变换为

$$f(t)=\frac{1}{2\pi}\int_{-\infty}^{+\infty}F(\omega)\mathrm{e}^{\mathrm{i}\omega t}\,\mathrm{d}\omega$$

$$=\frac{1}{2\pi}\sqrt{\frac{\pi}{\beta}}A\int_{-\infty}^{+\infty}\mathrm{e}^{-\frac{\omega^2}{4\beta}}(\cos\omega t+\mathrm{i}\sin\omega t)\,\mathrm{d}t$$

$$=\frac{A}{\sqrt{\beta\pi}}\int_{0}^{+\infty}\mathrm{e}^{-\frac{\omega^2}{4\beta}}\cos\omega t\,\mathrm{d}t$$

即
$$\sqrt{\beta\pi}\,\mathrm{e}^{-\beta t^2}=\int_{0}^{+\infty}\mathrm{e}^{-\frac{\omega^2}{4\beta}}\cos\omega t\,\mathrm{d}t$$

9.2　单位脉冲函数及其傅里叶变换

傅里叶级数和傅里叶变换以不同的形式反映了周期函数和非周期函数的频谱特性. 那么，能否借助某种手段把二者统一起来呢？也就是说，能否找到一种手段将离散频谱以连续频谱的方式表示出来？接下来介绍的单位脉冲函数与广义的傅里叶变换就可实现这一点. 在工程技术的很多实际问题中，许多物理现象都具有脉冲的特性，它们仅在某一瞬间或某一点出现，如瞬时冲击力、脉冲电流、质点的质量等，这些物理量都不能用通常的函数形式去描述.

例 1　设长度为 s 的均匀细杆放在 x 轴的 $[0,s]$ 上，其质量为 m，用 $\rho_s(x)$ 表示它的线密度，则有

$$\rho_s(x)=\begin{cases}\dfrac{m}{s}, & 0\leqslant x<s\\ 0, & \text{其他}\end{cases}\tag{9.2.1}$$

如果有一个质量为 m 的质点放在坐标原点，则可以认为它相当于上面的细杆取 $s\to 0$ 的结果，则质点的密度函数 $\rho(x)$ 为

$$\rho(x)=\lim_{s\to 0}\rho_s(x)=\begin{cases}\infty, & x=0\\ 0, & x\neq 0\end{cases}\tag{9.2.2}$$

显然，这种常规函数的表示式并不能反映质点本身的质量，还必须附加一个重要的条件 $\int_{-\infty}^{+\infty}\rho(x)\,\mathrm{d}x=m$，为此，我们需要引入一个新的函数，即单位脉冲函数，又称狄拉克（**Dirac**）函数或 δ 函数.

9.2.1 单位脉冲函数

仿照上面的例 1，我们定义单位脉冲函数 $\delta(t)$ 是满足下面两个条件的函数：

（1）$\delta(t)=\begin{cases}\infty, & t=0\\ 0, & t\neq 0\end{cases}$；（2）$\int_{-\infty}^{+\infty}\delta(t)\,\mathrm{d}x=1$.

显然，δ 函数不是常规的函数，是广义的函数，其定义可以参阅广义函数定义的相关书籍. 另外，δ 函数在现实生活中也是不存在的，它是数学抽象的结果. 有时人们将 δ 函数定义为 $\delta(t)=\lim\limits_{s\to 0}\delta_s(t)$，其中

$$\delta_s(t)=\begin{cases}\dfrac{1}{s}, & 0\leqslant t<s\\ 0, & 其他\end{cases}$$

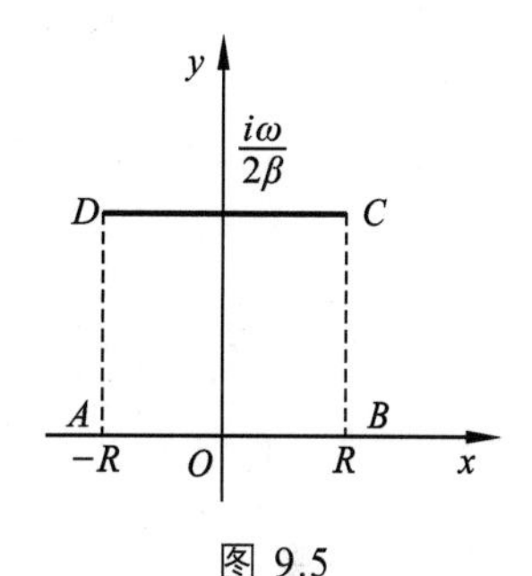

图 9.5

它表示一个矩形脉冲电流，是矩形脉冲函数（见图 9.5）. 显然有

$$\int_{-\infty}^{+\infty}\delta_s(t)\,\mathrm{d}t=1$$

即矩形面积为 1，反映脉冲强度. 在脉冲强度不变的条件下，随着 s 的减小，矩形脉冲电流就变得越来越陡. 因此有

$$\lim_{s\to 0}\delta_s(t)=\begin{cases}\infty, & t=0\\ 0, & t\neq 0\end{cases}$$

$$\lim_{s\to 0}\int_{-\infty}^{+\infty}\delta_s(t)\,\mathrm{d}t=1$$

即

$$\lim_{s\to 0}\delta_s(t)=\delta(t) \tag{9.2.3}$$

在物理学中，式（9.2.3）左边的极限表示的是一个宽度 0、振幅为 ∞、强度为 1 的理想单位脉冲.

关于 δ 函数，有以下几个基本性质.

性质 1 设 $f(t)$ 是定义在实数域 $\mathbf{R}$ 上的有界函数，且在 $t=0$ 处连续，则

$$\int_{-\infty}^{+\infty}\delta(t)f(t)\,\mathrm{d}t=f(0) \tag{9.2.4}$$

更一般的情形，当 $f(t)$ 在 $t=t_0$ 处连续，则

$$\int_{-\infty}^{+\infty}\delta(t-t_0)f(t)\,\mathrm{d}t=f(t_0) \tag{9.2.5}$$

性质 2 δ 函数是偶函数，$\delta(t)=\delta(-t)$.

性质 3 设 $u(t)$ 为单位阶跃函数，即

$$u(t)=\begin{cases}1, & t>0\\ 0, & t<0\end{cases}$$

则有

$$\int_{-\infty}^{t}\delta(t)\,\mathrm{d}t=u(t),\quad \frac{\mathrm{d}(u(t))}{\mathrm{d}t}=\delta(t)$$

9.2.2 δ 函数的傅里叶变换

由 δ 函数的定义和性质 1，可得 δ 函数的傅里叶变换为

$$F(\omega)=\mathscr{F}(\delta(t))=\int_{-\infty}^{+\infty}\delta(t)\,\mathrm{e}^{-\mathrm{i}\omega t}\,\mathrm{d}t=\mathrm{e}^{-\mathrm{i}\omega t}\Big|_{t=0}=1 \tag{9.2.6}$$

单位脉冲函数包含各种频谱分量且它们具有相等的幅度，称此为均匀频谱或白色频谱.由此得出，$\delta(t)$ 与 1 构成傅里叶变换对，其逆变换为

$$\mathscr{F}^{-1}(1)=\frac{1}{2\pi}\int_{-\infty}^{+\infty}\mathrm{e}^{\mathrm{i}\omega t}\,\mathrm{d}\omega=\delta(t) \tag{9.2.7}$$

值得注意的是，这里 $\delta(t)$ 的傅里叶变换和逆变换是根据 $\delta(t)$ 的定义和性质直接给出的，不是普通意义之下的积分，故称其为广义的傅里叶变换. 在此定义之下，我们可以对一些常用的函数，如常值函数、单位阶跃函数以及正弦、余弦函数等进行傅里叶变换，尽管它们并不一定满足绝对可积的条件.

例 2 证明单位阶跃函数 $u(t)$ 的傅里叶变换为 $F(\omega)=\dfrac{1}{\mathrm{i}\omega}+\pi\delta(\omega)$.

证明 根据前面的分析，我们只需要证明 $F(\omega)$ 的傅里叶逆变换是 $u(t)$ 即可. 由式（9.1.7）可得

$$\begin{aligned}f(t)=\mathscr{F}^{-1}(F(\omega))&=\frac{1}{2\pi}\int_{-\infty}^{+\infty}\left(\frac{1}{\mathrm{i}\omega}+\pi\delta(\omega)\right)\mathrm{e}^{\mathrm{i}\omega t}\,\mathrm{d}\omega\\&=\frac{1}{2\pi}\int_{-\infty}^{+\infty}\pi\delta(\omega)\mathrm{e}^{\mathrm{i}\omega t}\,\mathrm{d}\omega+\frac{1}{2\pi}\int_{-\infty}^{+\infty}\frac{1}{\mathrm{i}\omega}\mathrm{e}^{\mathrm{i}\omega t}\,\mathrm{d}\omega\\&=\frac{1}{2}\int_{-\infty}^{+\infty}\delta(\omega)\mathrm{e}^{\mathrm{i}\omega t}\,\mathrm{d}\omega+\frac{1}{2\pi}\int_{-\infty}^{+\infty}\frac{\sin\omega t}{\omega}\mathrm{d}\omega\\&=\frac{1}{2}+\frac{1}{\pi}\int_{0}^{+\infty}\frac{\sin\omega t}{\omega}\mathrm{d}\omega\end{aligned}$$

又
$$\int_{0}^{+\infty}\frac{\sin\omega}{\omega}\mathrm{d}\omega=\frac{\pi}{2}$$

因此

当 $t=0$ 时，有 $\displaystyle\int_{0}^{+\infty}\frac{\sin\omega t}{\omega}\mathrm{d}\omega=0$；

当 $t>0$ 时，有 $\displaystyle\int_{0}^{+\infty}\frac{\sin\omega t}{\omega}\mathrm{d}\omega=\int_{0}^{+\infty}\frac{\sin\omega t}{\omega t}\mathrm{d}\,\omega t=\frac{\pi}{2}$；

当 $t<0$ 时，有 $\displaystyle\int_{0}^{+\infty}\frac{\sin\omega t}{\omega}\mathrm{d}\omega=-\int_{0}^{+\infty}\frac{\sin\omega(-t)}{\omega(-t)}\mathrm{d}\,\omega(-t)=-\frac{\pi}{2}$.

将上述结果代入 $f(t)$ 中，则当 $t\neq0$ 时，有

$$\begin{aligned}f(t)&=\frac{1}{2}+\frac{1}{\pi}\int_{0}^{+\infty}\frac{\sin\omega t}{\omega}\mathrm{d}\omega\\&=\begin{cases}\dfrac{1}{2}+\dfrac{1}{\pi}\left(-\dfrac{\pi}{2}\right)=0, & t<0\\[2mm]\dfrac{1}{2}+\dfrac{1}{\pi}\left(\dfrac{\pi}{2}\right)=1, & t>0\end{cases}\end{aligned}$$

即 $f(t)=u(t)$. 因此，$F(\omega)=\dfrac{1}{\mathrm{i}\omega}+\pi\delta(\omega)$ 是单位阶跃函数 $u(t)$ 的傅里叶变换.

例 3 分别求 $f_1(t)=1$，$f_2(t)=\mathrm{e}^{\mathrm{i}\omega_0 t}$ 的傅里叶变换.

解 根据傅里叶变换公式（9.1.7）和公式（9.2.7），得

$$
\begin{aligned}
F_1(\omega)&=\mathscr{F}(f_1(t))=\int_{-\infty}^{+\infty}\mathrm{e}^{-\mathrm{i}\omega t}\,\mathrm{d}t\\
&=\int_{-\infty}^{+\infty}\mathrm{e}^{\mathrm{i}\omega\xi}\,\mathrm{d}\xi=2\pi\delta(\omega),\\
F_2(\omega)&=\mathscr{F}(f_2(t))=\int_{-\infty}^{+\infty}\mathrm{e}^{\mathrm{i}\omega_0 t}\cdot\mathrm{e}^{-\mathrm{i}\omega t}\,\mathrm{d}t\\
&=\int_{-\infty}^{+\infty}\mathrm{e}^{\mathrm{i}(\omega_0-\omega)t}\,\mathrm{d}t=2\pi\delta(\omega_0-\omega)\\
&=2\pi\delta(\omega-\omega_0)
\end{aligned}
$$

例 4 求 $f(t)=\cos\omega_0 t$ 的傅里叶变换.

解 根据傅里叶变换的定义，得

$$
\begin{aligned}
F(\omega)&=\mathscr{F}(f(t))=\int_{-\infty}^{+\infty}\mathrm{e}^{-\mathrm{i}\omega t}\cos\omega_0 t\,\mathrm{d}t\\
&=\frac{1}{2}\int_{-\infty}^{+\infty}\mathrm{e}^{-\mathrm{i}\omega t}(\mathrm{e}^{\mathrm{i}\omega_0 t}+\mathrm{e}^{-\mathrm{i}\omega_0 t})\,\mathrm{d}t\\
&=\frac{1}{2}\int_{-\infty}^{+\infty}(\mathrm{e}^{-\mathrm{i}(\omega-\omega_0)t}+\mathrm{e}^{-\mathrm{i}(\omega+\omega_0)t})\,\mathrm{d}t\\
&=\pi[\delta(\omega-\omega_0)+\delta(\omega+\omega_0)].
\end{aligned}
$$

9.3 傅里叶变换的性质

下面介绍傅里叶变换的几个基本性质. 为方便起见，假设在下列性质中所涉及的函数的傅里叶变换均存在，且满足对诸如求导、积分、求和等运算可交换运算次序的条件.

9.3.1 傅里叶变换基本性质

1. 线性性质

设 $F(\omega)=\mathscr{F}(f(t))$，$G(\omega)=\mathscr{F}(g(t))$，$\alpha$，$\beta$ 为常数，则

$$
\mathscr{F}(\alpha f(t)+\beta g(t))=\alpha F(\omega)+\beta G(\omega),
$$

$$
\mathscr{F}^{-1}(\alpha F(\omega)+\beta G(\omega))=\alpha f(t)+\beta g(t)
$$

这个性质可以由积分的线性性质直接推导出.

2. 位移性质

设 $F(\omega)=\mathscr{F}(f(t))$，$t_0$，$\omega_0$ 为实常数，则

$$
\mathscr{F}(f(t-t_0))=\mathrm{e}^{-\mathrm{i}\omega_0 t}F(\omega) \tag{9.3.1}
$$

$$
\mathscr{F}^{-1}(F(\omega-\omega_0))=\mathrm{e}^{\mathrm{i}\omega_0 t}f(t) \tag{9.3.2}
$$

证明　由定义有

$$\mathscr{F}(f(t-t_0))=\int_{-\infty}^{+\infty}f(t-t_0)\mathrm{e}^{-\mathrm{i}\omega_0 t}\,\mathrm{d}t=\int_{-\infty}^{+\infty}f(t-t_0)\mathrm{e}^{-\mathrm{i}\omega_0(t-t_0)}\,\mathrm{e}^{-\mathrm{i}\omega_0 t_0}\,\mathrm{d}(t-t_0)$$

$$=\mathrm{e}^{-\mathrm{i}\omega_0 t_0}\int_{-\infty}^{+\infty}f(t_1)\mathrm{e}^{-\mathrm{i}\omega_0 t_1}\,\mathrm{d}t_1=\mathrm{e}^{-\mathrm{i}\omega_0 t_0}\mathscr{F}(f(t))=\mathrm{e}^{-\mathrm{i}\omega_0 t_0}F(\omega)$$

类似可证式（9.3.2）.

傅里叶变换的位移性质有很好的物理意义. 式（9.3.1）说明，当函数（或信号）$f(t)$沿时间轴移动后，它的各频率成分的大小不发生改变，但相位发生变化；而式（9.3.2）则被用来进行频谱搬移，这一技术被广泛地应用在通信系统中.

3. 相似性质

设$F(\omega)=\mathscr{F}(f(t))$，$a$为非零常数，则

$$\mathscr{F}(f(at))=\frac{1}{|a|}F\left(\frac{\omega}{a}\right) \tag{9.3.3}$$

证明　由定义有

$$\mathscr{F}(f(at))=\int_{-\infty}^{+\infty}f(at)\mathrm{e}^{-\mathrm{i}\omega t}\,\mathrm{d}t\ ,$$

当$a>0$时，有

$$\mathscr{F}(f(at))=\frac{1}{a}\int_{-\infty}^{+\infty}f(at)\mathrm{e}^{-\mathrm{i}\frac{\omega}{a}at}\,\mathrm{d}at\ ,$$

$$=\frac{1}{a}\int_{-\infty}^{+\infty}f(x)\mathrm{e}^{-\mathrm{i}\frac{\omega}{a}x}\,\mathrm{d}x=\frac{1}{a}F\left(\frac{\omega}{a}\right)$$

当$a<0$时，有

$$\mathscr{F}(f(at))=\frac{1}{a}\int_{+\infty}^{-\infty}f(x)\mathrm{e}^{-\mathrm{i}\frac{\omega}{a}x}\,\mathrm{d}x=-\frac{1}{a}F\left(\frac{\omega}{a}\right)$$

综上可得

$$\mathscr{F}(f(at))=\frac{1}{|a|}F\left(\frac{\omega}{a}\right).$$

此性质的物理意义也非常明显. 它说明，若函数（或信号）被压缩（$a>1$），则其频谱被扩展；反之，若函数（或信号）被扩展（$a<1$），则其频谱被压缩.

例 1　已知抽样信号$f(t)=\dfrac{\sin 2t}{\pi t}$的频谱为

$$F(\omega)=\begin{cases}1, & |\omega|\leqslant 2\\ 0, & |\omega|>2\end{cases}$$

求信号$g(t)=f\left(\dfrac{t}{2}\right)$的频谱$G(\omega)$.

解　由式（9.3.3）可得

$$G(\omega)=\mathscr{F}(g(t))=\mathscr{F}\left(f\left(\frac{t}{2}\right)\right)=2F(2\omega)$$

$$=\begin{cases}2, & |\omega|\leqslant 1\\ 0, & |\omega|>1\end{cases}$$

根据傅里叶变换性质计算出的结果可知，由 $f(t)$ 扩展得到的信号 $g(t)$ 变得平缓，频率变低，即频率范围由原来的 $|\omega|<2$ 变为 $|\omega|<1$，如图 9.6 所示.

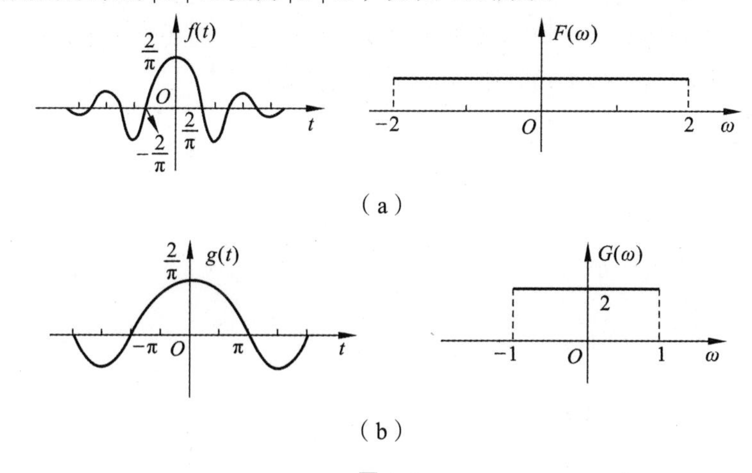

图 9.6

4. 微分性质

设 $F(\omega)=\mathscr{F}(f(t))$，若 $\lim\limits_{|t|\to\infty}f(t)=0$，则

$$\mathscr{F}(f'(t))=\mathrm{i}\omega F(\omega) \tag{9.3.4}$$

一般地，若 $\lim\limits_{|t|\to\infty}f^{(k)}(t)=0(k=0,1,2,\cdots,n-1)$，则

$$\mathscr{F}(f^{(k)}(t))=(\mathrm{i}\omega)^k F(\omega) \tag{9.3.5}$$

证明 当 $|t|\to\infty$ 时，$|f(t)\mathrm{e}^{-\mathrm{i}\omega t}|=|f(t)|\to 0$，可得 $f(t)\mathrm{e}^{-\mathrm{i}\omega t}\to 0$.
因而

$$\mathscr{F}(f'(t))=\int_{-\infty}^{+\infty}f'(t)\mathrm{e}^{-\mathrm{i}\omega_0 t}\,\mathrm{d}t=f(t)\mathrm{e}^{-\mathrm{i}\omega t}\Big|_{-\infty}^{+\infty}+\mathrm{i}\omega\int_{-\infty}^{+\infty}f(t)\mathrm{e}^{-\mathrm{i}\omega t}\,\mathrm{d}t$$

$$=\mathrm{i}\omega\mathscr{F}(f(t))$$

以此类推，即可得式（9.3.5）.

同样，也能得到类似于函数导数的公式：

$$\frac{\mathrm{d}F(\omega)}{\mathrm{d}\omega}=\mathscr{F}(-\mathrm{i}tf(t)),$$

一般地，有

$$\frac{\mathrm{d}^n(F(\omega))}{\mathrm{d}\omega^n}=(-\mathrm{i})^n\mathscr{F}\left(t^n f(t)\right).$$

故当 $f(t)$ 的傅里叶变换已知时，利用上式即可求得 $t^n f(t)$ 的傅里叶变换.

5. **积分性质**

设 $F(\omega)=\mathscr{F}(f(t))$，且 $g(t)=\int_{-\infty}^{t} f(t)\mathrm{d}t$，若 $\lim\limits_{t\to+\infty} g(t)=0$，则

$$\mathscr{F}(g(t))=\frac{1}{\mathrm{i}\omega}\mathscr{F}(f(t)).$$

证明 由于 $g'(t)=f(t)$，根据式（9.3.4）有

$$\mathscr{F}(f(t))=\mathscr{F}(g'(t))=\mathrm{i}\omega\mathscr{F}(g(t))$$

因而有

$$\mathscr{F}(g(t))=\frac{1}{\mathrm{i}\omega}\mathscr{F}(f(t)).$$

例 2 证明下列等式（帕塞瓦尔等式）：

$$\int_{-\infty}^{+\infty} f^2(t)\mathrm{d}t=\frac{1}{2\pi}\int_{-\infty}^{+\infty}|F(\omega)|^2\,\mathrm{d}\omega. \tag{9.3.6}$$

证明 由 $\mathscr{F}(f(t))=\int_{-\infty}^{+\infty} f(t)\mathrm{e}^{-\mathrm{i}\omega t}\,\mathrm{d}t=F(\omega)$，可得

$$\overline{F(\omega)}=\int_{-\infty}^{+\infty} f(t)\mathrm{e}^{\mathrm{i}\omega t}\,\mathrm{d}t.$$

所以

$$\begin{aligned}
\frac{1}{2\pi}\int_{-\infty}^{+\infty}|F(\omega)|^2\,\mathrm{d}\omega&=\frac{1}{2\pi}\int_{-\infty}^{+\infty}F(\omega)\overline{F(\omega)}\mathrm{d}\omega\\
&=\frac{1}{2\pi}\int_{-\infty}^{+\infty}F(\omega)\left(\int_{-\infty}^{+\infty}f(t)\mathrm{e}^{\mathrm{i}\omega t}\,\mathrm{d}t\right)\mathrm{d}\omega\\
&=\int_{-\infty}^{+\infty}f(t)\left(\frac{1}{2\pi}\int_{-\infty}^{+\infty}F(\omega)\mathrm{e}^{\mathrm{i}\omega t}\,\mathrm{d}\omega\right)\mathrm{d}t\\
&=\int_{-\infty}^{+\infty}f^2(t)\mathrm{d}t.
\end{aligned}$$

例 3 求下列积分的值：

$$\int_0^{+\infty}\frac{\sin^2\omega}{\omega^2}\mathrm{d}\omega.$$

解 由 9.1 节的例 2 可知，函数

$$f(t)=\begin{cases}1, & |t|\leqslant\delta\\ 0, & |t|>\delta\end{cases}\quad(\delta>0)$$

所对应的傅里叶变换为 $F(\omega)=2\delta\dfrac{\sin\delta\omega}{\delta\omega}$，令 $\delta=1$，则由式（9.3.6）可得

$$\int_{-\infty}^{+\infty}\left(\frac{2\sin\omega}{\omega}\right)^2\mathrm{d}\omega=2\pi\int_{-1}^{1}1^2\,\mathrm{d}t=4\pi$$

再根据偶函数积分的性质，从而有

$$\int_0^{+\infty}\frac{\sin^2\omega}{\omega^2}\mathrm{d}\omega=\frac{\pi}{2}$$

例 4 求常系数线性微分方程

$$y^{(n)}+a_{n-1}y^{(n-1)}+\cdots+a_1y'+a_0y=f(t) \tag{9.3.7}$$

的解，其中 $-\infty<t<+\infty$ ， a_0， $a_1,\cdots$， a_{n-1} 均为常数.

解 设函数 $y,f(t)$ 的傅里叶变换分别为 $Y(\omega)=\mathscr{F}[y],F(\omega)=\mathscr{F}(f(t))$. 由傅里叶变换的线性性质和微分性质，在方程（9.3.7）两边求函数的傅里叶变换，得

$$(\mathrm{i}\omega)^nY(\omega)+a_{n-1}(\mathrm{i}\omega)^{n-1}Y(\omega)+\cdots+a_1(\mathrm{i}\omega)Y(\omega)+a_0Y(\omega)=F(\omega)$$

整理得

$$[(\mathrm{i}\omega)^n+a_{n-1}(\mathrm{i}\omega)^{n-1}+\cdots+a_1(\mathrm{i}\omega)+a_0]Y(\omega)=F(\omega)$$

所以

$$Y(\omega)=\frac{F(\omega)}{(\mathrm{i}\omega)^n+a_{n-1}(\mathrm{i}\omega)^{n-1}+\cdots+a_1(\mathrm{i}\omega)+a_0}$$

记

$$H(\omega)=\frac{1}{(\mathrm{i}\omega)^n+a_{n-1}(\mathrm{i}\omega)^{n-1}+\cdots+a_1(\mathrm{i}\omega)+a_0}$$

则有 $Y(\omega)=H(\omega)F(\omega)$. 再求傅里叶逆变换，得

$$\begin{aligned}y(t)&=\frac{1}{2\pi}\int_{-\infty}^{+\infty}Y(\omega)\mathrm{e}^{\mathrm{i}\omega t}\,\mathrm{d}\omega\\&=\frac{1}{2\pi}\int_{-\infty}^{+\infty}H(\omega)F(\omega)\mathrm{e}^{\mathrm{i}\omega t}\,\mathrm{d}\omega\end{aligned} \tag{9.3.8}$$

式（9.3.8）给出了常系数线性微分方程（9.3.7）的解的积分表达式. 如果 $H(\omega)F(\omega)$ 的傅里叶逆变换也能求出，那么我们就得到了此方程的解的解析式. 但 $H(\omega)F(\omega)$ 的傅里叶逆变换能精准地求出却是一个比较困难的问题.

9.3.2 卷积与卷积定理

前面讨论了傅里叶变换的一些基本性质，特别是通过例 4 可以看出，利用傅里叶变换及其性质可以将微分方程的求解问题转化为求解代数方程的问题，然后通过傅里叶逆变换求出微分方程的解. 一般地，一个线性系统可以用一个常系数的微分方程来描述. 所以，傅里叶变换是分析线性系统的基本工具，且例 4 中的积分就是我们接下来要讨论的卷积.

1. 卷 积

定义 9.1 设函数在 $(-\infty,+\infty)$ 上有定义，且对 $\forall x\in(-\infty,+\infty)$ ，积分

$$\int_{-\infty}^{+\infty}f(y)g(x-y)\,\mathrm{d}y$$

收敛，则称该积分为函数 f 与 g 的卷积，记作 $f*g$ ，即

$$f*g(x)=\int_{-\infty}^{+\infty}f(y)g(x-y)\mathrm{d}y \tag{9.3.9}$$

根据卷积的定义和积分运算的性质，容易得到卷积满足以下运算规律.

（1）交换律：$f*g(x)=g*f(x)=\int_{-\infty}^{+\infty}g(y)f(x-y)\mathrm{d}y$；

（2）结合律：$(h*g)*f(x)=h*(g*f(x))$；

（3）分配律：$f*(h(x)+g(x))=f*h(x)+f*g(x)$.

下面我们给出分配律的证明，对于其余两个性质的证明，读者可以自己试试.

证明　因为

$$f*g(x)=\int_{-\infty}^{+\infty}f(y)g(x-y)\mathrm{d}y,\quad g*f(x)=\int_{-\infty}^{+\infty}g(y)f(x-y)\mathrm{d}y$$

且

$$\begin{aligned}f*(h(x)+g(x))&=\int_{-\infty}^{+\infty}f(y)(h(x-y)+g(x-y))\mathrm{d}y\\&=\int_{-\infty}^{+\infty}f(y)h(x-y)\mathrm{d}y+\int_{-\infty}^{+\infty}f(y)g(x-y)\mathrm{d}y\end{aligned}$$

所以 $f*\big(h(x)+g(x)\big)=f*h(x)+f*g(x)$ 成立.

例 5　求下列函数的卷积：

$$f(t)=\begin{cases}\mathrm{e}^{-\alpha t}, & t\geqslant 0\\ 0, & t<0\end{cases},\quad g(t)=\begin{cases}\mathrm{e}^{-\beta t}, & t\geqslant 0\\ 0, & t<0\end{cases}$$

其中 $\alpha>0$，$\beta>0$，且 $\alpha\neq\beta$.

解　由定义有

$$f*g(t)=\int_{-\infty}^{+\infty}f(\tau)g(t-\tau)\mathrm{d}\tau$$

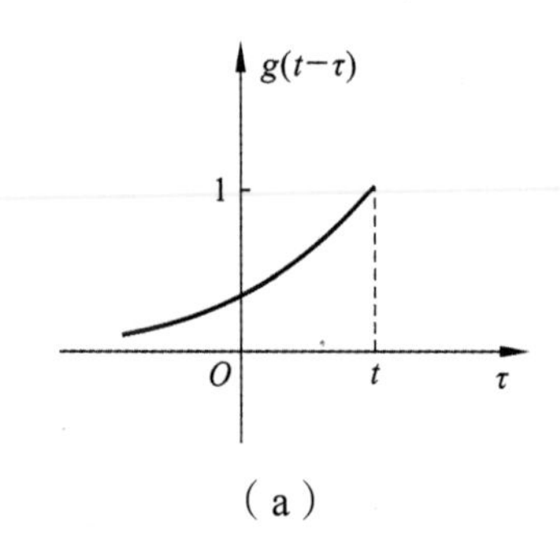

（a）

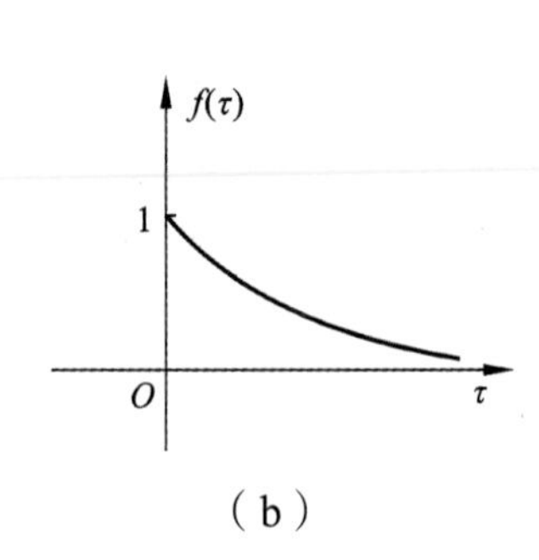

（b）

图 9.7

由图 9.7，可得

当 $t<0$ 时，

$$f*g(t)=\int_{-\infty}^{+\infty}f(\tau)g(t-\tau)\mathrm{d}\tau=0;$$

当 $t>0$ 时，

$$f*g(t)=\int_0^t f(\tau)g(t-\tau)\,\mathrm{d}\tau=\int_0^t \mathrm{e}^{-\alpha\tau}\,\mathrm{e}^{-\beta(t-\tau)}\,\mathrm{d}\tau$$

$$=\mathrm{e}^{-\beta t}\int_0^t \mathrm{e}^{-(\alpha-\beta)\tau}\,\mathrm{d}\tau=\frac{1}{\alpha-\beta}(\mathrm{e}^{-\beta t}-\mathrm{e}^{-\alpha t})$$

综上可得

$$f*g(t)=\begin{cases}0, & t<0\\ \dfrac{1}{\alpha-\beta}(\mathrm{e}^{-\beta t}-\mathrm{e}^{-\alpha t}), & t\geqslant 0\end{cases}$$

例 6　求下列函数的卷积：

$$f(t)=t^2u(t)\,,\quad g(t)=\begin{cases}1, & |t|\leqslant 1\\ 0, & |t|>1\end{cases}$$

解　由定义有

$$f*g(t)=\int_{-\infty}^{+\infty} f(\tau)g(t-\tau)\,\mathrm{d}\tau$$

$$=\int_{-\infty}^{+\infty} g(\tau)f(t-\tau)\,\mathrm{d}\tau$$

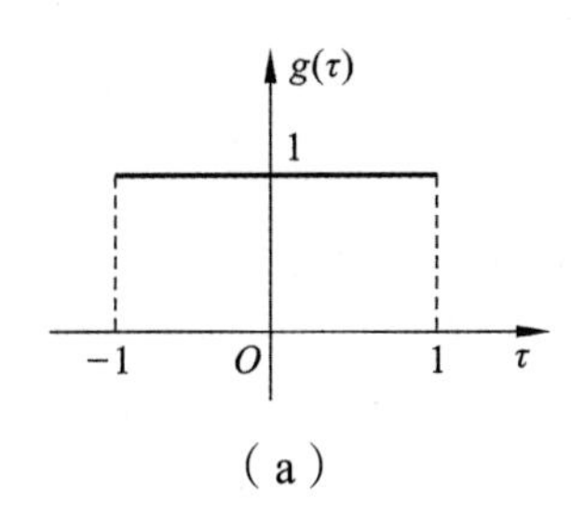

（a）

（b）

图 9.8

由图 9.8 可得

当 $t<-1$ 时，

$$f*g(t)=\int_{-\infty}^{+\infty} g(\tau)f(t-\tau)\,\mathrm{d}\tau=0\,;$$

当 $-1\leqslant t\leqslant 1$ 时，

$$f*g(t)=\int_{-1}^{t} 1\cdot(t-\tau)^2\,\mathrm{d}\tau=\frac{1}{3}(t+1)^3\,;$$

当 $t>1$ 时，

$$f*g(t)=\int_{-1}^{1} 1\cdot(t-\tau)^2\,\mathrm{d}\tau=\frac{2}{3}(3t^2+1)\,.$$

综上可得

$$f*g(t)=\begin{cases}0, & t<-1\\ \dfrac{1}{3}(t+1)^3, & -1\leqslant t\leqslant 1\\ \dfrac{2}{3}(3t^2+1), & t>1\end{cases}$$

通过上面的例子可以看出，给出函数的图像对于卷积的积分上下限的确定有很好的辅助作用.

2. **卷积定理**

卷积在傅里叶分析以及线性不变系统分析中有着很重要的作用，并有其重要的物理意义. 下面的定理 9.3 说明了卷积的意义.

定理 9.3　设函数 $f(t), g(t)$ 满足定理 9.1 中傅里叶变换存在的条件，且 $F(\omega)=\mathscr{F}(f(t))$，$G(\omega)=\mathscr{F}(g(t))$，则

$$\mathscr{F}(f*g(t))=F(\omega)\cdot G(\omega) \tag{9.3.10}$$

$$\mathscr{F}(f(t)\cdot g(t))=\frac{1}{2\pi}F(\omega)*G(\omega) \tag{9.3.11}$$

证明　由卷积与傅里叶变换的定义有

$$\begin{aligned}\mathscr{F}(f*g(t))&=\int_{-\infty}^{+\infty}f*g(t)\mathrm{e}^{-\mathrm{i}\omega t}\,\mathrm{d}t\\&=\int_{-\infty}^{+\infty}\left(\int_{-\infty}^{+\infty}f(\tau)g(t-\tau)\,\mathrm{d}\tau\right)\mathrm{e}^{-\mathrm{i}\omega t}\,\mathrm{d}t\\&=\int_{-\infty}^{+\infty}f(\tau)\left(\int_{-\infty}^{+\infty}g(t-\tau)\mathrm{e}^{-\mathrm{i}\omega t}\,\mathrm{d}t\right)\mathrm{d}\tau\\&=\int_{-\infty}^{+\infty}f(\tau)\mathrm{e}^{-\mathrm{i}\omega\tau}\left(\int_{-\infty}^{+\infty}g(t-\tau)\mathrm{e}^{-\mathrm{i}\omega(t-\tau)}\,\mathrm{d}t\right)\mathrm{d}\tau\\&=F(\omega)\cdot G(\omega)\end{aligned}$$

式（9.3.10）得证.

同理，由卷积与傅里叶逆变换的定义也容易证得式（9.3.11）成立.

9.3.3　综合应用举例

利用卷积定理可以化简卷积计算及某些函数的傅里叶变换.

例 7　设 $f(t)=\mathrm{e}^{-\beta t}u(t)\cos\omega_0 t(\beta>0)$，求 $\mathscr{F}(f(t))$.

解　由式（9.3.11）有

$$\mathscr{F}(f(t))=\frac{1}{2\pi}\mathscr{F}(\mathrm{e}^{-\beta t}u(t))*\mathscr{F}(\cos\omega t)$$

又由 9.1 节的例 4 和 9.2 节的例 4 可知

$$\mathscr{F}(\mathrm{e}^{-\beta t}u(t))=\frac{1}{\beta+\mathrm{i}\omega},$$

$$\mathscr{F}(\cos\omega_0 t)=\pi(\delta(\omega+\omega_0)+\delta(\omega-\omega_0))$$

从而有

$$\mathscr{F}(f(t))=\frac{1}{2\pi}\int_{-\infty}^{+\infty}\frac{\pi}{\beta+\mathrm{i}\tau}(\delta(\omega+\omega_0-\tau)+\delta(\omega-\omega_0-\tau))\,\mathrm{d}\tau$$

$$=\frac{1}{2}\left[\frac{1}{\beta+\mathrm{i}(\omega+\omega_0)}+\frac{1}{\beta+\mathrm{i}(\omega-\omega_0)}\right]$$

$$=\frac{\beta+\mathrm{i}\omega}{(\beta+\mathrm{i}\omega)^2+\omega_0^{\ 2}}.$$

例 8 设 $f(t)$ 是以 T 为周期的实值函数，且在区间 $\left[-\frac{T}{2},\frac{T}{2}\right]$ 上满足狄利克雷条件，证明

$$\frac{1}{T}\int_0^T f^2(t)\,\mathrm{d}t=\sum_{n=-\infty}^{+\infty}|F(n\omega)|^2$$

其中 $\omega=\frac{2\pi}{T}$，$F(n\omega)$ 为 $f(t)$ 的离散频谱.

证明 由题意得

$$f(t)=\sum_{n=-\infty}^{+\infty}F(n\omega)\mathrm{e}^{\mathrm{i}n\omega t}\ ,\quad F(n\omega)=\frac{1}{T}\int_{-\frac{T}{2}}^{\frac{T}{2}}f(t)\mathrm{e}^{-\mathrm{i}n\omega t}\,\mathrm{d}t$$

所以

$$\overline{F(n\omega)}=\frac{1}{T}\int_{-\frac{T}{2}}^{\frac{T}{2}}f(t)\mathrm{e}^{\mathrm{i}n\omega t}\,\mathrm{d}t$$

$$=\frac{1}{T}\int_{-\frac{T}{2}}^{0}f(t)\mathrm{e}^{\mathrm{i}n\omega t}\,\mathrm{d}t+\frac{1}{T}\int_0^{\frac{T}{2}}f(t)\mathrm{e}^{\mathrm{i}n\omega t}\,\mathrm{d}t$$

又设 $t_1=t+T$，再结合函数的周期性，有

$$\frac{1}{T}\int_{-\frac{T}{2}}^{0}f(t)\mathrm{e}^{\mathrm{i}n\omega t}\,\mathrm{d}t=\frac{1}{T}\int_{\frac{T}{2}}^{T}f(t_1-T)\mathrm{e}^{\mathrm{i}n\omega(t_1-T)}\,\mathrm{d}t_1$$

$$=\frac{1}{T}\int_{\frac{T}{2}}^{T}f(t_1)\mathrm{e}^{\mathrm{i}n\omega t_1}\,\mathrm{d}t_1$$

$$=\frac{1}{T}\int_{\frac{T}{2}}^{T}f(t)\mathrm{e}^{\mathrm{i}n\omega t}\,\mathrm{d}t$$

于是

$$\overline{F(n\omega)}=\frac{1}{T}\int_{\frac{T}{2}}^{T}f(t)\mathrm{e}^{\mathrm{i}n\omega t}\,\mathrm{d}t+\frac{1}{T}\int_0^{\frac{T}{2}}f(t)\mathrm{e}^{\mathrm{i}n\omega t}\,\mathrm{d}t$$

$$=\frac{1}{T}\int_0^{T}f(t)\mathrm{e}^{\mathrm{i}n\omega t}\,\mathrm{d}t$$

从而有

$$\frac{1}{T}\int_0^T f^2(t)\,\mathrm{d}t = \frac{1}{T}\int_0^T f(t)\sum_{n=-\infty}^{+\infty} F(n\omega)\mathrm{e}^{\mathrm{i}n\omega t}\,\mathrm{d}t$$

$$= \sum_{n=-\infty}^{+\infty} F(n\omega)\cdot\frac{1}{T}\int_0^T f(t)\mathrm{e}^{\mathrm{i}n\omega t}\,\mathrm{d}t$$

$$= \sum_{n=-\infty}^{+\infty} F(n\omega)\cdot\overline{F(n\omega)}$$

$$= \sum_{n=-\infty}^{+\infty} |F(n\omega)|^2$$

例 9 设 $f(t)$ 是定义在 $\mathbf{R}$ 上的实值函数，且 $F(\omega)=\mathscr{F}(f(t))$. 证明：

$$\int_0^{+\infty}\frac{|F(\omega)|^2}{|\omega|}\mathrm{d}\omega = \int_{-\infty}^0\frac{|F(\omega)|^2}{|\omega|}\mathrm{d}\omega$$

证明 由 $F(\omega)=\mathscr{F}(f(t))=\int_{-\infty}^{+\infty} f(t)\mathrm{e}^{-\mathrm{i}\omega t}\,\mathrm{d}t$，可推出

$$F(-\omega)=\mathscr{F}(f(t))=\int_{-\infty}^{+\infty} f(t)\mathrm{e}^{\mathrm{i}\omega t}\,\mathrm{d}t=\overline{F(\omega)}$$

所以

$$\int_0^{+\infty}\frac{|F(\omega)|^2}{|\omega|}\mathrm{d}\omega = \int_0^{+\infty}\frac{F(\omega)\cdot\overline{F(\omega)}}{|\omega|}\mathrm{d}\omega$$

$$= \int_0^{+\infty}\frac{F(\omega)\cdot F(-\omega)}{|\omega|}\mathrm{d}\omega$$

$$= \int_{-\infty}^0\frac{F(-\omega_1)\cdot F(\omega_1)}{|\omega_1|}\mathrm{d}\omega_1 \quad（设\ \omega_1=-\omega\ ）$$

$$= \int_{-\infty}^0\frac{|F(\omega)|^2}{|\omega|}\mathrm{d}\omega$$

例 10 已知 $\int_{-\infty}^{+\infty}\mathrm{e}^{-t^2}\,\mathrm{d}t=\sqrt{\pi}$，求 $f(t)=\mathrm{e}^{-t^2}$ 的傅里叶变换.

解 设 $F(\omega)=\mathscr{F}(f(t))$，则

$$F(2\omega)=\int_{-\infty}^{+\infty}\mathrm{e}^{-t^2}\,\mathrm{e}^{-\mathrm{i}\omega t}\,\mathrm{d}t=\mathrm{e}^{-\omega^2}\int_{-\infty}^{+\infty}\mathrm{e}^{-(t+\mathrm{i}\omega)^2}\,\mathrm{d}t$$

令 $z=t+\mathrm{i}\omega$，得

$$F(2\omega)=\mathrm{e}^{-\omega^2}\int_{-\infty+\mathrm{i}\omega}^{+\infty+\mathrm{i}\omega}\mathrm{e}^{-z^2}\,\mathrm{d}z=\mathrm{e}^{-\omega^2}\lim_{\eta\to+\infty}\int_{-\eta+\mathrm{i}\omega}^{\eta+\mathrm{i}\omega}\mathrm{e}^{-z^2}\,\mathrm{d}z \tag{9.3.12}$$

由于函数 e^{-z^2} 在 z 平面上处处解析，则有

$$\oint_C \mathrm{e}^{-z^2}\,\mathrm{d}z=\oint_{C_1+C_2+C_3+C_4}\mathrm{e}^{-z^2}\,\mathrm{d}z=0$$

其中，$C=C_1+C_2+C_3+C_4$（见图 9.9）. 且

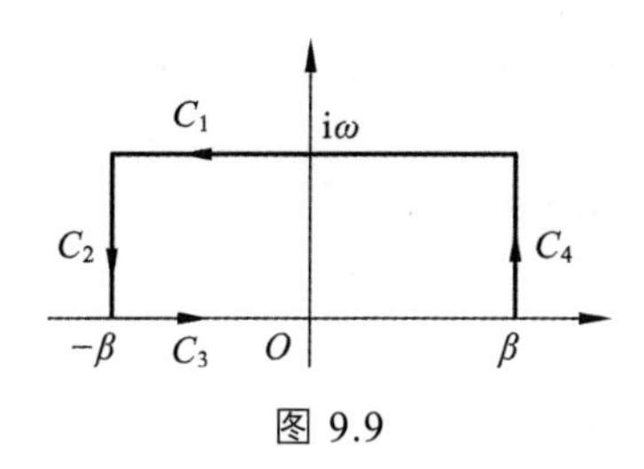

图 9.9

$$\int_{C_4} e^{-z^2} dz = \int_0^{\omega} e^{-(\beta+iy)^2} i dy = e^{-\beta^2} \int_0^{\omega} e^{y^2} e^{-2\beta i y} i dy \to 0 \text{（当 } \beta \to +\infty \text{ 时）}$$

同理可得 $\int_{C_2} e^{-z^2} dz \to 0$（当 $\beta \to +\infty$ 时）.

又由已知条件，有

$$\int_{C_3} e^{-z^2} dz = \int_{-\beta}^{\beta} e^{-x^2} dx \to \sqrt{\pi} \text{（当 } \beta \to +\infty \text{ 时）}$$

因此

$$\lim_{\beta \to +\infty} \int_{C_1} e^{-z^2} dz + \sqrt{\pi} = 0$$

即

$$\lim_{\beta \to +\infty} \int_{\beta+i\omega}^{-\beta+i\omega} e^{-z^2} dz = -\sqrt{\pi}$$

代入式（9.3.12）得

$$F(2\omega) = e^{-\omega^2} \sqrt{\pi}$$

故

$$\mathscr{F}(e^{-t^2}) = F(\omega) = \sqrt{\pi}\, e^{-\frac{\omega^2}{4}}.$$

习题 9

1. 试证：若 $f(t)$ 满足傅里叶变换定理的条件，且为偶函数，则有

$$f(t) = \int_0^{+\infty} A(\omega) \cos \omega t d\omega$$

其中 $A(\omega) = \dfrac{2}{\pi} \int_0^{+\infty} f(t) \cos \omega t \, dt$.

2. 试求 $f(t) = |\sin t|$ 的离散频谱和它的傅里叶级数的复指数形式.

3. 求下列函数的傅里叶变换：

（1）$f(t) = e^{-|t|}$；（2）$f(t) = te^{-t^2}$；

（3）$f(t) = \cos t \sin t$；（4）$f(t) = \sin^3 t$.

4. 求符号函数

$$f(t) = \operatorname{sgn} t = \frac{t}{|t|} = \begin{cases} -1, & t < 0 \\ 1, & t > 0 \end{cases}$$

的傅里叶变换.

5. 求函数

$$f(t)=\frac{1}{2}\left[\delta(t+a)+\delta(t-a)+\delta\left(t+\frac{a}{2}\right)+\delta\left(t-\frac{a}{2}\right)\right]$$

的傅里叶变换.

6. 设 $F(\omega)=\mathscr{F}(f(t))$，证明：

$$F(-\omega)=\mathscr{F}(f(-t)).$$

7. 证明：若 $F(\omega)=\mathscr{F}(\mathrm{e}^{\mathrm{i}f(t)})$，其中 $f(t)$ 为一实值函数，则

$$\mathscr{F}(\cos f(t))=\frac{1}{2}\left(F(\omega)+\overline{F(-\omega)}\right),$$

$$\mathscr{F}(\sin f(t))=\frac{1}{2\mathrm{i}}\left(F(\omega)-\overline{F(-\omega)}\right).$$

8. 求下列函数的卷积：

$$f(t)=\begin{cases}\mathrm{e}^{-t}, & t\geqslant 0\\ 0, & t<0\end{cases},\quad g(t)=\begin{cases}\sin t, & 0\leqslant t\leqslant\dfrac{\pi}{2}\\ 0, & \text{其他}\end{cases}$$

9. 求下列函数的卷积：

$$f(t)=\frac{\sin\alpha t}{\pi t},\quad g(t)=\frac{\sin\beta t}{\pi t}$$

其中 $\alpha>0$，$\beta>0$.

10. 证明下列各式：

（1）$f_1(t)*f_2(t)=f_2(t)*f_1(t)$；

（2）$a(f_1(t)*f_2(t))=(af_1(t))*f_2(t)$（$a$ 为常数）；

（3）$\dfrac{\mathrm{d}(f_1(t)*f_2(t))}{\mathrm{d}t}=\dfrac{\mathrm{d}(f_1(t))}{\mathrm{d}t}*f_2(t)=f_1(t)*\dfrac{\mathrm{d}(f_2(t))}{\mathrm{d}t}$.

第10章 拉普拉斯变换

拉普拉斯变换是由法国数学家拉普拉斯（Laplace，1749—1827 年）于 1782 年提出的一种变换，拉普拉斯变换也可看作是一种傅里叶变换，而且是提出得更早的一种傅里叶变换. 拉普拉斯变换在电学、力学和控制论等很多工程与科学领域中有着广泛的应用，本章将分成两部分内容来介绍：拉普拉斯变换的定义及其存在定理，拉普拉斯变换的一些基本性质.

10.1 拉普拉斯变换的概念

10.1.1 问题的提出

第 9 章介绍的傅里叶变换在许多领域中发挥了重要的作用，特别是在信号处理领域，直到今天它仍然是最基本的分析和处理工具，甚至可以说信号分析本质上就是傅里叶分析（谱分析）. 但是任何东西都有它的局限性，傅里叶变换也是如此. 因而人们针对傅里叶变换的一些不足进行了各种各样的改进，这些改进大体分为两个方面：一是提高它对问题的刻画能力；二是扩大它本身的适用范围. 本章介绍的是第二种情况.

第 9 章还介绍了一个函数 $f(t)$ 满足如下两个条件就可以进行傅里叶变换：① 狄利克雷条件；② $f(t)$ 绝对可积，即 $\int_{-\infty}^{+\infty}|f(t)|\,\mathrm{d}t$ 收敛.

其中条件②是比较强的，一般很简单的函数，如单位阶跃函数、正弦函数、余弦函数及线性函数等，都不满足上述条件②.

另外，还有区间的限制，进行傅里叶变换的函数要求在 $(-\infty,+\infty)$ 内有定义，但在物理学、电子技术等实际应用中，许多以时间 t 作为自变量的函数只需考虑 $t>0$，即只需在 $[0,+\infty)$ 上考虑问题. 由此可见，傅里叶变换的应用范围受到了相当大的限制.

于是提出了一个问题：能否改造函数，使得变换既能进行，又不影响结果的正确性，即对任意一个函数 $f(t)$，经过适当的改造使其能够进行傅里叶变换，也就是说改进上述两个不足，使得我们联想到单位阶跃函数 $u(t)$ 和指数衰减函数 $\mathrm{e}^{-\beta t}(\beta>0)$ 所具有的特点，用 $u(t)$ 乘以函数 $f(t)$ 可使积分区间由 $(-\infty,+\infty)$ 换为 $[0,+\infty)$，用 $\mathrm{e}^{-\beta t}$ 乘以函数 $f(t)$ 可使其绝对可积. 因此，为了改进傅里叶变换的上述两个不足，我们自然想到 $u(t)\mathrm{e}^{-\beta t}(\beta>0)$ 乘以 $f(t)$，即

$$f(t)u(t)\mathrm{e}^{-\beta t}(\beta>0).$$

结果发现，只要 β 选取适当，一般来说，这个函数的傅里叶变换总存在. 对于函数 $f(t)$，先乘以 $u(t)\mathrm{e}^{-\beta t}(\beta>0)$，再作傅里叶变换的运算，就产生了新的变换. 下面讨论这个问题. 对函数 $f(t)u(t)\mathrm{e}^{-\beta t}(\beta>0)$ 取傅里叶变换，得

$$\mathscr{F}\left(f(t)u(t)\mathrm{e}^{-\beta t}\right)=\int_{-\infty}^{+\infty}f(t)u(t)\mathrm{e}^{-\beta t}\,\mathrm{e}^{-\mathrm{i}\omega t}\,\mathrm{d}t$$

$$=\int_{0}^{+\infty}f(t)\mathrm{e}^{-(\beta+\mathrm{i}\omega)t}\,\mathrm{d}t=\int_{0}^{+\infty}f(t)\mathrm{e}^{-st}\,\mathrm{d}t$$

其中 $s=\beta+\mathrm{i}\omega$. 则有

$$F(s)=\int_{0}^{+\infty}f(t)\mathrm{e}^{-st}\,\mathrm{d}t$$

由上式积分所确定的函数 $F(s)$，就是函数 $f(t)$ 通过一种新的变换得来的，这种变换就是本节要讨论的拉普拉斯变换.

10.1.2　拉普拉斯变换的定义

定义 10.1　设 $f(t)$ 是定义在 $[0,+\infty)$ 上的实值函数，若对于复参量 $s=\beta+\mathrm{i}\omega$（β，ω 为实数），积分

$$F(s)=\int_{0}^{+\infty}f(t)\mathrm{e}^{-st}\,\mathrm{d}t$$

在复平面 s 的某一区域内收敛，则称函数 $F(s)$ 为函数 $f(t)$ 的拉普拉斯变换，简称拉氏变换，记为

$$F(s)=\mathscr{L}(f(t)).\tag{10.1.1}$$

由上述定义可知，函数 $f(t)$ 的拉普拉斯变换实际上就是函数 $f(t)u(t)\mathrm{e}^{-\beta t}$ 的傅里叶变换.

于是，若 $f(t)u(t)\mathrm{e}^{-\beta t}$ 满足傅里叶变换定理的条件，则当 t 是 $f(t)$ 的连续点时，有

$$f(t)u(t)\mathrm{e}^{-\beta t}=\frac{1}{2\pi}\int_{-\infty}^{+\infty}\left(\int_{-\infty}^{+\infty}f(\tau)u(\tau)\mathrm{e}^{-\beta\tau}\,\mathrm{e}^{-\mathrm{i}\omega\tau}\,\mathrm{d}\tau\right)\mathrm{e}^{\mathrm{i}\omega t}\,\mathrm{d}\omega$$

$$=\frac{1}{2\pi}\int_{-\infty}^{+\infty}\mathrm{e}^{\mathrm{i}\omega t}\left(\int_{-\infty}^{+\infty}f(\tau)u(\tau)\mathrm{e}^{-(\beta+\mathrm{i}\omega)\tau}\,\mathrm{d}\tau\right)\mathrm{d}\omega$$

$$=\frac{1}{2\pi}\int_{-\infty}^{+\infty}\mathrm{e}^{\mathrm{i}\omega t}\left(\int_{0}^{+\infty}f(\tau)\mathrm{e}^{-(\beta+\mathrm{i}\omega)\tau}\,\mathrm{d}\tau\right)\mathrm{d}\omega$$

$$=\frac{1}{2\pi}\int_{-\infty}^{+\infty}\mathrm{e}^{\mathrm{i}\omega t}\,F(\beta+\mathrm{i}\omega)\,\mathrm{d}\omega\ (t>0)$$

等式两边同乘以 $\mathrm{e}^{\beta t}$，则有

$$f(t)=\frac{1}{2\pi}\int_{-\infty}^{+\infty}\mathrm{e}^{(\beta+\mathrm{i}\omega)t}\,F(\beta+\mathrm{i}\omega)\,\mathrm{d}\omega(t>0)$$

若令 $\beta+\mathrm{i}\omega=s$，有

$$f(t)=\frac{1}{2\pi\mathrm{i}}\int_{\beta-\mathrm{i}\infty}^{\beta+\mathrm{i}\infty}\mathrm{e}^{st}\,F(s)\,\mathrm{d}s(t>0)\tag{10.1.2}$$

定义 10.2　函数 $f(t)=\dfrac{1}{2\pi\mathrm{i}}\displaystyle\int_{\beta-\mathrm{i}\infty}^{\beta+\mathrm{i}\infty}\mathrm{e}^{st}\,F(s)\,\mathrm{d}s(t>0)$ 称为函数 $F(s)$ 的拉普拉斯逆变换，记作 $f(t)=\mathscr{L}^{-1}(F(s))$，右端的广义积分称为拉普拉斯反演积分公式.

分别称 $f(t)$ 与 $F(s)$ 为像原函数与像函数，由式（10.1.1）和式（10.1.2）构成一对互逆的积分变换公式，称 $f(t)$ 和 $F(s)$ 为一个拉普拉斯变换对，记为 $f(t)\leftrightarrow F(s)$.

例 1　求单位阶跃 $u(t)=\begin{cases}0, & t<0\\ 1, & t>0\end{cases}$，符号函数 $\operatorname{sgn}(t)=\begin{cases}1, & t>0\\ 0, & t=0\\ -1, & t<0\end{cases}$ 与 $f(t)=1$ 的拉普拉斯变换.

解　由拉氏变换的定义，有

$$F(s)=\mathcal{L}(u(t))=\int_0^{+\infty}u(t)\mathrm{e}^{-st}\,\mathrm{d}t=\int_0^{+\infty}\mathrm{e}^{-st}\,\mathrm{d}t$$

当 $\operatorname{Re}s>0$ 时该积分收敛，且

$$\int_0^{+\infty}\mathrm{e}^{-st}\,\mathrm{d}t=-\frac{1}{s}\mathrm{e}^{-st}\bigg|_0^{+\infty}=\frac{1}{s}$$

所以

$$F(s)=\mathcal{L}(u(t))=\frac{1}{s}(\operatorname{Re}s>0)$$

同样地，由拉氏变换的定义有

$$F(s)=\mathcal{L}(\operatorname{sgn}(t))=\int_0^{+\infty}\operatorname{sgn}(t)\mathrm{e}^{-st}\,\mathrm{d}t=\int_0^{+\infty}\mathrm{e}^{-st}\,\mathrm{d}t$$

故

$$F(s)=\mathcal{L}(\operatorname{sgn}(t))=\frac{1}{s}(\operatorname{Re}s>0)$$

同样地，

$$F(s)=\mathcal{L}(1)=\int_0^{+\infty}\mathrm{e}^{-st}\,\mathrm{d}s=\frac{1}{s}(\operatorname{Re}s>0)$$

这三个函数经过拉普拉斯变换后，得到的像函数是一样的. 那么，对同样的像函数 $F(s)=\frac{1}{s}(\operatorname{Re}s>0)$ 来说，其像原函数应该是哪一个呢？原则上讲，当 $t>0$ 时，所有为 1 的函数均可以 $F(s)=\frac{1}{s}(\operatorname{Re}s>0)$ 作为像函数. 这是因为拉氏变换所应有的场合，并不需要关心函数 $f(t)$ 在 $t<0$ 时的取值情况. 但是，为了讨论和论述的方便，一般规定拉氏变换所提到的函数 $f(t)$ 均理解为 $t<0$ 时取值为零.

例如，当函数 $f(t)=1$ 时，可以理解为 $f(t)=u(t)$. 如此，像函数 $F(s)=\frac{1}{s}(\operatorname{Re}s>0)$ 的像原函数可以写为 $f(t)=1$，即 $f(t)=\mathcal{L}^{-1}\left(\frac{1}{s}\right)=1$.

例 2　求指数函数 $f(t)=\mathrm{e}^{kt}$ 的拉普拉斯变换，其中 k 为实数.

解　由拉氏变换的定义，有

$$\mathcal{L}\big(f(t)\big)=\int_0^{+\infty}\mathrm{e}^{kt}\,\mathrm{e}^{-st}\,\mathrm{d}s=\int_0^{+\infty}\mathrm{e}^{-(s-k)t}\,\mathrm{d}s$$

当 $\operatorname{Re}(s-k)>0$ 时，这个积分收敛，且

$$\mathcal{L}(f(t)) = -\frac{1}{s-k}\mathrm{e}^{-(s-k)t}\Big|_0^{+\infty} = \frac{1}{s-k}$$

所以

$$\mathcal{L}(\mathrm{e}^{kt}) = \frac{1}{s-k}(\mathrm{Re}s > k)$$

同理，由上式又可以得到

$$\mathcal{L}(\mathrm{e}^{-kt}) = \frac{1}{s+k}\text{（}k\text{ 为实数，}\mathrm{Re}s > -k\text{），}$$

$$\mathcal{L}(\mathrm{e}^{\mathrm{i}\omega t}) = \frac{1}{s-\mathrm{i}\omega}\text{（}\omega\text{ 为实数，}\mathrm{Re}s > 0\text{）}$$

从这些例题可以明显看出，拉氏变换的确扩大了傅氏变换的使用范围.

10.1.3　拉普拉斯变换的存在定理

1. 拉普拉斯变换存在定理

从前面的例题可以看出，拉氏变换的条件比傅氏变换存在的条件要弱得多，但对一个函数作拉氏变换还是需要具备一些条件. 那么一个函数要满足什么条件，拉氏变换一定存在呢？下面定理给出了回答.

定理 10.1（拉普拉斯变换存在定理）　若函数 $f(t)$ 满足下列条件：

（1）在 $t \geqslant 0$ 的任一有限区间上分段连续；

（2）当 $t \to +\infty$ 时，函数 $f(t)$ 的绝对值的增长速度不超过某个指数函数，就是说，存在一个常数 $M > 0$ 及 $c \geqslant 0$，使得

$$|f(t)| \leqslant M\mathrm{e}^{ct}(0 \leqslant t < +\infty)$$

成立（这时称函数 $f(t)$ 当 $t \to +\infty$ 时其增长是指数级的，c 为它的增长指数），则函数 $f(t)$ 的拉氏变换

$$F(s) = \mathcal{L}(f(t)) = \int_0^{+\infty} f(t)\mathrm{e}^{-st}\,\mathrm{d}t$$

在半平面 $\mathrm{Re}s > c$ 内存在，且为解析函数.

说明　① 这个定理的条件是充分的，在物理学和工程技术中常见的函数大多能满足这个条件；

② 一个函数的增长是指数级的与函数绝对可积的条件相比要弱得多，如对于 $u(t)$，$\cos kt$，$t^m(m \geqslant 0)$ 等函数都不满足傅氏变换存在定理中绝对可积的条件，但是它们均满足拉氏变换存在定理中的条件（2），如

$$|u(t)| \leqslant 1\cdot\mathrm{e}^{0t}\text{，此处 }M=1,\ c=0\text{；}$$

$$|\cos kt| \leqslant 1\cdot\mathrm{e}^{0t}\text{，此处 }M=1,\ c=0$$

由于 $\lim\limits_{t\to\infty}\frac{t^m}{\mathrm{e}^t}=0$，所以当 t 充分大时就有 $t^m \leqslant \mathrm{e}^t$，从而

$$\left|t^m\right| \leqslant 1\cdot \mathrm{e}^t\text{，此处 } M=1,\ c=1$$

例 3　求正弦函数 $f(t)=\sin kt$（k 为实数）的拉普拉斯变换.

解　因为 $|\sin kt| \leqslant 1\cdot \mathrm{e}^{0t}$，$M=1$，$c=0$，所以正弦函数满足定理 10.1 的条件，因此，有

$$\begin{aligned} F(s)=\mathcal{L}(\sin kt) &= \int_0^{+\infty} \mathrm{e}^{-st}\sin kt\,\mathrm{d}t \\ &= \frac{-\mathrm{e}^{-st}}{k^2+s^2}(k\cos kt+s\sin kt)\Big|_0^{+\infty} \\ &= \frac{k}{k^2+s^2}\ (\mathrm{Re}s>0) \end{aligned}$$

于是

$$\mathcal{L}(\sin kt)=\frac{k}{k^2+s^2}\ (\mathrm{Re}s>0)$$

同理可得

$$\mathcal{L}(\cos kt)=\frac{s}{k^2+s^2}\ (\mathrm{Re}s>0)$$

2. 伽玛函数 $\Gamma(m)$ 简介

形如 $\int_0^{+\infty}\mathrm{e}^{-t}t^{m-1}\,\mathrm{d}t(m>0)$ 的函数称为伽玛函数，记为 $\Gamma(m)$. 即

$$\Gamma(m)=\int_0^{+\infty}\mathrm{e}^{-t}t^{m-1}\,\mathrm{d}t(m>0).$$

Γ 函数具有性质 $\Gamma(m+1)=m\Gamma(m)$，若 m 为正整数时，$\Gamma(m+1)=m!$.

例 4　求伽玛函数值 $\Gamma\left(\frac{1}{2}\right)$.

解　根据伽玛函数的定义，有

$$\Gamma\left(\frac{1}{2}\right)=\int_0^{+\infty}\mathrm{e}^{-t}t^{-\frac{1}{2}}\,\mathrm{d}t,$$

令 $t=u^2$，则 $\mathrm{d}t=2u\mathrm{d}u$，于是

$$\Gamma\left(\frac{1}{2}\right)=\int_0^{+\infty}\mathrm{e}^{-u^2}u^{-1}2u\mathrm{d}u=2\int_0^{+\infty}\mathrm{e}^{-u^2}\,\mathrm{d}u=2\times\frac{\sqrt{\pi}}{2}=\sqrt{\pi}.$$

例 5　设函数 $f_\varepsilon(t)=\begin{cases}\dfrac{1}{\varepsilon}, & 0\leqslant t\leqslant\varepsilon \\ 0, & t>\varepsilon\end{cases}$，求

（1）$\mathcal{L}(f_\varepsilon(t))$；（2）$\lim\limits_{\varepsilon\to 0}\mathcal{L}(f_\varepsilon(t))$；（3）$\mathcal{L}(\delta(t))$.

解（1）由拉普拉斯变换的定义，得

$$\mathcal{L}(f_\varepsilon(t))=\int_0^{\varepsilon}\frac{1}{\varepsilon}\mathrm{e}^{-st}\,\mathrm{d}t+\int_\varepsilon^{+\infty}0\cdot\mathrm{e}^{-st}\,\mathrm{d}t=\frac{1-\mathrm{e}^{-s\varepsilon}}{s\varepsilon}.$$

（2）由第（1）题的结果，得

$$\lim_{\varepsilon\to 0}\mathcal{L}(f_\varepsilon(t))=\lim_{\varepsilon\to 0}\frac{1-\mathrm{e}^{-\varepsilon s}}{s\varepsilon}=1.$$

（3）由单位脉冲函数 $\delta(t)$ 的定义，有 $\delta(t)=\lim\limits_{\varepsilon\to 0}f_\varepsilon(t)$，以及

$$\lim_{\varepsilon\to 0}\mathcal{L}(f_\varepsilon(t))=\mathcal{L}(\lim_{\varepsilon\to 0}f_\varepsilon(t))=\mathcal{L}(\delta(t))=1.$$

注意　在拉普拉斯变换中认定，当 $t<0$ 时，$\delta(t)=0$.

例 6　求函数 $f(t)=\delta(t)\cos t-u(t)\sin t$ 的拉普拉斯变换.

解　由拉普拉斯变换的定义，得

$$\begin{aligned}\mathcal{L}(f(t))&=\int_0^{+\infty}(\delta(t)\cos t-u(t)\sin t)\mathrm{e}^{-st}\,\mathrm{d}t\\&=\int_0^{+\infty}\delta(t)\cos t\,\mathrm{e}^{-st}\,\mathrm{d}t-\int_0^{+\infty}u(t)\sin t\,\mathrm{e}^{-st}\,\mathrm{d}t\\&=\int_{-\infty}^{+\infty}\delta(t)\cos t\,\mathrm{e}^{-st}\,\mathrm{d}t-\int_0^{+\infty}\sin t\,\mathrm{e}^{-st}\,\mathrm{d}t\\&=\cos t\,\mathrm{e}^{-st}\Big|_{t=0}-\mathcal{L}(\sin t)\\&=1-\frac{1}{1+s^2}=\frac{s^2}{1+s^2}.\end{aligned}$$

10.2　拉普拉斯变换的性质

本节将介绍拉普拉斯变换的几个基本性质，为叙述方便起见，假定在这些性质中，要求拉普拉斯的函数都满足拉普拉斯变换存在定理中的条件，并把这些函数的增长指数统一都取为 c，在证明这些性质时不再重复这些条件.

1. 线性性质

设 α，β 为常数，且 $\mathcal{L}(f(t))=F(s)$，$\mathcal{L}(g(t))=G(s)$，则

$$\mathcal{L}(\alpha f(t)+\beta g(t))=\alpha F(s)+\beta G(s),$$

$$\mathcal{L}^{-1}(\alpha F(s)+\beta G(s))=\alpha\mathcal{L}^{-1}(F(s))+\beta\mathcal{L}^{-1}(G(s)).$$

例 1　求函数 $\cos\omega t$ 的拉氏变换.

解　根据欧拉公式，有 $\cos\omega t=\dfrac{1}{2}(\mathrm{e}^{\mathrm{i}\omega t}+\mathrm{e}^{-\mathrm{i}\omega t})$ 以及 $\mathcal{L}(\mathrm{e}^{-\mathrm{i}\omega t})=\dfrac{1}{s+\mathrm{i}\omega}(\mathrm{Re}s>0)$，则

$$\begin{aligned}\mathcal{L}(\cos\omega t)&=\frac{1}{2}\mathcal{L}(\mathrm{e}^{\mathrm{i}\omega t}+\mathrm{e}^{-\mathrm{i}\omega t})=\frac{1}{2}\mathcal{L}(\mathrm{e}^{\mathrm{i}\omega t})+\frac{1}{2}\mathcal{L}(\mathrm{e}^{-\mathrm{i}\omega t})\\&=\frac{1}{2}\left(\frac{1}{s-\mathrm{i}\omega}+\frac{1}{s+\mathrm{i}\omega}\right)=\frac{s}{s^2+\omega^2}(\mathrm{Re}s>0)\end{aligned}$$

同理有

$$\mathcal{L}(\sin\omega t)=\frac{\omega}{s^2+\omega^2}(\mathrm{Re}s>0)$$

例 2 已知像函数 $F(s)=\dfrac{5s-1}{(s+1)(s-2)}(\mathrm{Re}s>0)$，求 $\mathcal{L}^{-1}(F(s))$.

解 因为

$$F(s)=2\frac{1}{s+1}+3\frac{1}{s-2}(\mathrm{Re}s>0)，\quad \mathcal{L}(\mathrm{e}^{at})=\frac{1}{s-a}(\mathrm{Re}s>0)$$

故 $$\mathcal{L}^{-1}(F(s))=2\mathcal{L}^{-1}\left(\frac{1}{s+1}\right)+3\mathcal{L}^{-1}\left(\frac{1}{s-2}\right)=2\mathrm{e}^{-t}+3\mathrm{e}^{2t}(\mathrm{Re}s>0)$$

2. 相似性质

设 $\mathcal{L}(f(t))=F(s)$，则对任一常数 $a>0$，都有

$$\mathcal{L}(f(at))=\frac{1}{a}F\left(\frac{s}{a}\right).$$

证明 $\mathcal{L}(f(at))=\int_0^{+\infty}f(at)\mathrm{e}^{-st}\,\mathrm{d}t\overset{x=at}{=\!=\!=}\dfrac{1}{a}\int_0^{+\infty}f(x)\mathrm{e}^{-\frac{s}{a}x}\,\mathrm{d}x=\dfrac{1}{a}F\left(\dfrac{s}{a}\right).$

3. 微分性质

（1）导数的像函数.

设 $\mathcal{L}(f(t))=F(s)$，则有

$$\mathcal{L}(f'(t))=sF(s)-f(0)\quad(\mathrm{Re}s>0)\tag{10.2.1}$$

一般地，有

$$\mathcal{L}(f^{(n)}(t))=s^nF(s)-s^{n-1}f(0)-s^{n-2}f'(0)-\cdots-f^{(n-1)}(0)\ (\mathrm{Re}s>0)\tag{10.2.2}$$

其中，$f^{(k)}(0)$ 应理解为 $\lim\limits_{t\to0^+}f^{(k)}(t)$.

证明 根据拉氏变换的定义和分部积分法，得

$$\mathcal{L}(f'(t))=\int_0^{+\infty}f'(t)\mathrm{e}^{-st}\,\mathrm{d}t=f(t)\mathrm{e}^{-st}\Big|_0^{+\infty}+s\int_0^{+\infty}f(t)\mathrm{e}^{-st}\,\mathrm{d}t$$

由于 $\left|f(t)\mathrm{e}^{-st}\right|\leqslant M\,\mathrm{e}^{-(\beta-c)t}(\mathrm{Re}s=\beta>c)$，有 $\lim\limits_{t\to+\infty}f(t)\mathrm{e}^{-st}=0$，所以

$$\mathcal{L}(f'(t))=sF(s)-f(0)\ (\mathrm{Re}s>0)$$

再利用数学归纳法，可得到式（10.2.2）.

根据此性质，我们有可能将函数 $f(t)$ 的微分方程转化为像函数 $F(s)$ 的代数方程，因此它对分析线性系统有着重要的作用.

例 3 求解微分方程 $y''(t)+\omega^2y'(t)=0$，$y'(0)=\omega$，$y(0)=0$.

解 设 $Y(s)=\mathcal{L}(y(t))$，方程两边同时求拉氏变换，并利用线性性质及微分性质，有

$$s^2Y(s)-sy(0)-y'(0)+\omega^2Y(s)=0$$

代入初值，得

$$Y(s)=\frac{\omega}{s^2+\omega^2}$$

由前面结果，可以得到方程的通解为

$$y(t)=\mathcal{L}^{-1}(Y(s))=\mathcal{L}^{-1}\left(\frac{\omega}{s^2+\omega^2}\right)=\sin\omega t\ .$$

（2）像函数的导数.

设 $\mathcal{L}(f(t))=F(s)$，则有

$$F'(s)=\mathcal{L}(-tf(t))\ (\mathrm{Re}s>0)\ . \qquad (10.2.3)$$

*证明　由于 $F(s)=\mathcal{L}(f(t))=\int_0^{+\infty}f(t)\mathrm{e}^{-st}\,\mathrm{d}t$，两边求导得

$$F'(s)=\frac{\mathrm{d}\left(\int_0^{+\infty}f(t)\mathrm{e}^{-st}\,\mathrm{d}t\right)}{\mathrm{d}s}=\int_0^{+\infty}\frac{\mathrm{d}\left(f(t)\mathrm{e}^{-st}\right)}{\mathrm{d}s}\mathrm{d}t$$

$$=\int_0^{+\infty}-tf(t)\mathrm{e}^{-st}\,\mathrm{d}t=\mathcal{L}(-tf(t))$$

一般地，有

$$F^{(n)}(s)=\mathcal{L}((-t)^n f(t))\ (\mathrm{Re}s>0)$$

例 4　求函数 $f(t)=t\sin kt$ 的拉普拉斯变换.

解　因为 $\mathcal{L}(\sin kt)=\frac{k}{s^2+k^2}(\mathrm{Re}s>0)$，所以，由拉氏变换像函数的微分性质得

$$\mathcal{L}(t\sin kt)=\frac{\mathrm{d}}{\mathrm{d}s}\left(\frac{k}{s^2+k^2}\right)=\frac{2sk}{(s^2+k^2)^2}$$

同理可得

$$\mathcal{L}(t\cos kt)=\frac{\mathrm{d}}{\mathrm{d}s}\left(\frac{s}{s^2+k^2}\right)=\frac{s^2-k^2}{(s^2+k^2)^2}$$

4. **积分性质**

（1）积分的像函数.

设 $\mathcal{L}(f(t))=F(s)$，则

$$\mathcal{L}\left(\int_0^t f(t)\mathrm{d}t\right)=\frac{1}{s}F(s)\ (\mathrm{Re}s>0) \qquad (10.2.4)$$

证明　设 $g(t)=\int_0^t f(t)\mathrm{d}t$，则 $g'(t)=f(t)$ 且 $g(0)=0$．由微分性质，有

$$\mathcal{L}(g'(t))=s\mathcal{L}(g(t))-g(0)=s\mathcal{L}(g(t))$$

即

$$\mathcal{L}\left(\int_0^t f(t)\mathrm{d}t\right)=\frac{1}{s}\mathcal{L}(g'(t))=\frac{1}{s}\mathcal{L}(f(t))=\frac{1}{s}F(s)\ (\mathrm{Re}s>0)$$

一般地，有

$$\mathcal{L}\left(\int_0^t\mathrm{d}t\int_0^t\mathrm{d}t\int_0^t\mathrm{d}t\cdots\int_0^t f(t)\mathrm{d}t\right)=\frac{1}{s}F(s)\ (\mathrm{Re}s>0)$$

（2）像函数的积分.

设 $\mathcal{L}(f(t))=F(s)$，则

$$\mathcal{L}\left(\frac{f(t)}{t}\right)=\int_s^{+\infty}F(s)\,\mathrm{d}s\ (\mathrm{Re}s>0) \tag{10.2.5}$$

或

$$\frac{f(t)}{t}=\mathcal{L}^{-1}\left(\int_s^{+\infty}F(s)\,\mathrm{d}s\right)\ (\mathrm{Re}s>0)$$

证明 根据拉普拉斯变换的定义，有

$$\mathcal{L}\left(\frac{f(t)}{t}\right)=\int_s^{+\infty}\frac{f(t)}{t}\mathrm{e}^{-st}\,\mathrm{d}s$$

所以

$$\int_s^{+\infty}F(s)\,\mathrm{d}s=\int_s^{+\infty}\mathrm{d}s\int_0^{+\infty}f(t)\mathrm{e}^{-st}\,\mathrm{d}t=\int_0^{+\infty}f(t)\left(\int_s^{+\infty}\mathrm{e}^{-st}\,\mathrm{d}s\right)\mathrm{d}t$$

$$=\int_0^{+\infty}f(t)\left(-\frac{1}{t}\mathrm{e}^{-st}\right)\Bigg|_s^{+\infty}\mathrm{d}t=\int_0^{+\infty}f(t)\frac{1}{t}\mathrm{e}^{-st}\,\mathrm{d}t=\mathcal{L}\left(\frac{f(t)}{t}\right)$$

一般地，有

$$\mathcal{L}\left(\frac{f(t)}{t^n}\right)=\int_s^{+\infty}\mathrm{d}s\int_s^{+\infty}\mathrm{d}s\int_s^{+\infty}\mathrm{d}s\cdots\int_s^{+\infty}F(s)\,\mathrm{d}s\ (\mathrm{Re}s>0) \tag{10.2.6}$$

例 5 求函数 $f(t)=\dfrac{\sin t}{t}$ 的拉氏变换.

解 因为 $\mathcal{L}(\sin t)=\dfrac{1}{s^2+1}(\mathrm{Re}s>0)$，且 $\lim\limits_{t\to0^+}\dfrac{\sin t}{t}=1$，所以由像函数的积分性质，有

$$\mathcal{L}\left(\frac{\sin t}{t}\right)=\int_s^{+\infty}\frac{1}{s^2+1}\,\mathrm{d}s=\frac{\pi}{2}-\arctan s=\operatorname{arccot}s$$

同时，可以得到广义积分

$$\int_0^{+\infty}\frac{\sin t}{t}\mathrm{e}^{-st}\,\mathrm{d}t=\frac{\pi}{2}-\arctan s=\operatorname{arccot}s$$

在上式中，若令 $s=0$，有广义积分

$$\int_0^{+\infty}\frac{\sin t}{t}\,\mathrm{d}t=\frac{\pi}{2}$$

由例 5 得到一个启示，即在拉氏变换的微分性质与积分性质中取 s 为某些特定值，就可以用来求某些函数的广义积分.

在下述公式中，若令 $s=0$，有广义积分公式.

由 $\int_0^{+\infty}f(t)\mathrm{e}^{-st}\,\mathrm{d}t=F(s)$，得 $\int_0^{+\infty}f(t)\,\mathrm{d}t=F(0)$；

由 $F'(s)=\mathcal{L}(-tf(t))=-\mathcal{L}(tf(t))$，得 $\int_0^{+\infty}tf(t)\,\mathrm{d}t=-F'(0)$；

由 $\mathcal{L}\left(\dfrac{f(t)}{t}\right)=\int_s^{+\infty}F(s)\,\mathrm{d}s$，得 $\int_0^{+\infty}\dfrac{f(t)}{t}\,\mathrm{d}t=\int_0^{+\infty}F(s)\,\mathrm{d}s$.

注意　在使用上面公式时，应优先考虑到广义积分的存在性.

例 6　计算下列广义积分：

（1）$\int_0^{+\infty} \mathrm{e}^{-3t}\cos 2t\,\mathrm{d}t$；（2）$\int_0^{+\infty} \frac{1-\cos t}{t}\mathrm{e}^{-t}\,\mathrm{d}t$.

解　（1）由于

$$\mathcal{L}(\cos 2t) = \frac{s}{s^2+4}$$

所以
$$\int_0^{+\infty} \mathrm{e}^{-3t}\cos 2t\,\mathrm{d}t = \mathcal{L}(\cos 2t)\big|_{s=3} = \frac{s}{s^2+4}\bigg|_{s=3} = \frac{3}{13}.$$

（2）根据像函数的积分性质，有

$$\mathcal{L}\left(\frac{1-\cos t}{t}\right) = \int_s^{+\infty} \mathcal{L}(1-\cos t)\,\mathrm{d}s = \int_s^{+\infty}\left(\frac{1}{s}-\frac{s}{s^2+1}\right)\mathrm{d}s$$

$$= \frac{1}{2}\ln\frac{s^2}{s^2+1}\bigg|_s^{+\infty} = \frac{1}{2}\ln\frac{s^2+1}{s^2}.$$

即
$$\mathcal{L}\left(\frac{1-\cos t}{t}\right) = \int_0^{+\infty}\frac{1-\cos t}{t}\mathrm{e}^{-st}\,\mathrm{d}t = \frac{1}{2}\ln\frac{s^2+1}{s^2}.$$

令 $s=1$，得

$$\int_0^{+\infty}\frac{1-\cos t}{t}\mathrm{e}^{-t}\,\mathrm{d}t = \frac{1}{2}\ln 2.$$

5. 延迟与位移性质

（1）位移性质.

若 $\mathcal{L}(f(t)) = F(s)$，则有

$$\mathcal{L}(\mathrm{e}^{at} f(t)) = F(s-a)\ (\operatorname{Re}(s-a) > 0).$$

其中 a 为复常数.

这个性质表明，像原函数乘以指数函数 e^{at} 的拉氏变换等于其像函数作位移 a.

证明　根据拉氏变换的定义，有

$$\mathcal{L}(\mathrm{e}^{at} f(t)) = \int_0^{+\infty} \mathrm{e}^{at} f(t)\mathrm{e}^{-st}\,\mathrm{d}t$$

$$= \int_0^{+\infty} f(t)\mathrm{e}^{-(s-a)t}\,\mathrm{d}t = F(s-a)\ (\operatorname{Re}(s-a) > 0).$$

例 7　求函数 $t^m\mathrm{e}^{at}\,(m\in\mathbf{Z}^+)$ 的拉普拉斯变换.

解　因为 $\mathcal{L}(t^m) = \frac{m!}{s^{m+1}}$，所以由位移性质得

$$\mathcal{L}(t^m\mathrm{e}^{at}) = \frac{m!}{(s-a)^{m+1}}.$$

例 8　求函数 $\mathrm{e}^{-at}\cos kt$ 的拉普拉斯变换.

解　因为 $\mathcal{L}(\cos kt)=\dfrac{s}{s^2+k^2}$，所以由位移性质得

$$\mathcal{L}(\mathrm{e}^{-at}\cos kt)=\frac{s+a}{(s+a)^2+k^2}.$$

（2）延迟性质.

若 $\mathcal{L}(f(t))=F(s)$，且当 $t<0$ 时，$f(t)=0$，则对任一非负实数 τ 有

$$\mathcal{L}(f(t-\tau))=\mathrm{e}^{-s\tau}F(s)\ (\mathrm{Re}s>0)$$

或
$$\mathcal{L}^{-1}(\mathrm{e}^{-s\tau}F(s))=f(t-\tau)\ (\mathrm{Re}s>0)$$

这个性质表明，时间函数延迟 τ 个单位的拉普拉斯变换等于它的像函数乘以指数因子 $\mathrm{e}^{-s\tau}$.

证明　由拉氏变换的定义，有

$$\begin{aligned}\mathcal{L}(f(t-\tau))&=\int_0^{+\infty}f(t-\tau)\mathrm{e}^{-st}\,\mathrm{d}t\\&=\int_0^{\tau}f(t-\tau)\mathrm{e}^{-st}\,\mathrm{d}t+\int_{\tau}^{+\infty}f(t-\tau)\mathrm{e}^{-st}\,\mathrm{d}t\end{aligned}$$

由假设条件，当 $t<\tau$ 时，$f(t-\tau)=0$，故上式右端第一个积分等于零，对于上式右端第二个积分，令 $u=t-\tau$，则

$$\begin{aligned}\mathcal{L}(f(t-\tau))&=\int_0^{+\infty}f(u)\mathrm{e}^{-s(u+\tau)}\,\mathrm{d}u\\&=\mathrm{e}^{-s\tau}\int_0^{+\infty}f(u)\mathrm{e}^{-su}\,\mathrm{d}u=\mathrm{e}^{-s\tau}F(s)\ (\mathrm{Re}s>0)\end{aligned}$$

例 9　求函数 $u(t-\tau)=\begin{cases}0, & t<\tau\\ 1, & t>\tau\end{cases}$ 的拉普拉斯变换.

解　因为 $\mathcal{L}(u(t))=\dfrac{1}{s}$，由延迟性质得

$$\mathcal{L}(u(t-\tau))=\mathrm{e}^{-s\tau}\frac{1}{s}=\frac{1}{s}\mathrm{e}^{-s\tau}.$$

例 10　求分段函数 $f(t)=\begin{cases}k, & k<t<k+1\\ 0, & t<0\end{cases}$ $(k=0,1,2,\cdots)$ 的拉普拉斯变换.

解　函数 $f(t)$ 是阶梯函数，利用单位跃阶函数，可以将其表示为

$$f(t)=u(t-1)+u(t-2)+u(t-3)+\cdots+u(t-k)+\cdots$$

再利用延迟性质和 $\mathcal{L}(u(t))=\dfrac{1}{s}$，可得

$$\mathcal{L}(f(t))=\frac{1}{s}\mathrm{e}^{-s}+\frac{1}{s}\mathrm{e}^{-2s}+\frac{1}{s}\mathrm{e}^{-3s}+\cdots+\frac{1}{s}\mathrm{e}^{-ks}+\cdots(\mathrm{Re}s>0)$$

上式右端是公比为 e^{-s} 的等比级数，由于 $\mathrm{Re}s>0$ 时，$|\mathrm{e}^{-s}|=\mathrm{e}^{-\beta}<1$，其中 $\beta=\mathrm{Re}s>0$，所以

$$\mathscr{L}(f(t))=\frac{1}{s}\mathrm{e}^{-s}\sum_{k=0}^{\infty}(\mathrm{e}^{-s})^{k}=\frac{1}{s(\mathrm{e}^{s}-1)}(\mathrm{Re}s>0)$$

6. **周期函数的拉普拉斯变换**

设 $f(t)(t>0)$ 是 $[0,+\infty)$ 内以 T 为周期的周期函数，且 $f(t)$ 在一个周期内分段光滑，则

$$\mathscr{L}(f(t))=\frac{1}{1-\mathrm{e}^{-sT}}\int_0^T f(t)\mathrm{e}^{-st}\,\mathrm{d}t \tag{10.2.7}$$

证明 由拉氏变换的定义，有

$$\mathscr{L}(f(t))=\int_0^{+\infty} f(t)\mathrm{e}^{-st}\,\mathrm{d}t=\int_0^T f(t)\mathrm{e}^{-st}\,\mathrm{d}t+\int_T^{+\infty} f(t)\mathrm{e}^{-st}\,\mathrm{d}t$$

对于上式右端的第二个积分作代换 $u=t-T$，且利用函数的 $f(t)$ 的周期性，有

$$\begin{aligned}\mathscr{L}(f(t))&=\int_0^T f(t)\mathrm{e}^{-st}\,\mathrm{d}t+\mathrm{e}^{-sT}\int_0^{+\infty} f(u)\mathrm{e}^{-su}\,\mathrm{d}u\\&=\int_0^T f(t)\mathrm{e}^{-st}\,\mathrm{d}t+\mathrm{e}^{-sT}\mathscr{L}(f(t))\end{aligned}$$

于是

$$\mathscr{L}(f(t))=\frac{1}{1-\mathrm{e}^{-sT}}\int_0^T f(t)\mathrm{e}^{-st}\,\mathrm{d}t$$

例 11 求全波整流后的正弦波 $f(t)=|\sin\omega t|$ 的拉普拉斯变换.

解 因为函数的周期 $T=\dfrac{2\pi}{\omega}$，由周期函数拉氏变换公式（10.2.7）以及分部积分法，有

$$\begin{aligned}\mathscr{L}(f(t))&=\frac{1}{1-\mathrm{e}^{-sT}}\int_0^T \sin\omega t\,\mathrm{e}^{-st}\,\mathrm{d}t\\&=\frac{1}{1-\mathrm{e}^{-sT}}\cdot\left.\frac{\mathrm{e}^{-st}(-s\sin\omega t-\omega\cos\omega t)}{s^2+\omega^2}\right|_0^T\\&=\frac{\omega}{s^2+\omega^2}\cdot\frac{\mathrm{e}^{-sT}+1}{\mathrm{e}^{-sT}-1}.\end{aligned}$$

7. **拉普拉斯变换的卷积与卷积定理**

前面已经介绍了傅氏变换的卷积，下面介绍由傅氏变换的卷积公式推出拉氏变换的卷积. 拉氏变换的卷积不仅被用来求函数的逆变换及一些积分的值，而且在线性系统的分析中起着重要作用.

前面讨论两个函数的傅氏卷积为

$$f_1(t)*f_2(t)=\int_{-\infty}^{+\infty} f_1(\tau)f_2(t-\tau)\,\mathrm{d}\tau.$$

若函数 $f_1(t),f_2(t)$ 满足：当 $t<0$ 时，$f_1(t)=f_2(t)=0$，则

$$\begin{aligned}f_1(t)*f_2(t)&=\int_{-\infty}^{0} f_1(\tau)f_2(t-\tau)\,\mathrm{d}\tau+\int_0^t f_1(\tau)f_2(t-\tau)\,\mathrm{d}\tau+\int_t^{+\infty} f_1(\tau)f_2(t-\tau)\,\mathrm{d}\tau\\&=\int_0^t f_1(\tau)f_2(t-\tau)\,\mathrm{d}\tau\end{aligned} \tag{10.2.8}$$

式（10.2.8）称为 $f_1(t)$ 与 $f_2(t)$ 的拉普拉斯卷积公式.

例 12 设 $f(t)=\begin{cases}\cos t, & t\geqslant 0\\ 0, & t<0\end{cases}$，求卷积 $f(t)*f(t)$.

解 根据定义有

$$
\begin{aligned}
f(t)*f(t)&=\int_0^t \cos\tau\cos(t-\tau)\,\mathrm{d}\tau\\
&=\frac{1}{2}\int_0^t(\cos t+\cos(2\tau-t))\,\mathrm{d}\tau\\
&=\frac{1}{2}\left[t\cos t+\left(\frac{1}{2}\sin(2\tau-t)\right)\Big|_0^t\right]\\
&=\frac{1}{2}(t\cos t+\sin t)\,.
\end{aligned}
$$

拉氏变换中的卷积，还具有如下重要性质.

定理 10.2 假设 $f_1(t)$ 与 $f_2(t)$ 满足拉氏变换存在定理中的条件，并且有

$$\mathcal{L}(f_1(t))=F_1(s)\,,\quad \mathcal{L}(f_2(t))=F_2(s)$$

则 $f_1(t)*f_2(t)$ 的拉氏变换一定存在，且

$$\mathcal{L}(f_1(t)*f_2(t))=F_1(s)F_2(s)\,,$$

或

$$\mathcal{L}^{-1}(F_1(s)F_2(s))=f_1(t)*f_2(t)$$

证明 因为 $f_1(t)*f_2(t)$ 满足拉氏变换存在定理的条件，则有

$$
\begin{aligned}
\mathcal{L}(f_1(t)*f_2(t))&=\int_0^{+\infty}f_1(t)*f_2(t)\mathrm{e}^{-st}\,\mathrm{d}t\\
&=\int_0^{+\infty}\left(\int_0^t f_1(\tau)f_2(t-\tau)\,\mathrm{d}\tau\right)\mathrm{e}^{-st}\,\mathrm{d}t\,.
\end{aligned}
$$

该积分可以看作 $tO\tau$ 平面上的二重积分，如图 10.1 所示，交换积分次序，可得

$$\mathcal{L}(f_1(t)*f_2(t))=\int_0^{+\infty}f_1(\tau)\left(\int_\tau^{+\infty}f_2(t-\tau)\mathrm{e}^{-st}\,\mathrm{d}t\right)\mathrm{d}\tau\,,$$

对内层积分作变量代换 $u=t-\tau$，则 $\mathrm{d}t=\mathrm{d}u$，且

$$
\begin{aligned}
\mathcal{L}(f_1(t)*f_2(t))&=\int_0^{+\infty}f_1(\tau)\left(\int_0^{+\infty}f_2(u)\mathrm{e}^{-s(u+\tau)}\,\mathrm{d}u\right)\mathrm{d}\tau\\
&=\int_0^{+\infty}f_1(\tau)\mathrm{e}^{-s\tau}\left(\int_0^{+\infty}f_2(u)\mathrm{e}^{-su}\,\mathrm{d}u\right)\mathrm{d}\tau\\
&=\int_0^{+\infty}f_1(\tau)\mathrm{e}^{-s\tau}F_2(s)\,\mathrm{d}\tau\\
&=F_2(s)\int_0^{+\infty}f_1(\tau)\mathrm{e}^{-s\tau}\,\mathrm{d}\tau\\
&=F_2(s)F_1(s)\,.
\end{aligned}
$$

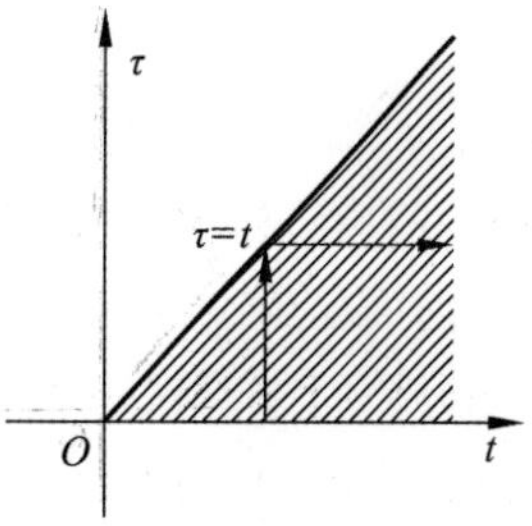

图 10.1

这个性质表明，两个函数的卷积的拉氏变换等于这两个函数拉氏变换的乘积. 不难证明，若函数 $f_k(t)(k=1,2,3,\cdots,\ n)$ 满足拉氏变换存在定理中的条件，并且有 $\mathcal{L}(f_k(t))=F_k(s)$ $(k=1,2,3,\cdots,\ n)$，则有

$$\mathcal{L}(f_1(t)*f_2(t)*f_3(t)*\cdots*f_n(t))=F_1(s)F_2(s)F_3(s)\cdots F_n(s).$$

例 13 求卷积 $\mathrm{e}^{at}*t^m$ 的拉氏变换.

解 因为 $\mathcal{L}(\mathrm{e}^{at})=\dfrac{1}{s-a}$，$\mathcal{L}(t^m)=\dfrac{m!}{s^{m+1}}$，根据卷积定理，有

$$\mathcal{L}(\mathrm{e}^{at}*t^m)=\frac{1}{s-a}\cdot\frac{m!}{s^{m+1}}.$$

例 14 若 $F(s)=\dfrac{s^2}{(s^2+1)^2}$，求 $f(t)$.

解 因为 $F(s)=\dfrac{s}{s^2+1}\cdot\dfrac{s}{s^2+1}$，则根据卷积定理及例 12 的结论，有

$$f(t)=\mathcal{L}^{-1}\left(\frac{s}{s^2+1}\cdot\frac{s}{s^2+1}\right)=\cos t*\cos t=\frac{1}{2}(t\cos t+\sin t).$$

10.3 拉普拉斯逆变换

前面讨论了已知函数 $f(t)$，求它的像函数 $F(s)$，但在实际应用中往往会遇到与此相反的问题，即已知像函数 $F(s)$，求它的像原函数 $f(t)$. 下面我们来讨论这个问题.

10.3.1 反演积分公式

由拉普拉斯变换的定义可知，函数 $f(t)$ 的拉普拉斯变换实际上就是 $f(t)u(t)\mathrm{e}^{-\beta t}$ 的傅里叶变换. 于是，当 $f(t)u(t)\mathrm{e}^{-\beta t}$ 满足傅里叶积分定理的条件时，按傅里叶公式，当 $f(t)$ 在 t 点连续时，有

$$f(t)=\frac{1}{2\pi\mathrm{i}}\int_{\beta-\mathrm{i}\infty}^{\beta+\mathrm{i}\infty}\mathrm{e}^{st}F(s)\,\mathrm{d}s\ (t>0)$$

这是从 $F(s)$ 求 $f(t)$ 的一般公式. 右端积分称为**拉普拉斯反演积分公式**.

$$F(s)=\int_0^{+\infty}f(t)\mathrm{e}^{-st}\,\mathrm{d}t \text{ 与 } f(t)=\frac{1}{2\pi\mathrm{i}}\int_{\beta-\mathrm{i}\infty}^{\beta+\mathrm{i}\infty}\mathrm{e}^{st}F(s)\,\mathrm{d}s\ (t>0)$$

构成一对互逆变的积分公式，称 $F(s)$ 和 $f(t)$ 构成一个拉普拉斯变换对.

前面已经介绍了用拉氏变换的性质求像原函数 $f(t)$，但是有时也需要借助拉普拉斯反演积分公式来求像原函数 $f(t)$. 由于反演积分公式是复变函数的积分，计算复变函数的积分通常比较困难，但当 $F(s)$ 满足一定条件时，可以利用留数方法计算这个反演积分.

10.3.2 利用留数方法计算反演积分

定理 10.3 设 $s_1,s_2,\cdots,s_n$ 是函数 $F(s)$ 在半平面 $\mathrm{Re}s\leqslant c$（c 为一个适当的常数）内的有限个孤立点，又函数 $F(s)$ 在半平面 $\mathrm{Re}s\leqslant c$ 内除了这些孤立奇点外解析，且当 $s\to\infty$ 时，$F(s)\to 0$，则

$$\frac{1}{2\pi\mathrm{i}}\int_{\beta-\mathrm{i}\infty}^{\beta+\mathrm{i}\infty}F(s)\mathrm{e}^{st}\,\mathrm{d}s=\sum_{k=1}^{n}\operatorname*{Res}_{s=s_k}(F(s)\mathrm{e}^{st})$$

即 $$f(t)=\sum_{k=1}^{n}\operatorname*{Res}_{s=s_k}(F(s)\mathrm{e}^{st})\ (t>0) \tag{10.3.1}$$

其中 $\operatorname*{Res}\limits_{s=s_k}(F(s)\mathrm{e}^{st})$ 为复变函数 $F(s)\mathrm{e}^{st}$ 在孤立奇点 $s=s_k$ 处的留数.

证明 略.

下面我们列举几种计算反演积分的方法.

1. **利用留数计算反演积分**

$$f(t)=\frac{1}{2\pi\mathrm{i}}\int_{\beta-\mathrm{i}\infty}^{\beta+\mathrm{i}\infty}F(s)\mathrm{e}^{st}\,\mathrm{d}s=\sum_{k=1}^{n}\operatorname*{Res}_{s=s_k}(F(s)\mathrm{e}^{st})\ (t>0).$$

若函数 $F(s)$ 是有理函数，即 $F(s)=\dfrac{A(s)}{B(s)}$，其中 $A(s)$，$B(s)$ 是不可约的多项式，且分子 $A(s)$ 的次数小于分母 $B(s)$ 的次数，那么就有如下常用的两个规则.

规则Ⅰ 若 $B(s)$ 有 n 个一阶零点 $s_1,s_2,\cdots,s_n$，且 $A(s)$ 在这些点均不为零，则这些点都是函数 $\dfrac{A(s)}{B(s)}$ 的一阶极点，根据留数的计算方法，有

$$\operatorname*{Res}_{s=s_k}\left(\frac{A(s)}{B(s)}\mathrm{e}^{st}\right)=\frac{A(s_k)}{B'(s_k)}\mathrm{e}^{s_kt}(k=1,2,\cdots,n)$$

或 $$\operatorname*{Res}_{s=s_k}\left(\frac{A(s)}{B(s)}\mathrm{e}^{st}\right)=\lim_{s\to s_k}\left[(s-s_k)\frac{A(s)}{B(s)}\mathrm{e}^{st}\right](k=1,2,\cdots,n)$$

从而

$$f(t)=\sum_{k=1}^{n}\frac{A(s_k)}{B'(s_k)}\mathrm{e}^{s_kt}=\sum_{k=1}^{n}\lim_{s\to s_k}\left[(s-s_k)\frac{A(s)}{B(s)}\mathrm{e}^{st}\right](t>0) \tag{10.3.2}$$

规则Ⅱ 若 s_1 是 $B(s)$ 的一个 m 阶零点，s_{m+1}，s_{m+2}，$\cdots$，s_n 是 $B(s)$ 的一阶零点，且 $A(s)$ 在这些点均不为零，则 s_1 是 $\dfrac{A(s)}{B(s)}$ 的 m 阶极点，$s_i(i=m+1,m+2,\cdots,n)$ 是 $\dfrac{A(s)}{B(s)}$ 的一阶极点，根据留数的计算方法，有

$$\operatorname*{Res}_{s=s_1}\left(\frac{A(s)}{B(s)}\mathrm{e}^{st}\right)=\frac{1}{(m-1)!}\lim_{s\to s_1}\frac{\mathrm{d}^{m-1}}{\mathrm{d}s^{m-1}}\left[(s-s_1)^m\frac{A(s)}{B(s)}\mathrm{e}^{st}\right](t>0),$$

故 $$f(t)=\frac{1}{(m-1)!}\lim_{s\to s_1}\frac{\mathrm{d}^{m-1}}{\mathrm{d}s^{m-1}}\left[(s-s_1)^m\frac{A(s)}{B(s)}\mathrm{e}^{st}\right]+\sum_{i=m+1}^{n}\frac{A(s_i)}{B'(s_i)}\mathrm{e}^{s_it} \tag{10.3.3}$$

式（10.3.2）、（10.3.3）称为海维塞展开式.

例 1 求 $F(s)=\dfrac{s}{s^2+1}$ 的拉普拉斯逆变换.

解 这里 $B(s)=s^2+1, s=\pm\mathrm{i}$ 是它的两个一阶零点，且 $A(s)=s$ 在这两点均不为零，则有

$$f(t)=\mathcal{L}^{-1}\left(\frac{s}{s^2+1}\right)=\frac{s}{2s}\mathrm{e}^{st}\Big|_{s=\mathrm{i}}+\frac{s}{2s}\mathrm{e}^{st}\Big|_{s=-\mathrm{i}}=\frac{1}{2}(\mathrm{e}^{\mathrm{i}t}+\mathrm{e}^{-\mathrm{i}t})=\cos t\ (t>0).$$

2. **利用将函数化为部分分式的方法计算反演积分**

将有理函数 $F(s)=\dfrac{A(s)}{B(s)}$ 化为最简分式之和，结合拉普拉斯变换对，即可求得函数 $f(t)$.

例 2 求函数 $F(s)=\dfrac{1}{s^2(s+1)}$ 的拉普拉斯逆变换.

解 将函数 $F(s)$ 分解为

$$F(s)=\frac{1}{s^2(s+1)}=\frac{-1}{s}+\frac{1}{s^2}+\frac{1}{s+1}$$

利用拉普拉斯变换对，得

$$f(t)=\mathcal{L}^{-1}\left(\frac{1}{s^2(s+1)}\right)=\mathcal{L}^{-1}\left(\frac{-1}{s}\right)+\mathcal{L}^{-1}\left(\frac{1}{s^2}\right)+\mathcal{L}^{-1}\left(\frac{1}{s+1}\right)=-1+t+\mathrm{e}^{-t}.$$

3. **利用卷积定理计算反演积分**

例 3 已知 $F(s)=\dfrac{1}{(s-2)(s-1)^2}$，求 $f(t)=\mathcal{L}^{-1}(F(s))$.

解 设 $F_1(s)=\dfrac{1}{(s-1)^2}$，$F_2(s)=\dfrac{1}{s-2}$，则 $F(s)=F_1(s)F_2(s)$，根据拉普拉斯变换的性质，有

$$f_1(t)=\mathcal{L}^{-1}(F_1(s))=t\mathrm{e}^t,\quad f_2(t)=\mathcal{L}^{-1}(F_2(s))=\mathrm{e}^{2t}$$

由卷积定理，有

$$f(t)=f_1(t)*f_2(t)=\int_0^t\tau\,\mathrm{e}^\tau\,\mathrm{e}^{2(t-\tau)}\,\mathrm{d}\tau=\mathrm{e}^{2t}\int_0^t\tau\,\mathrm{e}^{-\tau}\,\mathrm{d}\tau$$

$$=\mathrm{e}^{2t}(1-\mathrm{e}^{-t}-t\,\mathrm{e}^{-t})=\mathrm{e}^{2t}-\mathrm{e}^t-t\,\mathrm{e}^t$$

4. **查拉普拉斯变换表计算反演积分**

在实际工作中，我们并不需要用广义积分的方法来求函数的拉普拉斯变换，可直接查现成的拉普拉斯变换表. 本书已将工程实际中常遇到的一些函数及其拉普拉斯变换列于附录中，以备查用.

例 4 求函数 $\sin 2t\sin 3t$ 的拉氏变换.

解 由附表 3 知，当 $a=2,b=3$ 时，可得

$$\mathcal{L}(\sin 2t\sin 3t)=\frac{12s}{(s^2+5^2)(s^2+1^2)}=\frac{12s}{(s^2+25)(s^2+1)}.$$

例 5 求函数 $\dfrac{\mathrm{e}^{-bt}}{\sqrt{2}}(\cos bt-\sin bt)$ 的拉氏变换.

解 这个函数的拉氏变换公式不能直接找到，但是

$$\frac{\mathrm{e}^{-bt}}{\sqrt{2}}(\cos bt-\sin bt)=\frac{\mathrm{e}^{-bt}}{\sqrt{2}}\left(\cos bt-\cos\left(\frac{\pi}{2}-bt\right)\right)$$

$$=\frac{\mathrm{e}^{-bt}}{\sqrt{2}}\left(-2\frac{\sqrt{2}}{2}\sin\left(\frac{\pi}{4}-bt\right)\right).$$

由附表 3 知，当 $a=-b,b=\dfrac{\pi}{4}$ 时，得

$$\frac{e^{-bt}}{\sqrt{2}}(\cos bt-\sin bt)=\frac{(s+b)\sin\frac{\pi}{4}+(-b)\cos\frac{\pi}{4}}{(s+b)^2+(-b)^2}=\frac{\sqrt{2}s}{2(s^2+2bs+2b^2)}.$$

说明　采用哪一种方法求函数的拉普拉斯逆变换，可以根据具体情况来确定，并且这些方法可以结合起来使用，但需要记住常用的拉普拉斯变换对.

10.4　拉普拉斯变换在解方程中的应用

在电路分析与制动控制理论中，若要对一个线性系统进行分析与研究，首先要知道该系统的数学模型，也就是要建立描述该系统数量特性的数学表达式. 在很多场合下，它的数学模型是一个线性微分方程或线性微分方程组，尤其在一些线性电路中，因为这一类线性电路是满足叠加原理的系统，它们在自动控制中占有很重要的地位. 本节重点介绍通过拉普拉斯变换的方法解线性微分方程.

例 1　求方程 $y''+y=t$ 满足初始条件 $y(0)=1, y'(0)=-2$ 的解.

解　设 $\mathcal{L}(y(t))=Y(s)$，对方程两边取拉氏变换，由初始条件可得

$$s^2Y(s)-sy(0)-y'(0)+Y(s)=\frac{1}{s^2}$$

$$s^2Y(s)-s+2+Y(s)=\frac{1}{s^2}$$

这是含未知量 $Y(s)$ 的代数方程，整理后解出 $Y(s)$，得

$$\begin{aligned}Y(s)&=\frac{1}{s^2(s^2+1)}+\frac{s-2}{s^2+1}\\&=\frac{1}{s^2}-\frac{1}{s^2+1}+\frac{s}{s^2+1}-\frac{2}{s^2+1}\\&=\frac{1}{s^2}+\frac{s}{s^2+1}-\frac{3}{s^2+1}\end{aligned}$$

这便是所求函数的拉氏变换，取它的逆变换便可以得出函数 $y(t)$，即

$$y(t)=\mathcal{L}^{-1}\left(\frac{1}{s^2}+\frac{s}{s^2+1}-\frac{3}{s^2+1}\right)=t+\cos t-3\sin t.$$

综上所述，用拉氏变换解线性微分方程的一般方法的具体步骤如下：

（1）微分方程两边同时取拉氏变换，把线性微分方程转化为像函数 $F(s)$ 的代数方程；

（2）根据这个代数方程，整理解得像函数 $F(s)$ 的表达式；

（3）再取拉氏逆变换可得到像原函数 $y(t)$，即线性微分方程的解.

例 2　求常系数线性微分方程的初值问题

$$\begin{cases}x''(t)-2x'(t)+2x(t)=2e^t\cos t\\x(0)=x'(0)=0\end{cases}$$

的解.

解 设 $\mathcal{L}(x(t)) = X(s)$，方程两边同时取拉氏变换，根据微分性质和初始条件，有

$$s^2X(s) - 2sX(s) + 2X(s) = \mathcal{L}(2\mathrm{e}^t\cos t)$$

利用 $\mathcal{L}(\cos t) = \dfrac{s}{s^2+1}$ 及位移性质 $\mathcal{L}(2\mathrm{e}^t\cos t) = \dfrac{2(s-1)}{(s-1)^2+1}$，得

$$X(s) = \frac{2(s-1)}{[(s-1)^2+1]^2} = -\left[\frac{1}{(s-1)^2+1}\right]'$$

因为

$$\mathcal{L}(\sin t) = \frac{1}{s^2+1}$$

故
$$\mathcal{L}(\mathrm{e}^t\sin t) = \frac{1}{(s-1)^2+1}$$

由像函数的微分性质，得

$$\mathcal{L}(t\,\mathrm{e}^t\sin t) = -\left[\frac{1}{(s-1)^2+1}\right]'$$

故
$$x(t) = \mathcal{L}^{-1}\left(\frac{2(s-1)}{[(s-1)^2+1]^2}\right) = \mathcal{L}^{-1}\left(\left[-\frac{1}{(s-1)^2+1}\right]'\right) = t\,\mathrm{e}^t\sin t\,.$$

例 3 求解微分方程组

$$\begin{cases} x''(t) + y''(t) + x(t) + y(t) = 0, x(0) = y(0) = 0 \\ 2x''(t) - y''(t) - x(t) + y(t) = \sin t, x'(0) = y'(0) = -1 \end{cases}.$$

解 设 $\mathcal{L}(x(t)) = X(s)$，$\mathcal{L}(y(t)) = Y(s)$，对方程组中两个方程左右两边同时分别取拉氏变换，由拉氏变换的性质及初始条件，有

$$\begin{cases} s^2X(s) + 1 + s^2Y(s) + 1 + X(s) + Y(s) = 0 \\ 2s^2X(s) + 2 - s^2Y(s) - 1 - X(s) + Y(s) = \dfrac{1}{s^2+1} \end{cases}$$

整理得

$$\begin{cases} (s^2+1)X(s) + (s^2+1)Y(s) = -2 \\ (2s^2-1)X(s) + (1-s^2)Y(s) = -\dfrac{s^2}{s^2+1} \end{cases}$$

解上述线性方程组，得

$$X(s) = Y(s) = -\frac{1}{s^2+1}$$

取拉氏逆变换，得原方程组的解为

$$x(t) = y(t) = -\sin t$$

例 4 在图 10.2 所示的 RC 并联电路中，外加电流为单位脉冲函数 $\delta(t)$ 的电流源，电容 C 上初始电压为零，求电路中的电压 $u(t)$.

解 （1）列出微分方程.

设经过电阻 R 和电容 C 的电流分别为 $i_1(t), i_2(t)$. 由电学原理，得

$$i_1(t)=\frac{u(t)}{R}, i_2(t)=C\frac{\mathrm{d}u}{\mathrm{d}t}$$

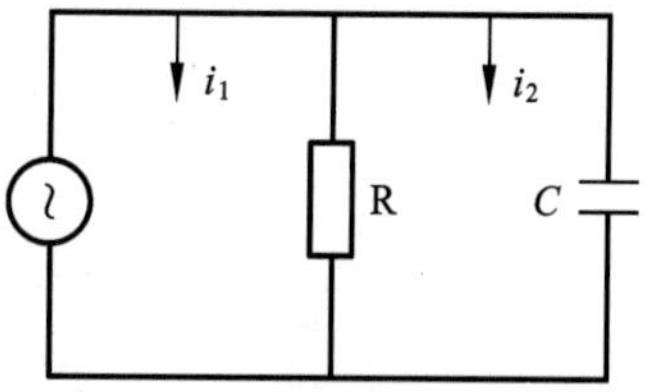

图 10.2

由基尔霍夫定律，有

$$\begin{cases} C\dfrac{\mathrm{d}u}{\mathrm{d}t}+\dfrac{u}{R}=\delta(t) \\ u(0)=0 \end{cases}$$

（2）求解微分方程.

设 $\mathscr{L}(u(t))=U(s)$，对微分方程两边取拉氏变换，则有

$$CsU(s)+\frac{U(s)}{R}=1$$

所以

$$U(s)=\frac{1}{\dfrac{1}{R}+Cs}=\frac{1}{C}\cdot\frac{1}{s+\dfrac{1}{RC}}$$

取拉氏逆变换，得

$$u(t)=\frac{1}{C}\mathrm{e}^{-\frac{1}{RC}t}$$

（3）物理意义.

由于在一瞬间电路受单位脉冲电流的作用，把电容的电压由零跃变到 $\dfrac{1}{C}$，此后电容 C 向电阻 R 按指数衰减规律放电.

习题 10

1. 用定义求下列函数的拉氏变换.

（1）$f(t)=\sin\dfrac{t}{3}$；　（2）$f(t)=\mathrm{e}^{-2t}$；

（3）$f(t)=t^2$；　（4）$f(t)=\sin t\cos t$；

（5）$f(t)=\sin kt$；　（6）$f(t)=\cos^2 t$.

2. 求下列函数的拉氏变换.

（1）$f(t)=\begin{cases}3, & 0\leqslant t<2\\ -1, & 2\leqslant t<4\\ 0, & t\geqslant 4\end{cases}$；

（2）$f(t)=\begin{cases}t+1, & 0<t<3\\ 0, & t\geqslant 3\end{cases}$；

（3）$f(t)=\begin{cases}3, & t<\dfrac{\pi}{2}\\ \cos 3t, & t>\dfrac{\pi}{2}\end{cases}$；

（4）$f(t)=\mathrm{e}^{2t}+5\delta(t)$；

（5）$f(t)=\delta(t)\cos t-u(t)\sin t$.

3. 设 $f(t)$ 是以 2π 为周期的函数，且在一个周期内的表达式为

$$f(t)=\begin{cases}\sin t, & 0<t\leqslant\pi\\ 0, & \pi<t\leqslant 2\pi\end{cases}$$

求 $\mathscr{L}(f(t))$.

4. 求下列函数的拉氏变换.

（1）$f(t)=3t^4-2t^{\frac{3}{2}}+6$；（2）$f(t)=1-t\,\mathrm{e}^t$；

（3）$f(t)=3\sqrt[3]{t}+4\mathrm{e}^{2t}$；（4）$f(t)=\dfrac{t}{2a}\sin at$；

（5）$f(t)=\dfrac{\sin at}{t}$；（6）$f(t)=5\sin 2t-3\cos 2t$；

（7）$f(t)=\mathrm{e}^{-3t}\cos 4t$；（8）$f(t)=\mathrm{e}^{-2t}\sin 6t$；

（9）$f(t)=t^n\,\mathrm{e}^{at}(n\in\mathbf{Z})$；（10）$f(t)=u(3t-5)$.

5. 利用像函数的导数公式计算下列各式.

（1）$f(t)=t\,\mathrm{e}^{-3t}\sin 2t$，求 $F(s)$；

（2）$f(t)=t\int_0^t \mathrm{e}^{-3\tau}\sin 2\tau\,\mathrm{d}\tau$，求 $F(s)$；

（3）$f(t)=\int_0^t \tau\,\mathrm{e}^{-3\tau}\sin 2\tau\,\mathrm{d}\tau$，求 $F(s)$.

6. 利用像函数的积分公式计算下列各式.

（1）$f(t)=\dfrac{1-\mathrm{e}^{-t}}{t}$，求 $F(s)$；

（2）$f(t)=\dfrac{\mathrm{e}^{-3t}\sin 2t}{t}$，求 $F(s)$；

（3）$f(t)=\int_0^t \dfrac{\mathrm{e}^{-3\tau}\sin 2\tau}{\tau}\mathrm{d}\tau$，求 $F(s)$；

（4）$F(s)=\dfrac{s}{(s^2-1)^2}$，求 $f(t)$.

7. 利用拉氏变换的性质求下列函数的拉氏变换.

（1）$f(t)=\dfrac{e^{bt}-e^{at}}{t}$；（2）$f(t)=t^2\sin 2t$；

（3）$f(t)=\sin\omega t-\omega t\cos\omega t$；（4）$f(t)=t\text{sh}\omega t$.

8. 求下列函数的拉氏逆变换.

（1）$F(s)=\dfrac{1}{s^2+4}$；（2）$F(s)=\dfrac{1}{s^4}$；

（3）$F(s)=\dfrac{1}{(s+1)^4}$；（4）$F(s)=\dfrac{1}{s+3}$；

（5）$F(s)=\dfrac{2s+3}{s^2+9}$；（6）$F(s)=\dfrac{s+3}{(s+1)(s-3)}$；

（7）$F(s)=\dfrac{s+1}{s^2+s-6}$；（8）$F(s)=\dfrac{2s+5}{s^2+4s+13}$.

9. 求下列函数的拉氏变换（像原函数），并用另一种方法加以验证.

（1）$F(s)=\dfrac{1}{s^2+a^2}$；（2）$F(s)=\dfrac{1}{(s-a)(s-b)}$；

（3）$F(s)=\dfrac{s+c}{(s+a)(s+b)^2}$；（4）$F(s)=\dfrac{s^2+3a^2}{(s^2+a^2)^2}$；

（5）$F(s)=\dfrac{1}{(s^2+a^2)s^3}$；（6）$F(s)=\dfrac{1}{s(s+a)(s+b)}$；

（7）$F(s)=\dfrac{1}{s^4-a^4}$；（8）$F(s)=\dfrac{s^2+2s-1}{s(s-1)^2}$；

（9）$F(s)=\dfrac{1}{s^2(s^2-1)}$；（10）$F(s)=\dfrac{1}{(s^2+1)(s^2+4)}$.

10. 试求下列函数的拉氏变换.

（1）$F(s)=\dfrac{1}{(s^2+4)^2}$；（2）$F(s)=\dfrac{s}{s+2}$；

（3）$F(s)=\dfrac{2s+1}{s(s+1)(s+2)}$；（4）$F(s)=\dfrac{1}{s^4++5s^2+4}$；

（5）$F(s)=\dfrac{s+1}{9s^2+6s+5}$；（6）$F(s)=\ln\dfrac{s^2-1}{s^2}$；

（7）$F(s)=\dfrac{s+2}{(s^2+4s+5)^2}$；（8）$F(s)=\dfrac{1}{(s^2+2s+2)^2}$；

（9）$F(s)=\dfrac{s^2+4s+4}{(s^2+4s+13)^2}$；（10）$F(s)=\dfrac{2s^2+s+5}{s^3+6s^2+11s+6}$；

（11）$F(s)=\dfrac{s+3}{s^3+3s^2+6s+4}$；（12）$F(s)=\dfrac{2s^2+3s+3}{(s+1)(s+3)^3}$.

11. 试求下列微分方程或微分方程组初值问题的解.

（1）$x''+k^2x=0, x(0)=A, x'(0)=B$；

（2） $x''+4x'+3x=\mathrm{e}^{-t},\ x(0)=x'(0)=1$；

（3） $x''+k^2x=a(u(t)-u(t-b)),\ x(0)=x'(0)=0$；

（4） $x''-x=4\sin t+5\cos 2t,\ x(0)=-1, x'(0)=-2$；

（5） $x^{(4)}+2x'''-2x'-x=\delta(t),\ x(0)=x'(0)=x'(0)=x'''(0)=0$；

（6） $\begin{cases} x'+y'=1+\delta(t) \\ x'-y'=t+\delta(t-1) \end{cases}$， $x(0)=a, y(0)=b$；

（7） $\begin{cases} x'+x-y=\mathrm{e}^t \\ 3x+y'-2y=2\mathrm{e}^t \end{cases}$， $x(0)=y(0)=1$；

（8） $\begin{cases} y'-2z'=f(t) \\ y''-z''+z=0 \end{cases}$， $y(0)=y'(0)=z(0)=z'(0)$.

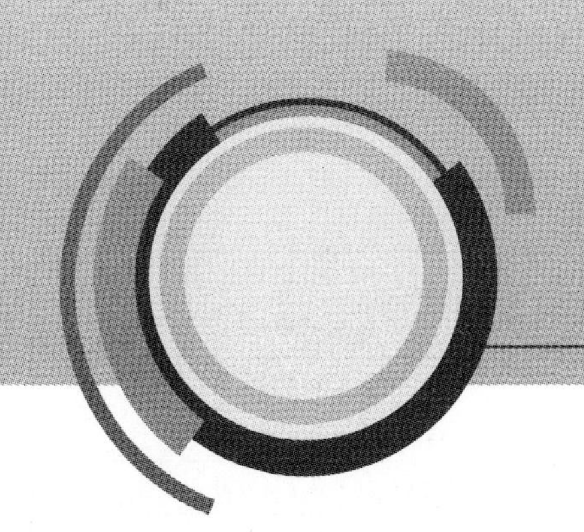

附 录

附表 1　傅里叶变换表

序号	$f(t)$	$F(\omega)$
1	$\delta(t)$	1
2	$u(t)$	$\pi\delta(\omega)+\frac{1}{\mathrm{j}\omega}$
3	$u(t-\tau)$	$\pi\delta(\omega)+\frac{1}{\mathrm{j}\omega}\mathrm{e}^{-\mathrm{j}\omega\tau}$
4	$tu(t)$	$\pi\mathrm{j}\delta'(\omega)-\frac{1}{\omega^2}$
5	1	$2\pi\delta(\omega)$
6	t	$2\pi\mathrm{j}\delta'(\omega)$
7	$\mathrm{e}^{-\beta t}u(t)(\beta>0)$	$\frac{1}{\beta+\mathrm{j}\omega}$
8	$\cos\omega_0 t$	$\pi(\delta(\omega+\omega_0)+\delta(\omega-\omega_0))$
9	$\sin\omega_0 t$	$\mathrm{j}\pi(\delta(\omega+\omega_0)-\delta(\omega-\omega_0))$
10	$\mathrm{sgn}(t)$	$\frac{2}{\mathrm{j}\omega}$
11	$\frac{1}{t}$	$-\mathrm{j}\pi\,\mathrm{sgn}(\omega)$
12	$\|t\|$	$-\frac{2}{\omega^2}$
13	$G_\tau(t)$	$\tau\mathrm{Sa}\left(\frac{\tau}{2}\omega\right)$
14	$\mathrm{Sa}(\omega_0 t)=\frac{\sin\omega_0 t}{\omega_0 t}$	$\frac{\pi}{\omega_0}G_{2\omega_0}(t)$
15	$\sin\omega_0 t\cdot u(t)$	$\mathrm{j}\frac{\pi}{2}(\delta(\omega+\omega_0)-\delta(\omega-\omega_0))+\frac{\omega_0}{{\omega_0}^2-\omega^2}$
16	$\cos\omega_0 t\cdot u(t)$	$\frac{\pi}{2}(\delta(\omega+\omega_0)-\delta(\omega-\omega_0))+\frac{\mathrm{j}\omega_0}{{\omega_0}^2-\omega^2}$
17	$\mathrm{e}^{\mathrm{j}\omega_0 t}$	$2\pi\delta(\omega-\omega_0)$
18	$\delta^{(n)}(t)$	$(\mathrm{j}\omega)^n$
19	$u(t)\mathrm{e}^{\mathrm{j}\beta t}$	$\pi\delta(\omega-\beta)+\frac{1}{\mathrm{j}(\omega-\beta)}$
20	$t^m\,\mathrm{e}^{\mathrm{j}\omega_0 t}$	$2\pi\mathrm{j}^n\delta^{(n)}(\omega-\omega_0)$

附表 2　傅里叶变换性质

序号	性质名称	$f(t)$	$F(\mathrm{j}\omega)$
1	唯一性	$f(t)$	$F(\mathrm{j}\omega)$
2	齐次性	$Af(t)$	$AF(\mathrm{j}\omega)$
3	叠加性	$f_1(t)+f_2(t)$	$F_1(\mathrm{j}\omega)+F_2(\mathrm{j}\omega)$
4	线性	$A_1f_1(t)+A_2f_2(t)$	$A_1F_1(\mathrm{j}\omega)+A_2F_2(\mathrm{j}\omega)$
5	折叠性	$f(-t)$	$F(-\mathrm{j}\omega)$
6	对称性	$F(\mathrm{j}t)$（一般函数）	$2\pi f(-\omega)$（实偶函数）
		$F(t)$（实偶函数）	$2\pi f(\omega)$（虚奇函数）
7	奇偶性	$f(t)$（实偶函数）	$F(\mathrm{j}\omega)$（实偶函数）
		$f(t)$（实奇函数）	$F(\mathrm{j}\omega)$（虚奇函数）
8	相似性	$f(at)$, $a\neq 0$	$\frac{1}{\lvert a\rvert}F\left(\mathrm{j}\frac{\omega}{a}\right)$
9	时域延迟	$f(t\pm t_0)$	$F(\mathrm{j}\omega)\mathrm{e}^{\pm \mathrm{j}t_0\omega}$
		$f(at-b)$, $a\neq 0$	$\frac{1}{\lvert a\rvert}F\left(\mathrm{j}\frac{\omega}{a}\right)\mathrm{e}^{-\mathrm{j}\frac{b}{a}\omega}$
10	频移	$f(t)\mathrm{e}^{\pm \mathrm{j}\omega_0 t}$	$F(\mathrm{j}(\omega\mp\omega_0))$
		$f(t)\cos\omega_0 t$	$\frac{1}{2}F(\mathrm{j}(\omega+\omega_0))+\frac{1}{2}F(\mathrm{j}(\omega-\omega_0))$
		$f(t)\sin\omega_0 t$	$\mathrm{j}\frac{1}{2}F(\mathrm{j}(\omega+\omega_0))-\mathrm{j}\frac{1}{2}F(\mathrm{j}(\omega-\omega_0))$
11	时域微分	$f'(t)$	$\mathrm{j}\omega F(\mathrm{j}\omega)$
		$f^{(n)}(t)$	$(\mathrm{j}\omega)^n F(\mathrm{j}\omega)$
		$f'(at-t_0)$	$\mathrm{j}\omega\frac{1}{\lvert a\rvert}F\left(\mathrm{j}\frac{\omega}{a}\right)\mathrm{e}^{-\mathrm{j}\frac{b}{a}\omega}$
12	时域积分	$\int_{-\infty}^{t} f(\tau)\mathrm{d}\tau$	$\pi F(0)\delta(\omega)+\frac{1}{\mathrm{j}\omega}F(j\omega)$
13	频域微分	$(-\mathrm{j}t)f(t)$	$F'(\mathrm{j}\omega)$
		$(-\mathrm{j}t)^n f(t)$	$F^{(n)}(\mathrm{j}\omega)$
		$(-\mathrm{j}t)f'(at-t_0)$	$\frac{\mathrm{d}}{\mathrm{d}\omega}\left(\frac{1}{\lvert a\rvert}F\left(\mathrm{j}\frac{\omega}{a}\right)\mathrm{e}^{-\mathrm{j}\frac{b}{a}\omega}\right)$
14	频域积分	$\pi f(0)\delta(t)+\frac{1}{-\mathrm{j}t}f(t)$	$\int_{F}^{\omega} f(\mathrm{j}\tau)\mathrm{d}\tau$
15	时域卷积	$f_1(t)*f_2(t)$	$F_1(\omega)F_2(\omega)$
16	频域卷积	$f_1(t)\cdot f_2(t)$	$\frac{1}{2\pi}F_1(\omega)*F_2(\omega)$
17	时域抽样	$\sum_{n=-\infty}^{+\infty} f(t)\delta(t-nT)$	$\frac{1}{T_s}\sum_{n=-\infty}^{+\infty}F\left(\mathrm{j}\left(\omega-\frac{2\pi}{T_s}n\right)\right)$
18	频域抽样	$\frac{1}{\Omega_s}\sum_{n=-\infty}^{+\infty}F\left(\mathrm{j}\left(\omega-\frac{2\pi}{\Omega_s}n\right)\right)$	$\sum_{n=-\infty}^{+\infty}F(\mathrm{j}\omega)\delta(t-n\Omega_s)$

附表 3　拉氏变换简表

序号	$f(t)$	$F(s)$
1	1	$\frac{1}{s}$
2	e^{at}	$\frac{1}{s-a}$
3	$t^m(m>-1)$	$\frac{\Gamma(m+1)}{s^{m+1}}$
4	$t^m e^{at}(m>-1)$	$\frac{\Gamma(m+1)}{(s-a)^{m+1}}$
5	$\sin at$	$\frac{a}{s^2+a^2}$
6	$\cos at$	$\frac{s}{s^2+a^2}$
7	$\mathrm{sh}\, at$	$\frac{a}{s^2-a^2}$
8	$\mathrm{ch}\, at$	$\frac{s}{s^2-a^2}$
9	$t\sin at$	$\frac{2as}{(s^2+a^2)^2}$
10	$t\cos at$	$\frac{s^2-a^2}{(s^2+a^2)^2}$
11	$t\,\mathrm{sh}\, at$	$\frac{2as}{(s^2-a^2)^2}$
12	$t\ \mathrm{ch}\ at$	$\frac{s^2+a^2}{(s^2-a^2)^2}$
13	$t^m \sin at(m>-1)$	$\frac{\Gamma(m+1)}{2\mathrm{i}(s^2+a^2)^{m+1}}[(s+\mathrm{i}a)^{m+1}-(s-\mathrm{i}a)^{m+1}]$
14	$t^m \cos at(m>-1)$	$\frac{\Gamma(m+1)}{2(s^2+a^2)^{m+1}}[(s+\mathrm{i}a)^{m+1}+(s-\mathrm{i}a)^{m+1}]$
15	$e^{-bt}\sin at$	$\frac{a}{(s+b)^2+a^2}$
16	$e^{-bt}\cos at$	$\frac{b}{(s+b)^2+a^2}$
17	$e^{-bt}\sin(at+c)$	$\frac{(s+b)\sin c+a\cos c}{(s+b)^2+a^2}$
18	$\sin^2 t$	$\frac{1}{2}\left(\frac{1}{s}-\frac{s}{s^2+4}\right)$
19	$\cos^2 t$	$\frac{1}{2}\left(\frac{1}{s}+\frac{s}{s^2+4}\right)$
20	$\sin at\sin bt$	$\frac{2abs}{[s^2+(a+b)^2][s^2-(a+b)^2]}$
21	$e^{at}-e^{bt}$	$\frac{a-b}{(s-a)(s-b)}$

序号	$f(t)$	$F(s)$
22	$a\mathrm{e}^{at}-b^{bt}$	$\dfrac{(a-b)s}{(s-a)(s-b)}$
23	$\dfrac{1}{a}\sin at-\dfrac{1}{b}\sin bt$	$\dfrac{b^2-a^2}{(s^2+a^2)(s^2+b^2)}$
24	$\cos at-\cos bt$	$\dfrac{(b^2-a^2)s}{(s^2+a^2)(s^2+b^2)}$
25	$\dfrac{1}{a^2}(1-\cos at)$	$\dfrac{1}{s(s^2+a^2)}$
26	$\dfrac{1}{a^3}(at-\sin at)$	$\dfrac{1}{s^2(s^2+a^2)}$
27	$\dfrac{1}{a^4}(\cos at-1)+\dfrac{1}{2a^2}t^2$	$\dfrac{1}{s^3(s^2+a^2)}$
28	$\dfrac{1}{a^4}(\mathrm{ch}\, at-1)-\dfrac{1}{2a^2}t^2$	$\dfrac{1}{s^3(s^2-a^2)}$
29	$\dfrac{1}{2a^3}(\sin at-at\cos at)$	$\dfrac{1}{(s^2+a^2)^2}$
30	$\dfrac{1}{2a}(\sin at+at\cos at)$	$\dfrac{s^2}{(s^2+a^2)^2}$
31	$\dfrac{1}{a^4}(1-\cos at)-\dfrac{1}{2a^3}t\sin at$	$\dfrac{1}{s(s^2+a^2)^2}$
32	$(1-at)\mathrm{e}^{-at}$	$\dfrac{s}{(s+a)^2}$
33	$t\left(1-\dfrac{a}{2}t\right)\mathrm{e}^{-at}$	$\dfrac{s}{(s+a)^3}$
34	$\dfrac{1}{a}(1-\mathrm{e}^{at})$	$\dfrac{1}{s(s+a)}$
35	$\dfrac{[a-b(a-b)t]\mathrm{e}^{-bt}-a\mathrm{e}^{-at}}{(a-b)^2}$	$\dfrac{s}{(s+a)(s+b)}$
36	$\mathrm{e}^{-at}-\mathrm{e}^{\frac{at}{2}}\left(\cos\dfrac{\sqrt{3}at}{2}-\sqrt{3}\sin\dfrac{\sqrt{3}at}{2}\right)$	$\dfrac{3a^2}{s^3+a^3}$
37	$\sin at\,\mathrm{ch}\, at-\cos at\,\mathrm{sh}\, at$	$\dfrac{4a^3}{s^4+4a^4}$
38	$\dfrac{1}{2a^2}\sin at\,\mathrm{sh}\, at$	$\dfrac{s}{s^4+4a^4}$
39	$\dfrac{1}{2a^3}(\mathrm{sh}\, at-\sin at)$	$\dfrac{1}{s^4-a^4}$
40	$\dfrac{1}{2a^2}(\mathrm{ch}\, at-\cos at)$	$\dfrac{s}{s^4-a^4}$
41	$\dfrac{1}{\sqrt{\pi t}}$	$\dfrac{1}{\sqrt{s}}$

续表

序号	$f(t)$	$F(s)$
42	$2\sqrt{\frac{t}{\pi}}$	$\frac{1}{s\sqrt{s}}$
43	$\frac{1}{\pi t}e^{at}(1+2at)$	$\frac{s}{(s-a)\sqrt{s-a}}$
44	$\frac{1}{2\sqrt{\pi t^3}}(e^{bt}-e^{at})$	$\sqrt{s-a}-\sqrt{s-b}$
45	$\frac{1}{\sqrt{\pi t}}\sin 2\sqrt{at}$	$\frac{1}{\sqrt{s}}e^{-\frac{a}{s}}$
46	$\frac{1}{\sqrt{\pi t}}\text{ch}\, 2\sqrt{at}$	$\frac{1}{\sqrt{s}}e^{\frac{a}{s}}$
47	$\frac{1}{\sqrt{\pi t}}\sin 2\sqrt{at}$	$\frac{1}{s\sqrt{s}}e^{-\frac{a}{s}}$
48	$\frac{1}{\sqrt{\pi t}}\text{sh}\, 2\sqrt{at}$	$\frac{1}{s\sqrt{s}}e^{\frac{a}{s}}$
49	$\frac{1}{t}(e^{bt}-e^{at})$	$\ln\frac{s-a}{s-b}$
50	$\frac{2}{t}\text{sh}\, at$	$\ln\frac{s+a}{s-b}=2\,\text{Arcth}\frac{a}{s}$
51	$\frac{2}{t}(1-\cos at)$	$\ln\frac{s^2+a^2}{s^2}$
52	$\frac{2}{t}(1-\text{ch}\, at)$	$\ln\frac{s^2-a^2}{s^2}$
53	$\frac{1}{t}\sin at$	$\arctan\frac{a}{s}$
54	$\frac{1}{t}(\text{ch}\, at-\cos bt)$	$\ln\sqrt{\frac{s^2+b^2}{s^2-a^2}}$
55①	$\frac{1}{\pi t}\sin(2a\sqrt{t})$	$\text{erf}\,\frac{a}{\sqrt{s}}$
56①	$\frac{1}{\sqrt{\pi t}}e^{-2a\sqrt{t}}$	$\frac{1}{\sqrt{s}}e^{\frac{a^2}{s}}\,\text{erfc}\left(\frac{a}{\sqrt{s}}\right)$
57	$\text{erfc}\left(\frac{a}{2\sqrt{t}}\right)$	$\frac{1}{s}e^{-a\sqrt{s}}$
58	$\text{erf}\left(\frac{t}{2a}\right)$	$\frac{1}{s}e^{a^2s^2}\,\text{erfc}\,(as)$
59	$\frac{1}{\sqrt{\pi t}}e^{-2a\sqrt{t}}$	$\frac{1}{\sqrt{s}}e^{\frac{a}{s}}\,\text{erfc}\left(\sqrt{\frac{a}{s}}\right)$
60	$\frac{1}{\sqrt{\pi t(t+a)}}$	$\frac{1}{\sqrt{s}}e^{as}\,\text{erfc}(\sqrt{as})$
61	$\frac{1}{\sqrt{a}}\text{erf}(\sqrt{at})$	$\frac{1}{s\sqrt{s+a}}$
62	$\frac{1}{\sqrt{a}}e^{at}\,\text{erf}(\sqrt{at})$	$\frac{1}{\sqrt{s}(s-a)}$

	$f(t)$	$F(s)$
63	$u(t)$	$\frac{1}{s}$
64	$tu(t)$	$\frac{1}{s^2}$
65	$t^m u(t)(m > -1)$	$\frac{1}{s^{m+1}}\Gamma(m+1)$
66	$\delta(t)$	1
67	$\delta^{(n)}(t)$	s^n
68	$\operatorname{sgn} t$	$\frac{1}{s}$
69②	$J_0(at)$	$\frac{1}{\sqrt{s^2+a^2}}$
70②	$I_0(at)$	$\frac{1}{\sqrt{s^2-a^2}}$
71	$J_0(2\sqrt{at})$	$\frac{1}{s}\mathrm{e}^{-\frac{a}{s}}$
72	$\mathrm{e}^{-bt}I_0(at)$	$\frac{1}{\sqrt{(s+b)^2-a^2}}$
73	$tJ_0(at)$	$\frac{s}{(s^2+a^2)^{3/2}}$
74	$tI_0(at)$	$\frac{s}{(s^2-a^2)^{3/2}}$
75	$J_0\left(a\sqrt{t(t+2b)}\right)$	$\frac{1}{\sqrt{s^2+a^2}}\mathrm{e}^{b}\left(s-\sqrt{s^2+a^2}\right)$
76③	$\frac{1}{ab}+\frac{1}{b-a}\left(\frac{\mathrm{e}^{-bt}}{b}-\frac{\mathrm{e}^{-at}}{a}\right)$	$\frac{1}{s(s+a)(s+b)}$
77③	$\frac{\mathrm{e}^{-at}}{(b-a)(c-a)}+\frac{\mathrm{e}^{-bt}}{(a-b)(c-b)}+\frac{\mathrm{e}^{-t}}{(a-c)(b-c)}$	$\frac{1}{(s+a)(s+b)(s+c)}$
78③	$\frac{a\mathrm{e}^{-at}}{(b-a)(c-a)}+\frac{b\mathrm{e}^{-bt}}{(a-b)(c-b)}+\frac{c\mathrm{e}^{-t}}{(a-c)(b-c)}$	$\frac{s}{(s+a)(s+b)(s+c)}$
79③	$\frac{a^2\mathrm{e}^{-at}}{(b-a)(c-a)}+\frac{b^2\mathrm{e}^{-bt}}{(a-b)(c-b)}+\frac{c^2\mathrm{e}^{-t}}{(a-c)(b-c)}$	$\frac{s^2}{(s+a)(s+b)(s+c)}$
80③	$\frac{\mathrm{e}^{-at}-\mathrm{e}^{-bt}[1-(a-b)t]}{(a-b)^2}$	$\frac{1}{(s+a)(s+b)}$

注：① $\operatorname{erfc} = \frac{2}{\sqrt{\pi}}\int_0^x \mathrm{e}^{-t^2}\,\mathrm{d}t$，称为误差函数； $\operatorname{erfc} x = 1-\operatorname{erfc} x = \frac{2}{\sqrt{\pi}}\int_x^{+\infty}\mathrm{e}^{-t^2}\,\mathrm{d}t$，称为余误差函数.

② $I_{(n)} = \mathrm{i}^{-n}J_{(n)}(\mathrm{i}x)$，$J_n$ 称为第一类 n 阶贝塞尔函数，I_n 称为第一类 n 阶变形的贝塞尔函数，或称为虚宗量的贝塞尔函数.

③ 式中 a,b,c 为不相等的常数.

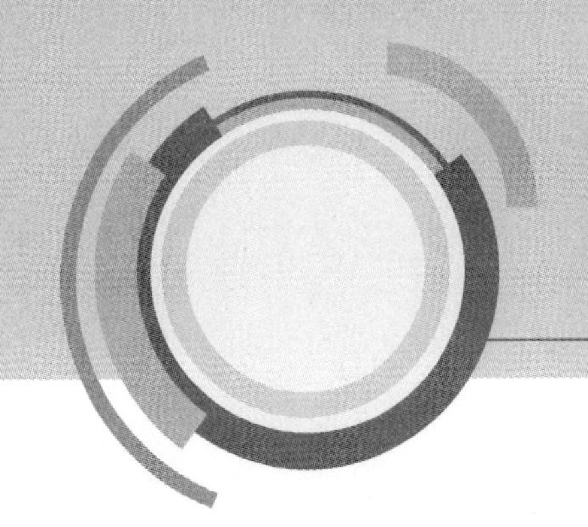

参考文献

[1] 钟玉泉. 复变函数论[M]. 3 版. 北京：高等教育出版社，2004.

[2] 杨林生，乔玉英. 复变函数[M]. 北京：高等教育出版社，2001.

[3] 华中科技大学数学系. 复变函数与积分变换[M]. 3 版. 北京：高等教育出版社，2008.

[4] 周正中，郑吉富. 复变函数与积分变换[M]. 北京：高等教育出版社，1996.

[5]《复变函数与积分变换》编写组. 复变函数与积分变换[M]. 北京：北京邮电大学出版社，2009.

[6] 西安交通大学高等数学教研室. 复变函数[M]. 4 版. 北京：高等教育出版社，2011.

[7] Courant R，Blank N. Functions of a Complex Variable[M]. John Wiley & Sons，Ltd，2011.

[8] 张来亮，曹秀娟，吕濯缨. 复变函数教材中一个结论的新证明[J]. 高等继续教育学报，2011，024（001）：24-25.

[9] 黄迅轩. 浅埋隧道开挖的三维地层损失模型与复变函数计算方法研究[D]. 北京：北京交通大学，2015.

[10] 韩英，李雁飞，汪贤华，等. 浅谈 MATLAB 在复变函数教学中的几点应用[J]. 科技资讯，2014(32)：3.

[11] 魏海娥. 非均匀区域中调和方程和双调和方程的复变函数解法及在力学问题中的应用[D]. 南通：南通大学，2013.

[12] 李岩松，陈寿根. 基于复变函数理论的非圆形隧道解析解[D]. 成都：西南交通大学学报，2020.

[13] 王妍. 采场围岩应力及底板破坏深度弹性力学复变函数解[D]. 淮南：安徽理工大学，2019.

[14] 黎深莲. 多复变函数空间上几个问题的研究[D]. 长沙：湖南师范大学，2020.

[15] 姜海波. 复变函数课程教学法探讨[J]. 中国科教创新导刊，2008(25)：1.

[16] Greene R E. Function Theory of One Complex Variable[J]. American Mathematical Society，2017.